U0334592

# 柴达木盆地英雄岭页岩油

李国欣　著

石油工业出版社

## 内 容 提 要

英雄岭页岩油是中国陆相页岩革命的重要组成部分。本书主要立足于柴达木盆地柴西坳陷英雄岭凹陷页岩油勘探开发面临的挑战，通过地质工程一体化研究，从构造演化、沉积环境、湖盆沉积充填模式入手，划分岩相类型，阐明"低碳富氢"烃源岩高效生烃机理和"甜点"富集机制，开展英雄岭页岩油可动性与可动用性评价，并对高效开发技术和"一全六化"系统工程方法论进行研究，以期对国内页岩油规模增储和效益上产提供科学指导。

本书适合从事页岩油气研究的科研和管理人员及大专院校相关专业师生参考阅读。

## 图书在版编目（CIP）数据

柴达木盆地英雄岭页岩油 / 李国欣著 . -- 北京：
石油工业出版社，2025. 4. -- ISBN 978-7-5183-7324-6

Ⅰ. TE3

中国国家版本馆 CIP 数据核字第 2025U3N343 号

---

出版发行：石油工业出版社
    （北京安定门外安华里 2 区 1 号楼  100011）
    网  址：www.petropub.com
    编辑部：（010）64251539   图书营销中心：（010）64523633
经   销：全国新华书店
印   刷：北京中石油彩色印刷有限责任公司

2025 年 4 月第 1 版  2025 年 4 月第 1 次印刷
787×1092 毫米  开本：1/16  印张：15.5
字数：400 千字

---

定价：160.00 元
（如出现印装质量问题，我社图书营销中心负责调换）

# 序 1

当今世界，百年未有之大变局加速演进，国际能源供需格局发生深刻调整，能源安全成为世界各国发展的优先关切。受国际政治局势影响，近年来国际油公司回归上游油气资源战略，全球油气勘探开发投资继续增长，油气储量与产量保持双增长，常规油气勘探开发更加精细化，非常规油气勘探开发趋于常规化，勘探方式向智能化低碳化发展；同时，各公司绿色低碳转型策略更加务实，油气和新能源业务呈现多路径、多维度融合发展趋势。在此背景下，全球油气行业未来发展，机遇和挑战同在。

近年来，全球范围内掀起了一场"页岩革命"。北美地区建成了以二叠盆地 Wolfcamp 页岩层系、威利斯顿盆地 Bakken 页岩层系、西部海湾盆地 Eagle Ford 页岩层系、丹佛盆地 Niobrara 页岩层系为代表的页岩油气产区，实现黑色页岩革命，并成功推动美国实现能源独立，改变了全球能源供应格局，并对地缘政治产生了深远影响。

中国页岩层系油气资源丰富，是实现石油安全供给的重要战略性领域。截至 2024 年底，国家先后设立了新疆吉木萨尔国家级陆相页岩油示范区、大庆古龙陆相页岩油国家级示范区与胜利济阳页岩油国家级示范区，长庆油田在鄂尔多斯盆地发现全球首个探明储量超 10 亿吨的陆相页岩油田——庆城油田。同时，石油科技工作者在柴达木盆地、四川盆地、吐哈盆地、苏北盆地等开展页岩油探索并获战略发现，展现出良好的勘探前景。

作为源储共生型油气聚集，页岩油具有自生自储自封闭的特征。烃类在页岩层系内经历了有机质生烃、排烃、滞留及产出全过程，岩石组分与孔隙结构控制了烃类富集与可动性。中国是全球地质构造最复杂的地区之一，多期构造改造和频繁气候变化等因素的叠加效应导致陆相页岩矿物组分复杂、非均质性强，特别是古湖盆水体性质的差异，导致不同湖盆页岩岩相的巨大差异。柴达木盆地受喜马拉雅期走滑挤压运动影响，强烈隆升，平均海拔达 3000 米，是全球最具代表性的高原含油气盆地之一，也是青藏高原油气勘探开发与生产组织的主战场。立足源内体系，开展以页岩油为代表的非常规油气地质工程一体化探索与实践，对于完善发展我国陆相页岩油理论与技术意义重大。

中国石油天然气股份有限公司李国欣教授及其研究团队自2021年开始，依托中国石油天然气集团有限公司科技专项，首次提出英雄岭页岩油的概念，开展地质工程一体化探索，实现了英雄岭页岩油的战略突破。作为全球独具特色的高原咸化湖盆页岩油典型代表，受沉积期咸化环境和成藏期青藏高原隆升的共同作用，英雄岭页岩油具有烃源岩"低丰度、中低熟、持续生烃"，目的层"高频相变、巨厚沉积、强烈改造"，油藏"多类共存、复合成藏、高压高产"等特征，是独特的巨厚"山地式"页岩油。作为柴达木盆地西部坳陷全油气系统的重要组成单元，李国欣教授及其团队以广义页岩油的视角全面审视了英雄岭页岩油的岩相古地理格局、沉积充填样式、岩相类型、甜点富集模式与开发布井方式，并详细阐述了"一全六化"系统工程方法论的核心理念及在英雄岭页岩油的应用，创新性强，成效显著，具有重要的理论价值与工业意义。

《柴达木盆地英雄岭页岩油》是全球第一部全面系统介绍高原山地式页岩油地质特征、勘探开发关键技术及管理理念的专著。这部专著的出版，不仅展示了山地式页岩油的全新面貌，为我国非常规油气从业者、科研院校师生及能源从业者提供了一部精品力作，而且让读者更全面了解中国陆相页岩油的多面性，系统了解实现非常规油气资源效益动用的管理理念与技术创新，为推动中国陆相页岩油及全球高原地区页岩油的规模勘探与有效动用提供科学参考和借鉴，值得庆贺和推广。


中国工程院院士

# Foreword 2

The majestic Qinghai-Tibet Plateau, as the highest plateau on Earth, has been justifiably hailed as the "Roof of the World". The uplift history and extreme elevation of the plateau have profoundly affected, and continue to affect, the coupled processes of the geosphere-atmosphere, hydrosphere/cryosphere, biosphere, and anthroposphere, impacting Asian climate dynamics, biodiversity, the carbon cycle, modern water resources, and the evolution of major rivers. No wonder that it continues to constitute a unique natural Earth system research laboratory, in the 21st century. A product of plateau uplift is the the Qaidam Basin, which has undergone a distinct tectonic evolution process compared to other sedimentary basins in China, resulting in a globally unique "giant mountain-style" total oil and gas system in the plateau, namely, the Paleogene-Neogene whole petroleum system (WPS) in its western depression. The Qaidam Basin is economically noteworthy as it is the only petroleum-bearing basin on the Qinghai-Tibet Plateau that has achieved commercial oil and gas production, with its formation and evolution influenced by the uplift of the plateau.

Professor Li's team is dedicated to exploring the world's first plateau shale oil, and has been active in doing so since 2021, creatively developing step by step the concepts for locating and producing Yingxiongling shale oil. As an important component of the WPS in the western depression, three unique aspects of Yingxiongling shale oil have been proposed as follows: (1) the source rocks with low organic matter abundance are carbon-poor and hydrogen-rich, showing a strong hydrocarbon generating capacity per unit mass of organic carbon; (2) the saline lake basinal deposits are ultra-thick, with mixed deposits dominating the centre of the depression, and strong vertical and lateral heterogeneity of lithofacies and storage spaces; (3) the strong transformation induced by strike-slip compression during the Himalayan resulted in the heterogeneous enrichment of oil and gas in the mountain–style WPS.

The book *Yingxiongling Shale Oil, Qaidam Basin* written by Prof. Li and his colleagues is a broad and truly unprecedented overview of the geological background, key technical aspects and logistical progress involved in the E&P of Yingxiongling shale oil, including new developments in mapping sweet spots and stimulating reservoirs, all of which constitute a blend of pure and applied science. Moreover, a "One Engine with Six Gears" engineering methodology for the economic development of unconventional oil and gas in China is proposed, which includes life–cycle management, overall synergy, interdisciplinary cross–service integration, market–orientated operation, socialized support, digital intelligence management, and low–carbon/green development. This totally new methodology has been effective in the Yingxiongling shale oil demonstration area. This book promises to serve as the first comprehensive book for shale oil E&P in plateau settings, and helps shed light on the commercial production of global lacustrine shale oil resources.

I congratulate Prof. Li and his team for putting together this fine documentation, synthesis and outlook for shale oil in Chinese lacustrine basins and beyond.

德国工程院院士 B. Horsfield

# 前　言

北美黑色页岩革命的成功，改变了全球能源供应格局，并对国际地缘政治产生了深远影响。根据美国能源信息署（EIA）统计，2023年美国页岩油产量4.69亿吨，占据了美国石油总产量的半壁江山。中国在陆上七个含油气盆地中均发现了丰富的页岩油资源，并在鄂尔多斯、准噶尔、松辽、渤海湾、柴达木等盆地实现了商业开发，2023年中国页岩油产量439万吨，为全国石油稳产2亿吨做出了重要贡献。

页岩油属于源储共生型油气聚集，在有机生烃作用与无机成岩作用双重改造下，不同产状的烃类在微纳米级有机—无机复合孔缝体系内规模富集。热演化成熟度、孔隙结构、烃类组分及地层压力对页岩油的流动性具有重要影响。中国页岩油主要发育在陆相盆地，沉积相变快，非均质性强，使得中国陆相页岩油无法完全照搬北美海相页岩革命成功的经验和做法。中国石油天然气集团有限公司董事长、中国工程院院士戴厚良提出：中国能否实现页岩革命？笔者认为，这是中国石油界必须回答的问题，也是中国石油人在面对全球能源转型挑战时必须回答的问题。要想实现页岩革命，必须从中国国情出发，立足中国陆相盆地石油地质特征，走页岩油科技自主创新之路。

与国内外其他含油气盆地相比，柴达木盆地是极为特殊的含油气盆地：它是全球独具特色的高原含油气盆地，也是中国目前已实现油气商业开发、海拔最高的含油气盆地，是青海油田油气勘探开发的主战场，平均海拔超3000米，氧气浓度仅为东部平原地区的70%，自然环境恶劣。在印度与欧亚板块的碰撞背景下，柴达木盆地构造改造强烈，上新世—第四纪构造运动改变了柴达木盆地西部坳陷构造格局，反转为"盆内山"，形成了"先坳后隆"的构造格局，孕育了独特的"山地式"全油气系统：低碳富氢烃源岩"全过程"生烃、巨厚储集体"全坳陷"沉积、挤压走滑断裂体促进油气"全方位"调整、常规—非常规油气"全系列"分布。

笔者自2015年任中国石油勘探与生产公司副总地质师，在中国石油开展页岩油基础研究、勘探部署与规划计划管理等业务；到 2019 年兼任中国石油页岩油专班办公室主任，组织了大庆古龙页岩油这一全球独特类型资源的储量估算方法研究、储量参数确定和首批预测储量估算与提交工作；再到 2021 年任青海油田公司总经理，笔者始终高度关注页岩油地质工程一体化攻关，特别是立足柴达木盆地最具潜力的非常规油气资源——英雄岭页岩油，践行"一全六化"系统工程方法论，组织开展关键技术攻关与现场探索。2021 年 11 月，英雄岭页岩油第一口预探水平井——柴平 1 井（水平段 997 米，体积压裂焖井 16 天后开井）获得重大突破，试油最高日产油 113.5 立方米，日产气 16072 立方米，折算日产 101.3 吨油当量；295 天累计产原油 10023.5 吨，创造了中国石油天然气集团有限公司当年页岩油水平井千米水平段最高产能与累计产量超万吨最短时间两项纪录，展现出良好的勘探开发前景。

经过多年的科技攻关与现场实践，立足柴西坳陷干柴沟地区，笔者及团队通过对英雄岭页岩油地质特征进行系统研究，评价了其生烃能力、储烃能力和产烃能力，建立了"甜点区""甜点段"评价标准，并预测了其空间分布规律，探索了不同构造区有效开发技术与工程改造工艺方案，基本实现了规模增储与快速建产。截至 2024 年 8 月，柴达木盆地英雄岭页岩油已提交预测储量 1.38 亿吨，完成 3 个开发先导试验平台的部署与实施。因此，有必要对形成的关键理论和技术成果进行总结，以期对英雄岭凹陷和其他复杂构造区页岩油下一步规模增储和效益上产提供科学指导。

本专著主要立足于青海油田英雄岭页岩油 2021—2023 年地质工程一体化研究的新认识与新进展，从构造演化、沉积环境、湖盆沉积充填模式入手，划分岩相类型，阐明"低碳富氢"烃源岩高效生烃机理和甜点富集机制，开展英雄岭页岩油可动性与可动用性评价，并对高效开发技术和"一全六化"系统工程方法论进行研究与实践。具体内容包括八章：第一章从全国视角出发，介绍了中国重点探区页岩油的勘探开发进展与目前页岩油成烃、成储及生产的主要认识，并阐明了英雄岭页岩油的独特性；第二章从区域构造演化、成盆特点与沉积充填特征出发，介绍了英雄岭页岩油发育的宏观地质背景；第三章立足岩相分类与评价，介绍了英雄岭页岩油岩相分类依据、代表性岩相特征，建立了基于机器学习的岩相智能化预测模型；第四章通过生烃母质类型、烃源岩评价与生烃模拟，分析了英雄岭页岩油母质类型，提出并建立了"两段式"生烃模式，并对英雄岭页岩油整体资源潜力进行了评价；第五章通过英雄岭页岩油"四品质"评价，阐明了四类甜点富集机制，建立了甜点评价标准；第六章阐明了"可动性""可动用性"内涵并系统阐述了二者的差异，分析了英雄岭页岩油赋存状态及影响因素，提出了提高可动用性的关键技术对策；第七章立足英雄岭页岩油地质特征，分析开发面临的挑战，提出了高效开发技术对策；第八章提出并系统阐述了"一全六化"系统工程方法论，介绍了英雄岭页岩油践行"一全六化"系统工程方法论的成效。

在项目研究和本书撰写过程中，得到了中国石油勘探开发研究院刘合院士、邹才能院士、张水昌院士、朱如凯教授、金旭教授、张斌博士、王晓梅教授、雷征东教授、孟思炜博士，中国石油青海油田刘国勇教授、张永庶教授、薛建勤教授、陈琰教授、陈晓冬博士、赵健博士、张庆辉博士、房国庆博士、崔荣龙同志、雷刚同志、王胜斌同志，中国石油长庆油田李战明教授，中国石油新疆油田石道涵教授，中国石油大庆油田刘凤和教授，中国石油大学（北京）鲜成钢研究员、王贵文教授、申颖浩博士、李曹雄博士等专家的指导和大力支持。中国石油勘探开发研究院吴松涛博士、沈月博士、姜晓华高工，中国石油青海油田伍坤宇博士、邢浩婷博士协助完成了本书的编排、图件清绘与统稿工作。本书还得到了中国石油天然气集团有限公司科技管理部、中国石油油气和新能源分公司以及相关院校等各界领导、专家的大力支持和帮助，在此一并表示诚挚的感谢！

由于水平有限，本书在编写中，难免有总结不到位之处，敬请各位同仁批评指正。

# 目　录

# 第一章　陆相页岩油勘探开发进展与英雄岭页岩油独特性

北美黑色页岩革命促进了页岩油气产量持续增长，对全球能源供应格局与地缘政治产生了深远影响。我国陆相页岩油广泛分布，资源潜力大，已成为我国油气重大战略领域。本章通过对鄂尔多斯、准噶尔、松辽、渤海湾等盆地页岩油进行对比研究，分析陆相页岩油勘探开发与研究现状，主要梳理了陆相页岩油在烃源岩特征与生烃机理、富集机制与主控因素、可动性与开发模式等方面的基本认识，并介绍了英雄岭页岩油的独特性和目前的勘探开发进展。相关内容可为读者全面了解中国陆相页岩油现状、明确英雄岭页岩油独特性提供参考。

## 第一节　中国陆相页岩油勘探开发与研究现状

### 一、中国陆相页岩油勘探开发现状

北美黑色页岩革命改变了全球能源供应格局，并对地缘政治产生了深远影响，为全球油气勘探从"源外"进入"源内"提供了范例。全球页岩油资源丰富，美国能源信息署（EIA，2013）评价了全球46个国家104个盆地超过170套页岩层系，结果表明页岩油技术可采资源量为 $573 \times 10^8 t$（$4188 \times 10^8 bbl$），其中，中国页岩油技术可采资源量约为 $45 \times 10^8 t$（$322 \times 10^8 bbl$），包括松辽盆地青山口组 $15.7 \times 10^8 t$（$114.6 \times 10^8 bbl$），准噶尔盆地二叠系 $7.5 \times 10^8 t$（$54.4 \times 10^8 bbl$）、三叠系 $9.2 \times 10^8 t$（$67 \times 10^8 bbl$），塔里木盆地奥陶系 $2.12 \times 10^8 t$（$15.5 \times 10^8 bbl$）、三叠系 $8.9 \times 10^8 t$（$64.7 \times 10^8 bbl$），上述评价未包括鄂尔多斯、渤海湾、柴达木、四川等盆地。美国地质调查局（USGS，2016，2017，2018）也对中国一些典型含油气盆地页岩油、致密油技术可采资源量开展了评估，提出准噶尔盆地芦草沟组技术可采资源量为 $1.1 \times 10^8 t$（$7.64 \times 10^8 bbl$），松辽盆地青山口组技术可采资源量为 $2.9 \times 10^8 t$（$21.31 \times 10^8 bbl$）、嫩江组技术可采资源量为 $1.63 \times 10^8 t$（$11.92 \times 10^8 bbl$），渤海湾盆地沙河街组技术可采资源量为 $2.8 \times 10^8 t$（$20.36 \times 10^8 bbl$），四川盆地侏罗系技术可采资源量为 $1.68 \times 10^8 t$（$12.27 \times 10^8 bbl$）。吴晓智等（2022）评价中国页岩油地质资源量为 $335.4 \times 10^8 t$，技术可采资源量为 $30.7 \times 10^8 t$。赵文智等（2023）按中高熟页岩油

$R_o > 0.9\%$ 取值评价，评价中国陆上 10 个重点陆相页岩油盆地中高熟页岩油地质资源总量为 $130 \times 10^8 \sim 163 \times 10^8 t$，中低熟页岩油通过人工转质生成的页岩油资源总量为 $1016.2 \times 10^8 t$ 油当量，其中液态烃为 $704.2 \times 10^8 t$，气态烃为 $312 \times 10^8 t$ 油当量。

作为亚太地区最重要的油气生产与消费大国，中国发育丰富的陆相页岩油资源，具有良好的勘探开发潜力（邹才能等，2014，2017，2019；李建忠等，2015；金之钧等，2019；赵文智等，2020）。已在准噶尔、鄂尔多斯、松辽、渤海湾、柴达木、吐哈—三塘湖、四川等盆地获得战略突破并初步实现了商业开发（杨跃明等，2019；支东明等，2019；付金华等，2020；孙龙德等，2021；李国欣等，2022）。截至 2023 年底，国家能源局先后在准噶尔盆地吉木萨尔凹陷、松辽盆地古龙凹陷、渤海湾盆地济阳坳陷设立三个国家级陆相页岩油示范区（刘惠民等，2018；匡立春等，2021；孙龙德等，2021），并在鄂尔多斯盆地庆城地区建成探明地质储量超 $10 \times 10^8 t$、全球产量最高的陆相页岩油开发区（付金华等，2020；赵文智等，2024）。据不完全统计，截至 2023 年底，中国陆相页岩油完钻水平井超 1700 口，建成产能超 $800 \times 10^4 t/a$，年产量突破 $430 \times 10^4 t$，为国内原油产量保持稳定做出了重要贡献。

本节优选国内重点页岩油区，简要介绍勘探开发进展，以期让读者对中国陆相页岩油勘探开发的基本情况与地质特征有一个较全面的了解。

**1. 准噶尔盆地二叠系页岩油**

准噶尔盆地二叠系页岩油主要包括盆地东部的吉木萨尔凹陷芦草沟组页岩油和盆地西缘玛湖凹陷风城组页岩油，吉木萨尔凹陷芦草沟组页岩油自 2011 年发现，历经勘探及开发先导试验、评价及工业化试验、示范区建设三个阶段。2019 年国家能源局设立首个页岩油开发示范区——吉木萨尔国家级陆相页岩油示范区。通过深化地质认识、技术攻关、管理创新，2023 年吉木萨尔凹陷芦草沟组页岩油井区实现规模效益建产，年产油 $63.6 \times 10^4 t$。2024 年 11 月 26 日，吉木萨尔国家级陆相页岩油示范区年产量突破 $1 \times 10^6 t$，成为首个年产量突破百万吨的国家级陆相页岩油示范区。

准噶尔盆地吉木萨尔凹陷二叠系芦草沟组为混积型页岩油，发育上、下两个"甜点体"，埋深 3500~4200m。上甜点芦草沟组二段主要为长石粉细砂岩，下甜点芦草沟组一段主要为云质粉砂岩，芦草沟组页岩油甜点段物性好、脆性中等、压力高，但油层分散、裂缝不发育、地应力高、原油黏度略高，下甜点体原油黏度普遍超 100mPa·s，是影响芦草沟组页岩油可动性的重要因素（表 1-1）。

**2. 松辽盆地白垩系青山口组页岩油**

松辽盆地白垩系青山口组页岩油主要发育在古龙凹陷，2021 年国家能源局设立第二个页岩油国家级示范区——大庆古龙陆相页岩油国家级示范区。古龙页岩油自 2019 年古页油平 1 井获重大突破以来，先后经历了探索阶段、试验阶段和扩大试验阶段，2023 年产量突破 $17×10^4t$，2024 年产量达 $40×10^4t$。

表 1-1  芦草沟组页岩油地质特征表

| 参数 | 上甜点体 | 下甜点体 |
|---|---|---|
| 孔隙度 | 11.8% | 10.3% |
| 渗透率 | 0.01～1mD | 0.01～1mD |
| 脆性 | 中等 | 中等 |
| 地层压力系数 | 1.39 | 1.51 |
| 含油饱和度 | 69.4% | 71.2% |
| 裂缝发育程度 | 不发育 | 不发育 |
| 油层结构 | 薄互层 | 薄互层 |
| TOC 和成熟度 | 3.52%/ 成熟 | 3.76%/ 成熟 |
| 原油黏度 | 48.9mPa·s | 103mPa·s |
| 埋深 | 2800～3800m | 3500～4200m |
| 水平最小主应力 | 50～70MPa | 60～75MPa |
| 水平主应力差 | 4～17MPa | 6～20MPa |

松辽盆地古龙页岩油为纯页岩型页岩油，页岩厚度占比 95% 以上，平均粒径小于 0.0039mm，夹薄层白云岩、粉砂岩，纵向发育三段岩性组合。其中，以高有机质丰度页岩为主，有机碳含量（TOC）主体大于 2%，测井响应呈高伽马、高电阻率、低密度特征，厚度 108m，占比 80% 以上（图 1-1）。X 射线衍射全岩分析表明，古龙页岩石英含量为 35%～40%，长石含量为 15%～30%，碳酸盐含量为 3%～5%，黏土矿物含量为 35%～45%；在黏土矿物中，伊利石占 50%～75%，伊 / 蒙混层占 15%～20%，不含蒙皂石。古龙页岩油热演化成熟度相对较高，$R_o$ 主体大于 1.2%，气油比高，原油流动性好，但受限于相对较高的黏土矿物含量，古龙页岩的可压性中等，在一定程度上制约了古龙页岩油的规模勘探与快速建产。

### 3. 渤海湾盆地古近系页岩油

渤海湾盆地古近系页岩油主要分布在济阳坳陷沙河街组、黄骅坳陷沧东凹陷孔店组、歧口凹陷沙河街组三段、束鹿凹陷沙河街组等，2022 年国家能源局设立了第三个页岩油示范区——胜利济阳页岩油国家级示范区。胜利济阳页岩油 2023 年产油 $32.8×10^4t$；大港沧东与歧口凹陷页岩油 2023 年日产油超 350t，累计产油达 $40.57×10^4t$。

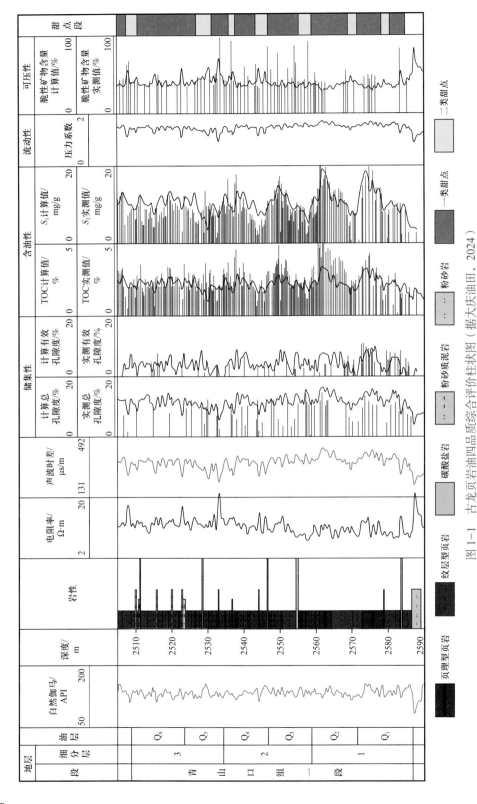

图1-1 古龙页岩油四品质综合评价柱状图（据大庆油田，2024）

渤海湾盆地古近系页岩油为混积型页岩油，碳酸盐含量相对较高。例如，济阳坳陷页岩油主力岩相为泥质灰岩，其碳酸盐含量大多超50%，且以方解石为主。灰质纹层与泥质纹层频繁互层构成了济阳坳陷页岩油储层最具特色的层耦结构，单纹层厚度薄，一般介于0.1～0.5mm，每米2000～10000层，无机孔缝占比达95%。同时，作为断陷湖盆页岩油，渤海湾盆地页岩油地层年代新，主要为半深湖—深湖沉积，受强烈构造运动与差异演化影响，不同坳陷页岩油在埋藏深度、地层温度、岩相类型与流体性质等方面具有较大差异。例如，济阳坳陷与黄骅坳陷沧东凹陷相比，埋深更大，导致地层温度和压力系数更高，前者埋深2500～5500m，地层温度130～200℃，压力系数1.2～2.0，后者埋深2000～4000m，地层温度小于140℃，压力系数1.0～1.5（表1-2）。

表1-2　渤海湾盆地页岩油与美国海相页岩油地质条件对比表

| 地质参数 | 北美海相 | 济阳坳陷 | 沧东凹陷 |
|---|---|---|---|
| 盆地类型 | 海相克拉通盆地 | 陆相断陷湖盆 | 陆相断陷湖盆 |
| 断裂系统 | 不发育 | 发育 | 发育 |
| 埋深/m | 1000～3000 | 2500～5500 | 2000～4000 |
| 裂缝发育程度 | 中等 | 高、地层破碎 | 高 |
| 地层温度/℃ | 95～120 | 130～200 | <140 |
| 压力系数 | 1.2～1.6 | 1.2～2.0 | 1.0～1.5 |

#### 4. 鄂尔多斯盆地三叠系延长组7段页岩油

鄂尔多斯盆地三叠系延长组7段页岩油资源丰富，"十三五"资源评价初步结果表明，延长组7段页岩油资源量为$40.5×10^8$t（图1-2）。自2011年以来，围绕延长组7段页岩油，长庆油田开展理论研究、技术攻关及先导试验，经历早期勘探、评价与技术攻关、规模勘探开发三个阶段，累计提交探明储量超$12×10^8$t，建成了全球第一个也是产量最高的陆相页岩油产区——庆城页岩油田，2023年产量达$270×10^4$t。

鄂尔多斯盆地延长组7段页岩油主要包括夹层型与纯页岩型页岩油，其中夹层型页岩油储层为极细砂岩、粉细砂岩，单砂体厚度为0.5～5m，砂地比为15%～30%；纯页岩型页岩油储层为黑色页岩和暗色泥岩，纹层发育，包括长英质纹层、黏土矿物纹层、有机质纹层与凝灰质纹层，单纹层厚度0.01～1mm，有机碳含量高，主体大于6%，最高可达30%以上。石英、长石累计含量超40%；相对较高的黄铁矿含量也是延长组7段页岩的重要特征；黏土矿物含量相对较高，含量超45%，其中伊/蒙混层在黏土矿物中的占比超50%；微距运移和滞留富集是主要的富集机制。

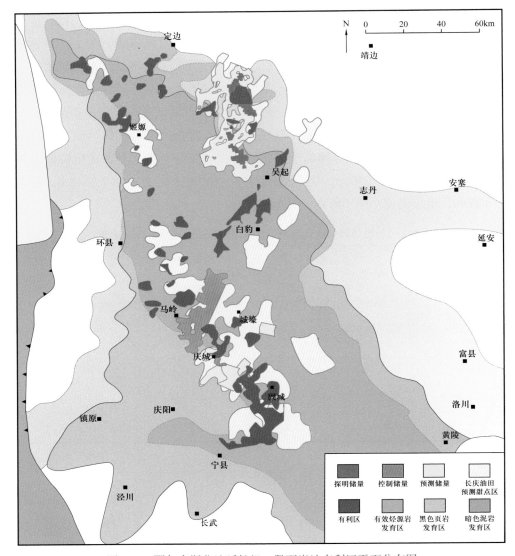

图 1-2　鄂尔多斯盆地延长组 7 段页岩油有利区平面分布图

## 二、陆相页岩油基本认识与研究现状

### 1. 烃源岩特征与生烃机理

页岩油作为一种主体分布在源内的非常规油气资源，以"原生源储"为主（匡立春等，2021），与常规石油相比未经过大规模运移，因此对烃源岩质量和规模的要求与常规油藏相比有较大不同。全球页岩油勘探实践也证实，较高的有机质丰度是获得工业产能的重要条件（李国欣等，2023；Jarvie et al.，2007），但不同学者提出的结论具有差异。Lu等（2017）以松辽盆地南部页岩油为例，从形成超压所需的排烃量出发，建立了页岩油有机质丰度下限分级评价标准，指出 I 类烃源岩 TOC 要大于 2%，II 类烃源岩 TOC 介于 0.8%～2.0%，III 类烃源岩 TOC 小于 0.8%。对于以大规模体积压裂改造为主要开发方式的页岩油，甜点要求 TOC 在 2% 以上，滞留烃 $S_1$ 在 2mg/g 以上，$R_o$ 在 1.0% 以上（李国欣等，2023）。赵文智等（2021）系统对比了源内和源外油气成藏的烃源灶差异，指出常规油气藏的形成是油气受浮力作用发生聚集的过程，油气聚集不一定需要很高的有机质丰度，但需要较高的排烃效率和排烃量，烃源岩 TOC 门限值大于 0.5%，最佳区间为 1%～3%；而"原生源储"的页岩油由于是石油在源内的滞留，缺少大规模运移富集过程，因此对烃源岩质量和规模要求更高，中高熟页岩油 TOC 门限值大于 2%，最佳区间为 3%～5%，有机质类型以 I—II₁ 型为宜。

需要指出的是，柴达木盆地西部坳陷古近系英雄岭页岩油 TOC 整体偏低，主体 TOC 小于 1%，有机质丰度明显低于我国主要页岩油产区（表 1-3），因此，对于陆相页岩油而言，英雄岭页岩油的成功发现进一步拓宽了 TOC 的下限，即 TOC 可进一步低至 1%。然而，需要说明的是，柴达木盆地西部坳陷英雄岭页岩油烃源岩具有一定的特殊性，针对咸化湖盆开展低丰度页岩形成机理、生烃母质与生烃模式研究，对丰富和发展陆相页岩生烃理论具有重要的意义。

**2. 富集主控因素**

北美海相页岩油富集受多个因素控制：（1）储层大面积连续分布且多形成于宽缓构造背景下，储层厚度整体较大（Ayers，2002；Sageman et al.，2003；Dutton et al.，2005；Zagorski et al.，2012）；（2）区域性致密顶底板控制页岩油远景区分布（Smosna et al.，2012）；（3）脆性矿物含量高，黏土矿物含量低；（4）裂缝发育密度大；（5）岩石强度中等，破裂压力较低；（6）热成熟度较高，总有机碳含量普遍较高（Schenk et al.，2008；Zagorski et al.，2012；Pollastro et al.，2012）；（7）孔隙度高，含油饱和度高（Dutton et al.，2005；Alexander et al.，2011）；（8）石油黏度低，流动性好；（9）地层压力系数高，能量充足。

我国页岩油相对北美海相页岩油而言具有明显差异，主要表现在以下几个方面：（1）我国页岩油发育在陆相沉积盆地，储层横向分布变化大，连续性偏差，厚度偏小；（2）岩性复杂，纵向变化快，薄层频繁叠置；（3）部分区块黏土矿物含量高，脆性低；（4）热演化程度整体偏低（张文正，2006；张斌等，2017；胡素云等，2022）；（5）地层压力系数有高有低，部分区块发育异常低压。

系统对比国内外不同页岩油富集条件，发现岩相及孔隙结构对于页岩油的富集具有重要影响。除此之外，不同润湿性页岩的生烃能力、压力系统、含油性及源储配置关系也控制了页岩油富集规模及分布规律。特别是压力系统，这是控制页岩油高产和稳产的重要因素。由于页岩油储层"低孔、低—特低渗"的本质，致使其生产受控于地层能量，即异常

表 1-3 中国陆相页岩油岩烃源岩基本特征（据李国欣等，2023，修改）

| 盆地 | 区带 | 层系 | 盆地性质 | 古湖盆性质 | TOC/% | 热演化成熟度 Ro/% | 黏土矿物含量/% | 碳酸盐矿物含量/% | 碱性矿物含量/% | 甜点岩相类型 | 地层压力系数 | 气油比 m³/m³ | 原油密度 g/cm³ |
|---|---|---|---|---|---|---|---|---|---|---|---|---|---|
| 松辽 | 古龙凹陷 | 青山口组一段 | 坳陷 | 淡水—微咸水 | 1~5 | 1.0~1.6 | >45 | <20 | 不发育 | 粉细砂岩、纹层状黏土质页岩 | 1.3~1.8 | 100~1000 | 0.76~0.85 |
| 鄂尔多斯 | 伊陕斜坡 | 延长组7段 | 坳陷 | 淡水—微咸水 | 4~20 | 0.7~1.0 | >50 | <15 | 不发育 | 粉细砂岩、纹层状黏土质页岩 | 0.7~0.9 | 70~200 | 0.80~0.86 |
| 四川 | 川中斜坡 | 大安寨段 | 断陷 | 微咸水 | 2~3 | 1.0~1.3 | <20 | >60 | 不发育 | 介壳灰岩、纹层状黏土质页岩 | 1.2~1.5 | 100~1000 | 0.76~0.82 |
| 准噶尔 | 吉木萨尔凹陷 | 芦草沟组 | 断陷 | 咸水 | 3~10 | 0.8~1.0 | <20 | >60 | 不发育 | 砂屑云岩、云质砂岩 | 1.2~1.5 | 10~200 | 0.88~0.92 |
| 柴达木 | 英雄岭凹陷 | 下干柴沟组上段 | 坳陷 | 咸水 | <1 | 0.8~1.3 | <15 | >70 | 不发育 | 纹层状云岩、层状灰云岩 | 1.7~2.0 | 50~300 | 0.81~0.85 |
| 渤海湾 | 济阳坳陷 | 沙河街组三段 | 断陷 | 咸水 | 1~4 | 0.6~1.0 | <20 | >60 | 不发育 | 纹层状泥灰岩 | 1.2~2.0 | 60~500 | 0.83~0.88 |
| | 沧东凹陷 | 孔店组二段 | 断陷 | 咸水 | 2~12 | 0.8~1.1 | <20 | >60 | 不发育 | 纹层状泥灰岩 | 1.2~1.8 | 70~600 | 0.83~0.87 |
| 准噶尔 | 玛湖凹陷 | 风城组 | 前陆 | 碱性 | 0.5~3.5 | 1.0~1.3 | <15 | >40 | >30 | 纹层状白云质黏土岩、蒸发岩 | 1.7 | 100~300 | 0.82~0.85 |

高压是页岩油高产与稳产的主要驱动力。

关于页岩油富集模式，国内外学者基于生烃机制相对明确、沉积相对稳定、构造相对简单的页岩油研究，先后提出了"纳米油气运聚动力—孔隙模型"（邹才能等，2014，2017）、"基质孔储油、微裂缝渗流"（孙龙德等，2019；刘合等，2020）、"原生源储"（匡立春等，2021）、"原位滞留、微距运移"（李国欣等，2022）等模式。

### 3. 页岩油可动性

页岩可动油含量（Movable Oil Yield，MOY）是指每克页岩中所含的非吸附的、可动的液态烃毫克量，可动性好是陆相页岩油富集高产的关键。控制页岩可动油含量的因素可分为宏观因素和微观因素两大类。前人研究结果表明，有机质丰度、热成熟度、石油性质、裂缝发育程度和储层压力是控制页岩油可动性的宏观因素；比表面积、孔隙特征、润湿特征、表面粗糙度、石油赋存状态和微观诱导裂缝是控制页岩油可动性的微观因素（金之钧等，2019）。

在有机质丰度和类型一定的情况下，在早期成熟阶段，随着石油的生成，可动油含量逐渐增加；随着成熟度的提高，生成的石油达到原位吸附/膨胀/水溶及孔隙滞留的极限之后开始排油（Momper，1978），可动油含量在排烃门限之前逐渐增加，达到排烃门限后就会有石油排出，而且液态油也可能开始裂解，造成可动油含量下降（Li et al.，2015；Weng et al.，2018；Li et al.，2020）。页岩油自身性质对其可动性的影响很大，高黏度页岩油在相同的运移通道内其流动性较低黏度页岩油常存在数量级差异，其流动所需能量更多；页岩油中石蜡、沥青质等高分子物质越多，页岩油流动过程中越容易在纳米孔喉缩径处形成堵塞，造成泄油通道减少，页岩油可动性变差。地层压力是页岩油开采的宝贵驱动力，地层压力系数越高，即地层超压越明显，地层孔隙与井眼之间的压力差越大，孔隙中流体越容易被采出，可动性越强（张林晔等，2014，2015；陈佳伟，2017；包友书等，2016；李国欣等，2022）。

页岩储层内的粒间孔、粒内溶孔和微裂缝等可构成有效连通通道，连通孔数量越多，页岩油渗流通道越多，可动油占比就越大（郭旭升等，2014；邹才能等，2020）。纳米孔喉直径对页岩油的渗流行为影响很大，当孔隙直径小于20nm时，页岩油无法渗出；当孔隙直径为20～200nm时，页岩油需要外部驱动力渗出；当孔隙直径大于200nm时，页岩油可以从孔喉中自由渗出（Zou et al.，2015）。因此，页岩油纳米孔喉最小缩径处直径决定页岩油是否可动，最小缩径处直径越大，单通道内页岩油流动阻力越小，页岩油可动性就越好（杨正明等，2019；Feng et al.，2019；Hu et al.，2021）。页岩储层中石油赋存状态对其可动性影响至关重要。若页岩油多赋存于裂缝或连通孔中，页岩油整体可动性会较好；若页岩油多赋存于孤立孔中，页岩油整体可动性会较差（黎茂稳等，2019；柳波等，2021；Wu et al.，2023）。

### 4. 页岩油开发模式

我国陆相页岩油资源量丰富，是国内石油增储上产的重要现实领域，近年来取得了一系列重大勘探突破。与已经探明和控制的资源量相比，我国陆相页岩油产量规模偏小，方案采收率或预测一次采收率低，单井首年平均产量、预测最终采收率（EUR）和桶油成本等关键技术经济指标需进一步提高，大规模上产开发的抗风险能力和可持续发展能力存在较大挑战。以陆相页岩油的特殊性为出发点，按照地质工程一体化的思路，形成具有针对性的规模效益开发模式是目前亟须解决的关键问题（李国欣等，2022）。

北美致密油/页岩油开发在 2014 年油价剧烈波动以来逆势快速发展，以长水平段小井距立体超大井丛平台为载体的第二代主体开发技术发挥了关键性作用，单井产量和EUR、平台资源有效动用率和预测一次采收率显著提高，桶油成本明显下降（李国欣等，2020；Sochovka et al.，2021）。长水平段小井距立体超大井丛平台是北美非常规油气开发从"井"到"藏"、从个体到整体、从局部优化到全局寻优的变革性开发理念转变，为更有成效地实施地质工程一体化创造了条件。

我国陆相页岩油地质条件的多样性和复杂性，带来了工程技术上的不适应性和差异性，古龙纯页岩型页岩油的开发更是没有先例可以借鉴，英雄岭凹陷强改造山地式页岩油也是独具特色，目前的理论和技术均进入了"无人区"（金之钧等，2019；贾承造，2020；刘合等，2020；孙龙德等，2021；李国欣等，2022）。我国页岩油开发正在逐步从注重单项工程参数指标、"一井一策"、"一段一策"等单点或局部优化，向着整体效益开发转变，但是目前仍然处于起步阶段，尚未形成成熟的开发模式和理念，亟须以系统工程思维转变开发理念。

#### 1）布井模式

立体井网部署模式成为以二叠（Permian）盆地为代表的美国页岩油的主要井网部署模式（Carrizo Oil & Gas，2019），立体开发部署中通过多层布置水平井来实现整体的动用。这种模式由于集约化的地面建设，结合集团化的钻井和压裂，可以大幅度降低地面的占用、提高工程效率、大幅度降低成本。

借鉴北美非常规立体布井模式，在准噶尔盆地玛湖致密砾岩油田玛 131 区块采用非常规油气开发理念，确定以"水平井+多级压裂"为主体技术后，进一步突破了传统认识并跳出北美经验，采用"大井丛、多层系、小井距、长井段、交错式、密切割、拉链式、工厂化"系列技术，提出"绕砾成缝"和"主动干扰"等非常规中的"非常规"理论认识，平面布井井距采用了 100m 和 150m 的小井距，取得了重要的示范性建设成果（李国欣等，2022）。中国陆相页岩油开发目前已在准噶尔盆地吉木萨尔凹陷芦草沟组、渤海湾盆地孔店组、松辽盆地青山口组以及鄂尔多斯盆地延长组 7 段（长 7 段）探索规模开发

（付金华等，2015；李国欣等，2020），整体上正在朝着"一次井网、平面接替"的方向发展。

刘合等（2020）提出我国陆相页岩油与美国页岩油相比具有重要的差异性，需要结合陆相页岩油的地质条件提出针对性的井网井型。针对我国陆相页岩油开发工程面临的三方面主要挑战：（1）油层横向变化快、单层厚度小、甜点薄互层特征，显著提升了水平井钻井难度；（2）复杂的岩性特征、微观非均质性和广泛分布的多套泥岩隔夹层，限制了压裂裂缝纵向穿层，降低了体积压裂效果；（3）随着勘探深度的增加，单层厚度小于 4m、砂地比小于 20% 及垂深超过 4500m 的页岩成为现实领域，水平井体积压裂技术的工程技术难度更高、成本控制难度更大，提出直井结合大斜度井体积压裂开发模式，即：将体积压裂内涵赋予直井／大斜度井限流压裂，纵向上采用限流压裂实现油层全压开，横向上结合干扰、转向压裂等技术形成油层内复杂裂缝网络，提高压裂改造效果，同时通过井网井型的科学设置，提高储量动用程度，实现页岩油整体有效动用，同时具备后期调整灵活、纵向挖潜空间大、可低成本重复作业等技术优势。

2）压裂模式

基于地质—地质力学模型一体化的优化方法是目前立体开发的主要手段，通过裂缝扩展、应力耦合和产能预测，对立体开发平台进行优化。以裂缝模拟和产能为导向的立体布井层位优选、不同层位的井距优化、立体布井方案、通过垂向干扰进行施工工序、错开层位的优选（Malpani et al.，2019；Defeu et al.，2019）与立体井网相互配合的方式是进行立体压裂及立体排采的优化设计，针对立体压裂，一般是通过综合考虑裂缝扩展和应力干扰进行压裂方案的优化设计（Jacobs，2021），北美在开发实践中总体上采取尽量预防和避免干扰的思路，在加密井压裂或老井重复压裂前采取补能增压、恢复应力场的技术措施，从 2021 年开始认为应力干扰"可能有正面作用"（Jacobs，2021），国内在 2018 年实施的玛 131 小井距立体开发示范区，率先使用了"井间主动干扰"提高缝网复杂度、降低压裂冲击的方法（李国欣等，2020），吉木萨尔 58 号平台采取了类似的对策。立体井网的排采问题也逐渐得到重视，排采对于裂缝有效性的控制及压裂强烈改变了从射孔炮眼到近井地带的原位应力场，不但影响缝网形态和有效支撑，在返排和生产过程中，随着有效应力的增加，近井地带尤其是与炮眼连接的水平缝显著丧失导流能力甚至失效（Weng et al.，2018；Michael et al.，2021），因此压裂—排采一体化成为重要的排采优化思路。

立体开发过程中井间的裂缝和应力干扰作用更强，开发效果的影响因素众多，因此其开发效果的评估难度很大。近年来，基于现场实验室开展系统性的科学技术与工程工艺实验试验得到了高度重视，不但获取大量最真实可靠的一手资料与数据，还揭示了一系列室内实验所无法观察、了解和验证的现象与机理，指出了非常规油气开发中过去未被充分认识的一些基础理论问题，有力地推动了相关理论、技术和方法的改进与发展（Ciezobka，

2018，2021）。建设现场科学实验室的重要性越来越凸显，以平台取心井和井下永久式光纤现场监测与评价技术为主的现场测试手段，能够更加深入地认识立体开发和立体压裂的效果，为大幅度提高立体开发的科学性和应用效果提供重要的保障。

整体来讲，经过多年大量的探索，在钻井和压裂工程技术不断成熟之后，北美页岩油逐步走向了"整体开发、立体动用"的开发模式，通过立体井网和立体压裂、规模集团化作业来大幅度降低开发成本，以达到规模效益开发。我国在玛131小井距立体开发取得成功之后，在开发理念上取得了大幅度提升，并提出"非常规不代表低采收率，非常规不代表低效益，没有不能开发的资源，只有不适应的手段"的认识（李国欣等，2022），坚定了页岩油勘探开发信心。

尽管后续在主要的陆相页岩油区块都开展了类似的现场试验，但整体来看目前均未完全实现规模效益开发，其根本是我国陆相页岩油与美国以海相沉积为主的页岩油有着比较大的差异，因此如何在北美的基础上，深入认识我国陆相页岩油的独特性，建立针对性的开发模式成为关键。坚持以地质工程一体化思想为指导、以全生命周期最大化平台EUR为目标，以系统工程的思路开展研究，将是我国陆相页岩油规模效益开发的核心思想（胡文瑞，2017）。

## 第二节　英雄岭页岩油定义与独特性

### 一、英雄岭页岩油地理位置

英雄岭页岩油发育在柴达木盆地西部坳陷（又称柴西坳陷）英雄岭凹陷，主要包括英西地区、英中地区、干柴沟地区和柴深构造带局部（图1-3），总面积约3000km²。目前主要在干柴沟地区取得重大突破。

### 二、英雄岭页岩油定义

英雄岭页岩油作为全球独具特色的高原地区页岩油，受喜马拉雅期构造演化影响大，形成地面与地下"双复杂"的背景。英雄岭页岩油与松辽盆地青山口组、鄂尔多斯盆地延长组7段等黏土矿物含量较高的页岩油相比具有明显差异。开展英雄岭页岩油精细地质评价与开发研究，一方面进一步丰富和发展陆相页岩油地质理论，另一方面可为全球高原地区页岩油规模勘探与效益开发提供重要参考和科学借鉴。因此，笔者认为有必要对英雄岭页岩油进行单独定义。

在对英雄岭页岩油进行定义时，笔者重点考虑了三个方面：（1）赋存的层位与地区；（2）关键特征与独特性；（3）工程改造工艺。基于上述三个方面，笔者提出英雄岭页岩油的定义，即：英雄岭页岩油是分布在柴达木盆地英雄岭凹陷下干柴沟组上段，赋存于陆相

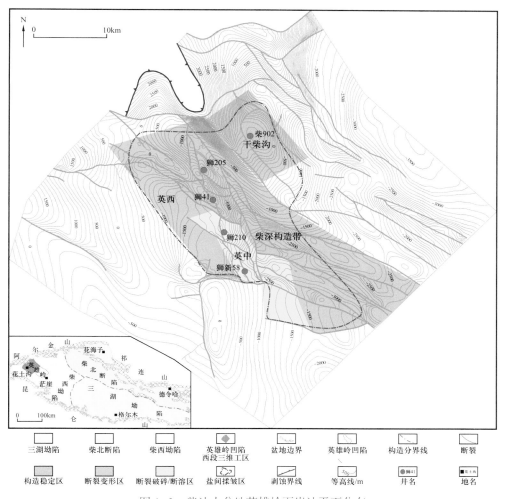

图 1-3　柴达木盆地英雄岭页岩油平面分布

咸化湖盆背景中形成的烃源岩层系内，以厚度超 1000m 的巨厚富有机质纹层状页岩与灰质白云岩高频间互组合为特征的纯页岩型和混积型页岩油，受喜马拉雅运动强改造作用影响，地下地质条件复杂，地面以山地为主，直井压裂改造即可获得工业油流，水平井体积压裂可获高产（李国欣等，2022）。

## 三、英雄岭页岩油独特性

英雄岭页岩油地处高原地区，高寒缺氧，干旱缺水，相对复杂的地面条件与地下条件对页岩油勘探开发提出了更高的要求。然而，与全球其他页岩油区带相比，英雄岭页岩油在地质背景上体现出三个典型的独特性：低有机质丰度烃源岩"低碳富氢"且单位有机碳生烃能力强、地层巨厚以及经历了强烈的改造作用。下面分别对三个独特性进行论述。

### 1. 低有机质丰度烃源岩"低碳富氢"、单位有机碳生烃能力强

柴达木盆地西部古近系烃源岩具有 TOC 低、生烃潜量高、厚度大等特点。已有研究仅发现个别高有机质丰度的烃源岩，绝大多数样品有机质丰度很低，TOC 一般在 0.2%～0.6% 之间，平均值低于 0.5%（翟光明，1996）。

英雄岭页岩油有效烃源岩是下干柴沟组上段烃源岩，有效烃源岩（TOC＞0.4%）面积约 $1.26 \times 10^4 km^2$，优质烃源岩主要分布在柴西南地区。与国内其他典型陆相含油气盆地相比，柴西坳陷下干柴沟组上段烃源岩 TOC 普遍较低，但氢指数（HI）较好，呈"低碳富氢"特征。对于北美海相页岩油区带，二叠盆地 Wolfcamp 组页岩油的烃源岩 TOC 主体介于 3.5%～9.0%，局部地区 TOC 超 20%；威利斯顿（Williston）盆地的 Bakken 组页岩油与西部海湾（Western Gulf）盆地的 Eagle Ford 组页岩油，其烃源岩有机质丰度普遍大于 4.5%，主体介于 5%～9%。我国鄂尔多斯盆地三叠系延长组 7 段页岩油烃源岩是 TOC 最高的页岩油区带，主体 TOC 普遍大于 6%，TOC 最高达到 30% 以上；准噶尔盆地吉木萨尔凹陷芦草沟组是 TOC 第二高的页岩油区带，TOC 主体介于 2.5%～10%；松辽盆地古龙凹陷青山口组页岩油与渤海湾盆地济阳坳陷沙河街组页岩油的烃源岩有机质丰度相近，主体介于 2%～5%（图 1-4）。

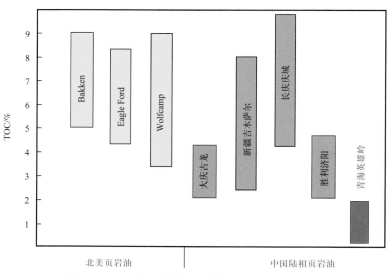

图 1-4　全球典型页岩油区带有机质丰度对比图

下干柴沟组上段烃源岩以纹层状云灰岩和纹层状黏土质页岩为主，根据 12489 块下干柴沟组上段典型烃源岩样品分析可知，TOC 主体范围为 0.4%～2.7%，其中 TOC 小于 2% 的样品占比超过 97%，平均值小于 1%。鄂尔多斯盆地三叠系延长组 7 段、松辽盆地白垩系青山口组富有机质页岩有机质丰度远高于柴西坳陷下干柴沟组上段有机质丰度，但三者氢指数基本相当。以柴 2-4 井为例，下干柴沟组上段烃源岩有机地球化学参数分析结果

表明，有机质丰度较低，TOC 为 0.3%～2.0%，平均为 1.0%；然而，该套烃源岩的生烃潜力较大，$S_1+S_2$ 一般为 4～10mg/g，最高为 30mg/g，$S_2$/TOC 一般为 200～600mg/g，最高为 720mg/g，$S_1$/TOC 普遍高于 100mg/g（图 1–5）。

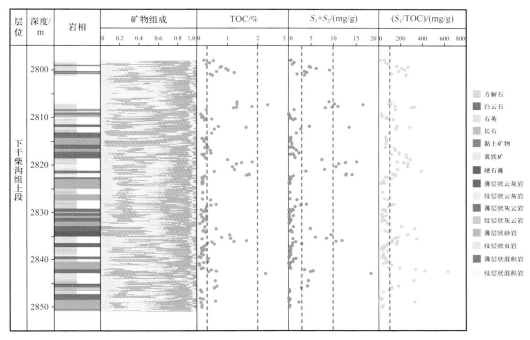

图 1–5　柴西坳陷柴 2–4 井下干柴沟组上段岩相—矿物组成—有机地球化学参数综合评价图

通过有机岩石学与生物标志化合物研究发现，下干柴沟组上段烃源岩生烃母质以葡萄藻和沟鞭藻等水生藻类为主，绿硫细菌和紫硫细菌指示了还原环境，促进有机质富集（李国欣等，2023）。生物标志化合物研究表明，下干柴沟组上段烃源岩内发育大量的三甲基类异戊二烯化合物，指示了绿硫细菌与紫硫细菌的贡献。以藻类为主的生烃母质，形成了柴西坳陷古近系良好的干酪根类型。研究发现，柴西坳陷古近系烃源岩以Ⅰ—Ⅱ$_1$型干酪根为主，占比超过 90%，具有可溶有机质早期生烃与干酪根接力裂解生烃特征，有效提升了烃源岩单位 TOC 的生烃能力。HI 与 TOC 关系图表明（图 1–6），与鄂尔多斯盆地三叠系延长组 7 段、松辽盆地白垩系青山口组烃源岩相比，在 HI 为 600mg/g 时，下干柴沟组上段对应的 TOC 为 1.0%，而延长组 7 段对应的 TOC 大于 5%，青山口组对应的 TOC 为 3%。可见，下干柴沟组上段烃源岩单位 TOC 的生烃能力在中国湖相烃源岩中具有明显的优势。

**2. 咸化湖盆沉积巨厚、混源为主、岩相与储集空间纵向非均质性强**

柴达木盆地英雄岭页岩油整体为咸化湖盆混源沉积，下干柴沟组上段主体处于干旱—半干旱沉积环境中，纵向沉积厚度达 1200m，是目前全球已知页岩油区厚度最大的。据

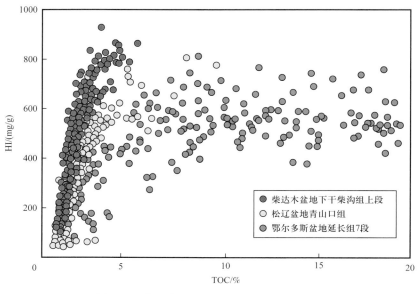

图 1-6　典型湖盆烃源岩 TOC 与 HI 关系图

统计，北美地区二叠盆地 Wolfcamp 组页岩油最大沉积厚度超 1000m，但主力产区厚度在 400m 左右；Bakken 组与 Eagle Ford 组页岩油沉积厚度普遍小于 200m。在国内，渤海湾盆地沙河街组页岩油与准噶尔盆地吉木萨尔凹陷芦草沟组页岩油是沉积厚度仅次于英雄岭页岩油的区带，其沉积厚度分别为 200～500m、250～450m；渤海湾盆地黄骅坳陷沧东凹陷孔店组二段沉积厚度介于 400～600m，松辽盆地古龙凹陷青山口组一段页岩油沉积厚度主体小于 180m（图 1-7）。因此，英雄岭页岩油巨厚的沉积，一方面为页岩油的富集提供了丰富的资源储集体系，另一方面也造成了英雄岭页岩油甜点段优选难度的增加。

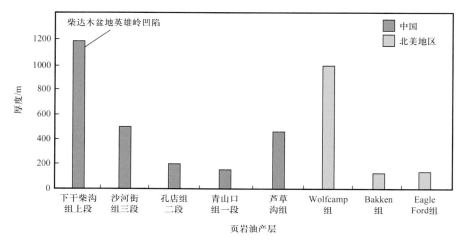

图 1-7　全球典型页岩油区带沉积厚度对比图

柴西坳陷中心受外源碎屑供应与内源碳酸盐沉淀双重影响，发育典型的混源沉积。从柴2-4井综合评价图（图1-5）可以看出，纵向10m范围内发育纹层状灰云岩、纹层状云灰岩、薄层状灰云岩、薄层状云灰岩、纹层状黏土质页岩、薄层状砂岩、纹层状混积岩、薄层状混积岩等8种岩相，单层厚度为0.2～0.5m，岩相频繁变化，发育典型的纹层构造。

英雄岭页岩油原油主要赋存在晶间孔、纹层缝中，不同岩相中原油赋存状态也存在差异。晶间孔中原油的赋存状态表现为薄层状灰云岩含轻质烃多，游离态和吸附态并存；纹层状黏土质页岩以滞留重烃为主，吸附态为主；在纹层缝中原油的赋存状态表现为含轻质烃和重质烃，游离态为主，且薄层状、纹层状灰云岩均表现为富含轻质和重质组分，具有"微距运移"和"原位滞留"两种生—排—聚富集模式，均具有良好的含油性（图1-8）。

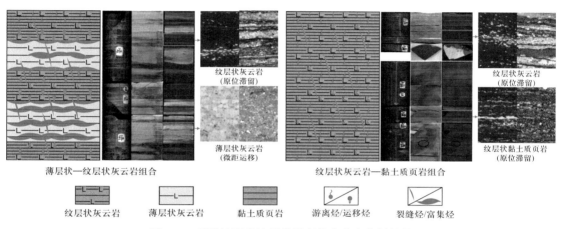

图1-8　英雄岭页岩油烃类赋存状态荧光分析结果

### 3. 喜马拉雅期走滑挤压促使"山地式"页岩油差异富集

与全球其他含油气盆地相比，处于青藏高原的柴达木盆地具有独特的构造演化特征。在印度与欧亚板块碰撞背景下，柴达木盆地自新生代以来，共经历了五次不同程度的构造运动，其中上新世末—第四纪的构造运动对英雄岭页岩油构造格局的影响最为剧烈。在喜马拉雅期强改造作用下，柴西坳陷古近系受东昆仑和阿尔金左行走滑断裂联合控制，逆冲挤压作用较强，表现为上新世末—第四纪柴西坳陷中央反转为盆内山，形成了"先坳后隆"构造演化格局。强烈的挤压作用和断裂作用，导致走滑断裂发育、挤压变形强烈。柴西坳陷表现为"边部断裂走滑、中心隆升剥蚀"的特征，越靠近盆地中心，构造隆升剥蚀的特征越明显（图1-9）。

将英雄岭页岩油定义为"山地式"页岩油，关键特征是构造改造作用强，强调地下地质条件与地上地表条件的"双复杂"：（1）地下地质条件复杂，经历了多期构造运动的叠加改造，尤其是喜马拉雅期强改造作用，英雄岭页岩油产层构造样式复杂多样，油气空间展布受不同级次断层与裂缝控制；地层水矿化度普遍大于200g/L，古近系发育高压

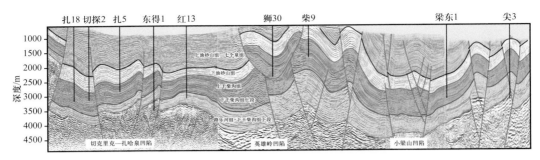

图 1-9　柴西坳陷古近系英雄岭页岩油典型地震剖面图

系统，地层压力系数主体为 1.78～2.48。（2）地上地表条件复杂，柴西坳陷主体海拔为 3000～3900m，干旱缺水，地表以山地地貌为主，山高坡陡，沟壑纵横。

高原山地式陆相页岩油藏与构造相对稳定区的海相和陆相页岩油藏在地质背景与富集条件方面具有明显差异。对于构造相对稳定区（如北美地区）的平原式页岩油藏，其地表地貌相对平坦，地下构造继承保留了同构造沉积期的一些深部隐伏构造，后期构造改造作用相对较弱，对页岩层造成的构造扰动不大（图 1-10）。相反，对于强构造改造区（如柴达木盆地）的高原山地式页岩油，由于地处青藏高原山地环境，不仅高海拔缺氧、气候寒

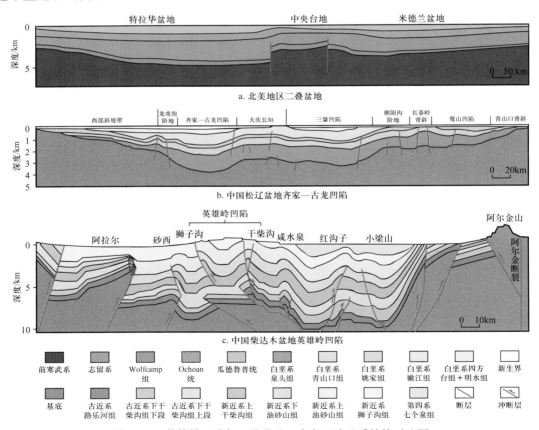

图 1-10　英雄岭凹陷与二叠盆地、古龙凹陷地质结构对比图

冷且干旱缺水、地面条件复杂，造成井场选址与建设难度大；同时，喜马拉雅期较强的地质改造形成了复杂的地质结构。总体来看，高原山地式页岩油的甜点类型多样，靶体评价优选精度不高，体积开发模式尚未建立，勘探开发生产难度极大。

# 第三节　英雄岭页岩油勘探开发概况

## 一、勘探开发历程

柴西坳陷古近系的石油勘探始于 20 世纪 50 年代，先后经历了浅层到深层、碎屑岩到碳酸盐岩、构造到岩性、常规到非常规勘探思路变迁，勘探历程大致经历三个阶段。

第一阶段（1958—2017 年，地面油砂勘探阶段）：受抬升剥蚀影响，英雄岭凹陷山前地层剥蚀严重，下干柴沟组上段—上油砂山组均有出露，油砂大面积分布。利用地面细测和少量老二维地震资料，针对地面油砂出露层位，围绕山前斜坡区碎屑岩开展探索，先后实施钻井 10 口，均见油气显示，但仅 3 口井试油获低产油流，仅揭示了该区具备油气成藏条件。

第二阶段（2017—2020 年，构造—岩性圈闭勘探阶段）：2017 年英雄岭凹陷西部勘探取得较好效果，在此基础上继续扩大勘探范围，针对干柴沟区块部署四条攻关二维地震测线联合老资料解释，在下干柴沟组上段（$E_3^2$）底部发现四个构造圈闭，面积 124km²。优选三号圈闭钻探狮 60 井，完钻井深 4990m（下干柴沟组下段），该井钻探过程中油气显示活跃，在下干柴沟组上段解释油层 65.4m，对 3445～3455m（Ⅳ-12）压裂试油，日产油 26.21m³，实现了干柴沟区块下干柴沟组上段Ⅳ油组的新突破。2019 年在干柴沟采集三维地震资料 300km²，进一步落实了地层展布和圈闭特征。在干柴沟三维区落实两个背斜圈闭，2020 年 3 月优选一号圈闭钻探柴 9 井，完钻井深 2288m，该井钻探过程中油气显示活跃，2020 年 8 月优选 2234.0～2246.0m、2254.0～2260.0m（Ⅱ-6～8）井段进行试油，最高日产油 120.92m³，最高日产气 50337m³，发现了干柴沟区块下干柴沟组上段Ⅱ油组高产油藏。同年，针对干柴沟区块柴 902 井区下干柴沟组上段Ⅱ、Ⅳ油组提交石油预测地质储量 3923×10⁴t，其中Ⅳ油组提交石油预测地质储量 2335×10⁴t。

第三阶段（2021 年至今，页岩油勘探突破及开发先导试验阶段）：立足源内大面积含油的思路，为探索英雄岭页岩油干柴沟区块Ⅳ—Ⅵ油组含油气性，共部署探评直井 20 口，已完钻的 19 口直井在长达 1200m 的井段均见到活跃油气显示。优选下干柴沟组上段Ⅳ—Ⅵ油组纵向优势甜点段共部署探评水平井 13 口、先导试验平台 3 个（包括水平井 16 口）。目前预探评价直井正生产 7 口，探评水平井正生产 10 口；3 个先导试验平台共有水平井 16 口，正生产井 15 口，提交预测石油地质储量 1.38×10⁸t（图 1-11）。

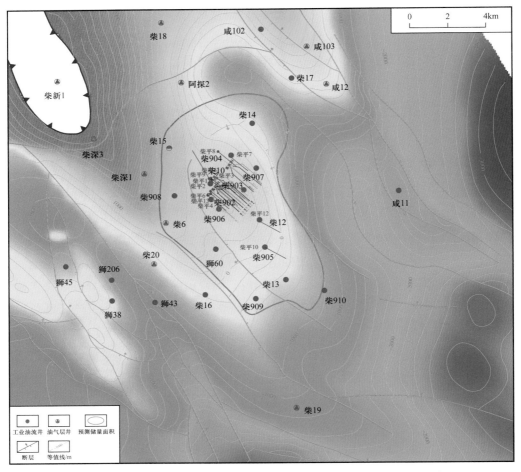

图 1-11　英雄岭凹陷下干柴沟组上段 $K_{17}$（Ⅳ-7 底）反射层海拔高程等值线图

基准面海拔 3500m

## 二、勘探开发进展

自 2021 年起，优选英雄岭凹陷下干柴沟组上段埋深较浅、构造相对稳定的干柴沟区块，开展勘探攻关并持续向外探索，按照"直井控面，水平井提产，先导试验平台落实产能"的勘探开发部署思路，开展井位部署，主要取得三个方面的进展。

### 1. 探评直井实施进展

目前，针对英雄岭页岩油干柴沟区块已完钻的探评直井，完成试油 18 口 /37 层，其中 17 口井获工业油气流，直井单层试油日产油 3.34～44.95m³，累计产油 11218.1m³。初期试油获得工业油流，实现油藏规模扩展。其中，柴 902 井试油Ⅰ层组 3192.0～3200.0m（Ⅴ-17）井段，压后抽汲日产油 15.9m³，15 天累计产油 156.4m³，平均日产油 10.4m³；Ⅱ层组 2800.0～2803.0m（Ⅳ-11）井段，压后 3mm 油嘴放喷，油压 28MPa，最高日产油

32.5m³，日产气 2650m³，11 天累计产油 233.5m³，平均日产油 21.2m³，在 V 油组和 IV 油组进行的试油均获成功。

**2. 探评水平井实施进展**

通过电性及相关资料分析，英雄岭页岩油集中分布在 IV、V、VI 油组，与页岩发育段、优质烃源岩发育段匹配，分为上、中、下三个甜点集中段（图 1-12）。上甜点地层厚度约 160m，集中分布在 IV-8—IV-13，其中一类层占 48%，二类层占 20%，甜点段横向分布具有一定连续性。中甜点地层厚度约 340m，分布在 V-9—VI-1，其中一类层占 31%，二类层占 28%，岩相组合分布较稳定，烃源岩品质和储层品质横向上局部有变化。下甜点地层厚度约 160m，分布在 VI-7—VI-11，其中一类层占比 21%，二类层占比 31%。

优选英雄岭页岩油干柴沟区块上甜点段 4～6 箱体部署柴平 1 井、柴平 3 井、柴平 7 井、柴平 8 井、柴平 9 井、柴平 10 井，目前已试油试采 6 口，其中柴平 1 井焖井 16 天后开井即见油，4mm 油嘴日产油 113m³、气 16072m³，首年平均日产油 31t，目前进单井罐生产，3mm 工作制度，油压 0.5MPa，日产油 8.5t，含水 76%、返排率 100%，投产 980 天累计产油 13759t，累计产气 159×10⁴m³；中甜点段 11～16 箱体部署柴平 2 井、柴平 4 井、柴平 5 井、柴平 11 井、柴平 12 井、柴平 13 井，采用相同的 1000m 水平段长和压裂工艺设计，设计产量 10～30t/d，目前已试油试采 6 口井，柴平 2 井、柴平 4 井、柴平 5 井均获高产工业油气流，并呈现良好稳产态势；下甜点段 20 箱体部署柴平 6 井，已试油，日产油 9.2m³；上、中、下甜点段提产水平井已获得勘探突破，证实其具有良好产能，具备开发建产条件。

典型井情况简述：

柴平 1 井：优选物性最好的上甜点段 5 箱体靶层进行部署实施，压裂后焖井 16 天后开井即见油，初期 4mm 油嘴，日产油 113m³、日产气 16072m³；受英页 1H 平台施工影响，关井前 3mm 油嘴平均日产油 19.2m³，恢复开井后，产量逐步回升，返排率已达 100%（图 1-13）。该井首年平均日产油 41m³，累计产油 11445t。柴平 1 井 295 天累计产石油超 1×10⁴t，创造了当年中国石油千米水平段最高产能与累计产石油超万吨最短时间两项纪录。

柴平 2 井：优选源储配置组合良好的中甜点段 14 箱体靶层进行部署实施，压裂后焖井 23 天后，开井即见油，初期 3mm 油嘴，日产油 84m³，日产气 4883m³，目前 3mm 油嘴，日产油 16.9t，累计生产 255 天后共产油 5646t，平均日产油 22.1t/d（图 1-14）。

4 口试采较长水平井，均表现出较好的稳产效果，前 3 个月平均日产油 20～46t，预测单井 EUR2.6×10⁴～3.0×10⁴t，证实了上、中甜点段均具备效益开发潜力（图 1-15）。

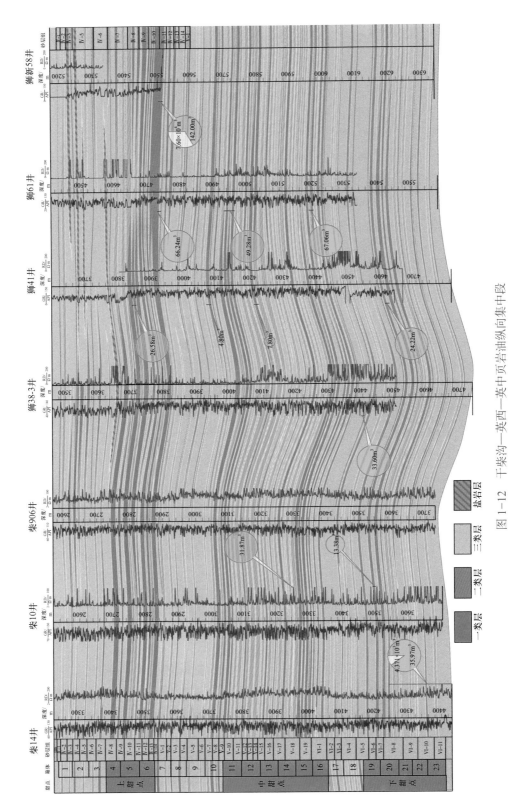

图1-12 干柴沟—英西—英中页岩油纵向集中段

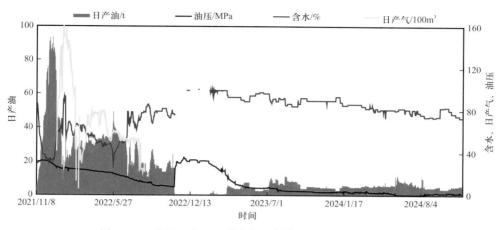

图 1-13 柴平 1 井（上甜点段 5 箱体Ⅳ-11）生产曲线图

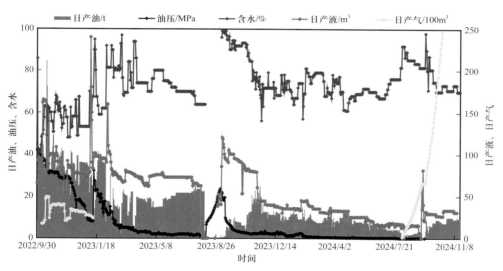

图 1-14 柴平 2 井（中甜点段 14 箱体）生产曲线图

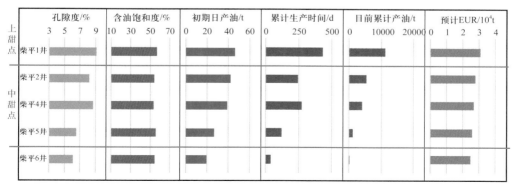

图 1-15 英雄岭页岩油干柴沟区块典型单支水平井生产效果评价图

### 3.先导试验平台实施进展

在提产水平井获得勘探突破后，青海油田首次按照"地下立体井网、地上集约化作业"方式部署了英页1H水平井先导试验平台，采取大井丛立体开发的模式部署双层水平井网，对上甜点段5、6两个箱体共部署8口水平井，平均完钻水平段长1523m，井距200~300m，井深4600m/垂深2903m，总进尺$3.68 \times 10^4$m。英页1H平台于2023年1月30日投产，目前开井7口，日产油20t，含水86%，507天累计产油$1.1 \times 10^4$t。对英页1H试验平台进行未达产原因分析，认为主要原因是早期上甜点段油藏类型与油水关系认识不充分，压裂规模与井网不匹配，200~300m井距压裂干扰明显。

柴平2井、柴平4井和柴平5井连续突破，证实中甜点段具备规模效益建产潜力，为中甜点段先导试验奠定基础，在总结英页1H平台未达产原因的基础上，为评价中甜点段产能、探索合理井距、定型工艺技术，部署了英页2H先导试验平台。针对英页1H平台井距、压裂规模、排采制度等问题深入分析，优化英页2H平台方案设计，首次实现同步拉链压裂施工，全过程监测，井间未见明显干扰，证实500m安全井距。通过全方位参数和施工过程优化，英页2H平台4口井投产后快速见油，目前日产油65~70t，273天累计产油$1.44 \times 10^4$t。

2024年初在系统总结过去四年油藏地质认识基础上，依据探井"十选"工作方法开展相关研究与部署工作，进一步明确了甜点发育富集规律，在此基础上部署了英页3H平台。目前英页3H平台4口井开井3个月以来，按照控压生产模式，2~3mm油嘴，井口压力保持在26~32MPa之间，日产油6~12t，且产油量逐渐上升。

## 三、资源潜力

下干柴沟组上段沉积期，柴西坳陷发育英雄岭凹陷（红狮凹陷）、小梁山凹陷、茫崖凹陷和扎哈泉凹陷，分布面积达2800km$^2$（图1-16），发育近2000m厚优质烃源岩，为页岩油规模发育奠定了基础，初步评价结果表明，英雄岭页岩油资源量达$21 \times 10^8$t（李国欣等，2022）。

经过三年的探索，针对英雄岭页岩油，基本达到了纵向探甜点、平面控规模的目的，明确英雄岭页岩油具备"甜点厚度大、储量丰度高、地层压力高、水平井高产稳产"的规模效益动用优势，并初步实现规模增储。目前，干柴沟区块落实井控含油面积260km$^2$，储量规模$4.5 \times 10^8$t；纵向发育上甜点段（4~6箱体）、中甜点段（14~16箱体）和下甜点段（19~21箱体）等三套甜点段，2021—2022年已提交石油预测地质储量$1.38 \times 10^8$t，储量面积70.1km$^2$。

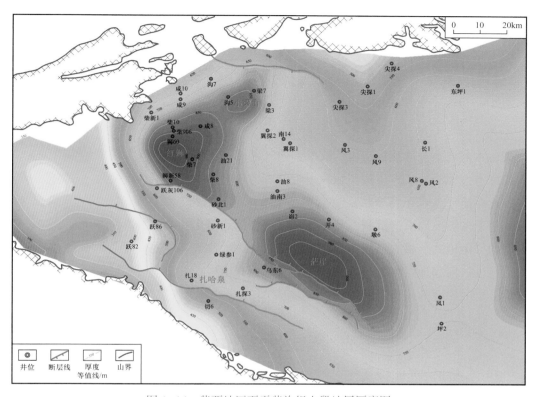

图 1-16　柴西地区下干柴沟组上段地层厚度图

# 第二章  英雄岭凹陷构造特征及沉积环境

柴达木盆地是全球独具特色的高原含油气盆地，作为在小地块上发育的多旋回叠合盆地，柴达木盆地经历了古生代"地块—海槽"构造旋回和中新生代"盆地—造山"构造旋回。古近系下干柴沟组富有机质页岩发育于咸化湖盆沉积背景，受基底快速沉降的控制，形成了超千米的巨厚页岩沉积。英雄岭页岩油受构造演化和咸化湖盆巨厚沉积影响，形成了典型的"山地式"页岩油。本章主要介绍了柴达木盆地基本地质特征，重点对英雄岭凹陷构造特征、层序地层格架、湖盆古环境及沉积充填样式进行说明，以期为读者全面展示英雄岭页岩油发育的构造背景与沉积基础。

## 第一节  柴达木盆地地质特征

### 一、盆地构造单元划分

盆地构造演化过程表明，柴达木盆地自海西期以来经历了多期构造活动，由于边界条件、应力场、介质属性、形变强度和构造部位的差异，导致不同区域和构造部位具有不同的特征。基于盆地物探资料，在盆地断裂系统刻画与表征成果基础上，以关键深大断裂为界将柴达木盆地划分为三湖坳陷、北缘块断带和西部坳陷3个一级构造单元，12个二级构造单元（图2-1）。

三湖坳陷区位于柴达木盆地东南部，北部以伊北、陵间、黄泥滩、埃南等断裂为界，与北缘块断带相邻，西部以红三旱四号、船形丘、弯梁构造东倾没端和塔尔丁断裂为界，与西部坳陷相邻，南部直抵昆仑山前。三湖坳陷区以基底稳定、盖层变形弱为主要构造特征，褶皱和断层均较少，背斜构造集中分布在北部，形态宽缓，主要发育于喜马拉雅晚期。地层以第四系和新近系为主，新近系西厚东薄，第四系沉积中心和沉降中心均在三湖附近，最大厚度超过3000m。目前发现的气藏主要位于第四系，烃源岩为第四系和新近系上部。

北缘块断带位于柴达木盆地北部，其西北部与阿尔金山相接，东北部与祁连山相连，西部和南部以鄂南、伊北、陵间、黄泥滩、埃南等断裂为界与西部坳陷、三湖坳陷相邻。北缘块断带基底埋藏相对较浅，由北东（祁连山前）向南（盆地内部）逐渐加深。逆冲断层发育是北缘块断带主要的构造变形特征，多数断层为北西—南东走向的北东倾逆断层，

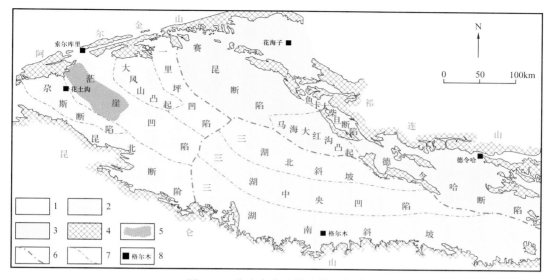

图 2-1　柴达木盆地构造单元划分

1—西部坳陷；2—三湖坳陷；3—北缘块断带；4—老山；5—英雄岭凹陷；6——级构造单元界线；

7—二级构造单元界线；8—地名

由祁连山向盆地挤压俯冲作用形成。该区褶皱强烈，背斜呈带状分布，组成反"S"形和弧形背斜带。地层以中生界侏罗系、白垩系和新生界为主，中生界向西南方向减薄，新生界向北东方向减薄，反映了中、新生代构造活动的差异性。烃源岩主要发育在中、下侏罗统，储层包括古近系—新近系、侏罗系、基岩风化壳等。

西部坳陷基底埋藏整体较深，自昆仑山前向盆地内部，呈南西—北东向逐渐加大的趋势，最深处一里坪地区埋深大于17000m。受东昆仑和阿尔金两大走滑断裂系统控制，区内应力场以走滑—挤压为主，构造线多以北西—东南向为主，且褶皱发育，主要分布在坳陷中部地区，通常以多个背斜带近于平行排列，每个背斜带内部又以右行雁列式排列为主要特征。受喜马拉雅运动晚期快速抬升剥蚀影响，该区地层以古近系—新近系为主，目前发现的油田，烃源岩、储层和盖层均以古近系—新近系为主。英雄岭凹陷位于西部坳陷（图2-1）。

## 二、盆地构造演化

在中国大地构造区划上，柴达木盆地位于柴达木—华北板块的柴达木微陆块（刘训等，2015），是在小地块上发育的多旋回叠合盆地。由于相邻板块构造演化的影响，长期处于被动从属的构造演化背景，具有小型地块成盆、基底构造岩相复杂、周缘深大断裂发育等特点。古生代和中—新生代盆地演化经历了两大构造旋回，分别为"地块—海槽"旋回和"盆地—造山"旋回（图2-2）。由于盆地古生代演化缺失了稳定克拉通阶段，因此柴达木盆地与其他西部大型含油气盆地之间存在较大差异。

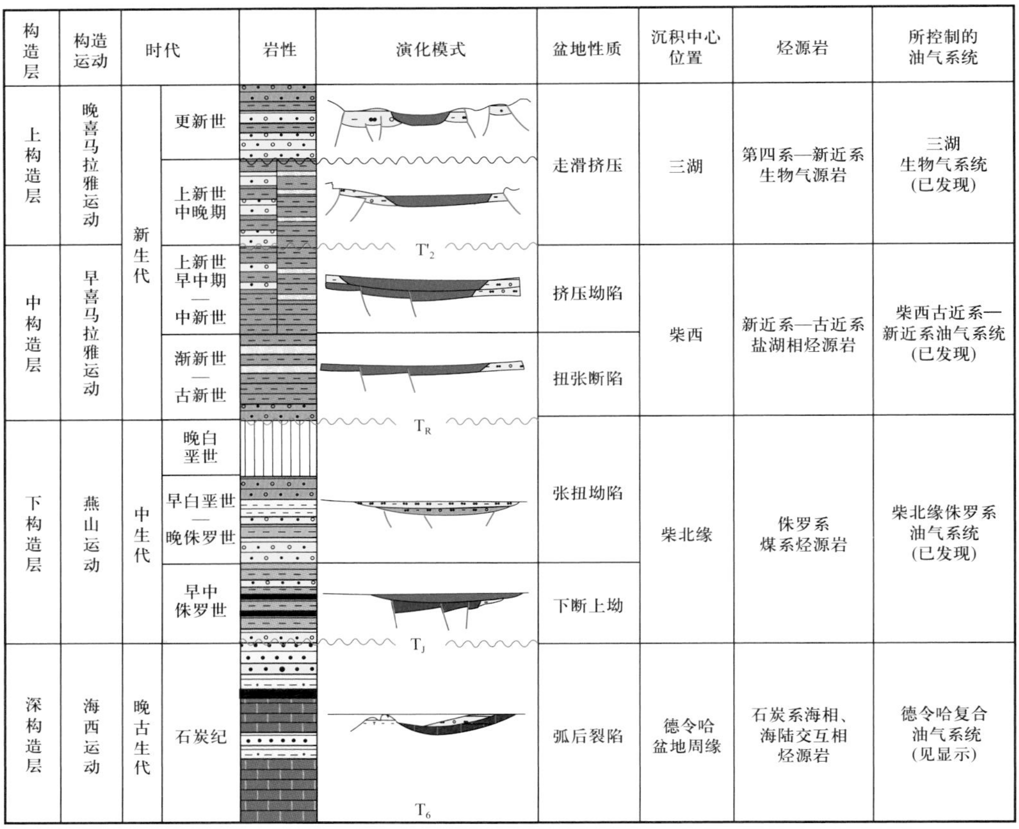

图 2-2　柴达木盆地成盆演化阶段划分图（据徐凤银等，2006，修改）

区域构造和沉积演化研究表明，盆地可分为上、中、下与深部 4 个构造层，早古生代末盆地整体结束了由地块—古隆控制的构造、沉积格局。晚古生代海西期开始，受东昆仑和南祁连海槽缘裂陷控制，石炭纪—二叠纪柴达木地块在其东北和西南缘形成了台缘裂陷海陆过渡相沉积盆地。

燕山期，早侏罗世和中侏罗世—白垩纪，柴达木盆地经历了从局部拉张到整体挤压的构造演化阶段，形成了断坳复合盆地。这一构造演化期，在柴达木盆地北缘和阿尔金山前带均形成了山前坳陷盆地。

喜马拉雅期以来，受青藏高原快速隆升和柴达木微陆块持续向北漂移的影响，柴达木盆地经历了从干热到震荡降温这一统一的全球气候演化过程（Morley，2011）。古近纪，受阿尔金大型走滑断裂带活动影响，盆地形成以走滑拉分为主的应力场特征，控制了盆地西部张扭性断陷的发育与展布；新近纪，受走滑断裂带持续影响，盆地应力场特征发生变化，由走滑拉分向挤压坳陷及后期挤压褶皱转变，导致盆地西部沉积中心发生反转隆升。

总体上，柴达木盆地为空间上性质不同的多期原型盆地迁移、叠合的结果，最终呈现为现今多旋回叠合盆地的结构特征。

### 三、地层划分

平面上柴达木地层区可划分为 6 个分区，整体古近系—新近系发育较为完整（表 2-1）。由于区域性地层命名的差异，区内地层名称较为复杂，为了厘定地层发育格架，在总结柴达木盆地区域地层划分沿革的基础上，结合勘探实践对区内地层进行了划分和对比。

表 2-1　柴达木盆地地层划分表（据柴达木油气区编纂委员会，2022，修改）

| 地层系统 | | | 宗务隆山分区 | 欧龙布鲁克分区 | 柴达木北缘分区 | 柴达木盆地分区 | 柴达木南缘分区 | 东昆仑山南坡分区 |
|---|---|---|---|---|---|---|---|---|
| 界 | 系 | 统 | | | | | | |
| 新生界 | 第四系 | 中—下更新统 | 七个泉组 | | | | | |
| | 古近系—新近系 | 上新统 | 狮子沟组 | | | | | |
| | | | 油砂山组 | | | | | |
| | | 中新统 | 上干柴沟组 | | | | | |
| | | 渐新统 | 下干柴沟组 | | | | | |
| | | 古新统—始新统 | 路乐河组 | | | | | |

柴达木盆地古近系—新近系主要发育 6 套地层（图 2-3）。

（1）路乐河组（$E_{1+2}l$，油田符号为 $E_{1+2}$）：厚度 600～650m，岩性为一套紫红色泥、砂、砾混杂的粗碎屑沉积，有棕褐色、紫灰色、红色砾岩、砾状砂岩、含砾砂岩，以及灰棕褐色、棕红色砂岩、泥岩、砂质泥岩。该地层生物化石较少，产介形类 *Candona-Candoniella-Illyocypris*（玻璃介—小玻璃介—土星介）组合、*Ephedripites-Meliaceoidites-Quercoidites potonie*（麻黄粉属—楝粉属—栎粉属）组合、轮藻 *Rantzieniela luleheensis-Grovesichara changzhouensis*（路乐河凹盖轮藻—常州厚球轮藻）组合。

（2）下干柴沟组（$E_{2-3}xg$）分为上下两段，其中，上段（油田符号为 $E_3^2$）：厚度 1500～2200m，岩性以灰云岩、泥岩和钙质泥岩为主，次为膏质泥岩及盐岩层。古生物组合特征为 *Eucypris mutilis-Qaibeigouia reniformis*（多边真星介—昆形柴北沟介）组合（产于灰层）；*Cyprinotus gigantotriangulatus-Eucypris lenghuensis*（大三角美星介—冷湖真星介）组合（产于红层）；*Obtusochara minuta*（微小钝头轮藻）组合（产于下干柴沟组上、中、下部）；*Gyrogona qinghaiensis-Maedlersphaera chinensis*（中华梅球轮藻—青海扁球轮藻）组合（产于下干柴沟组上段）；*Nitrariadites-Qinghaipollis-Ephedripites*（拟白刺粉属—青海粉属—麻黄粉属）组合（产于该段中部）；*Ephedripites-Nitrariadites-Chenopodipollis*（麻黄粉属—拟白刺粉属—藜粉属）组合（产于该段上部）。

下段（油田符号为 $E_3^1$）：厚度 400～600m，岩性以灰色、棕褐色泥岩、砂质泥岩、灰白色细砂岩及钙质泥岩为主，夹浅灰色、棕褐色粉砂岩、砂质泥岩、钙质粉砂岩、灰色泥质粉砂岩、钙质粉砂岩，棕灰色泥岩和灰白色粉砂岩等，距顶 100m 左右出现红色地

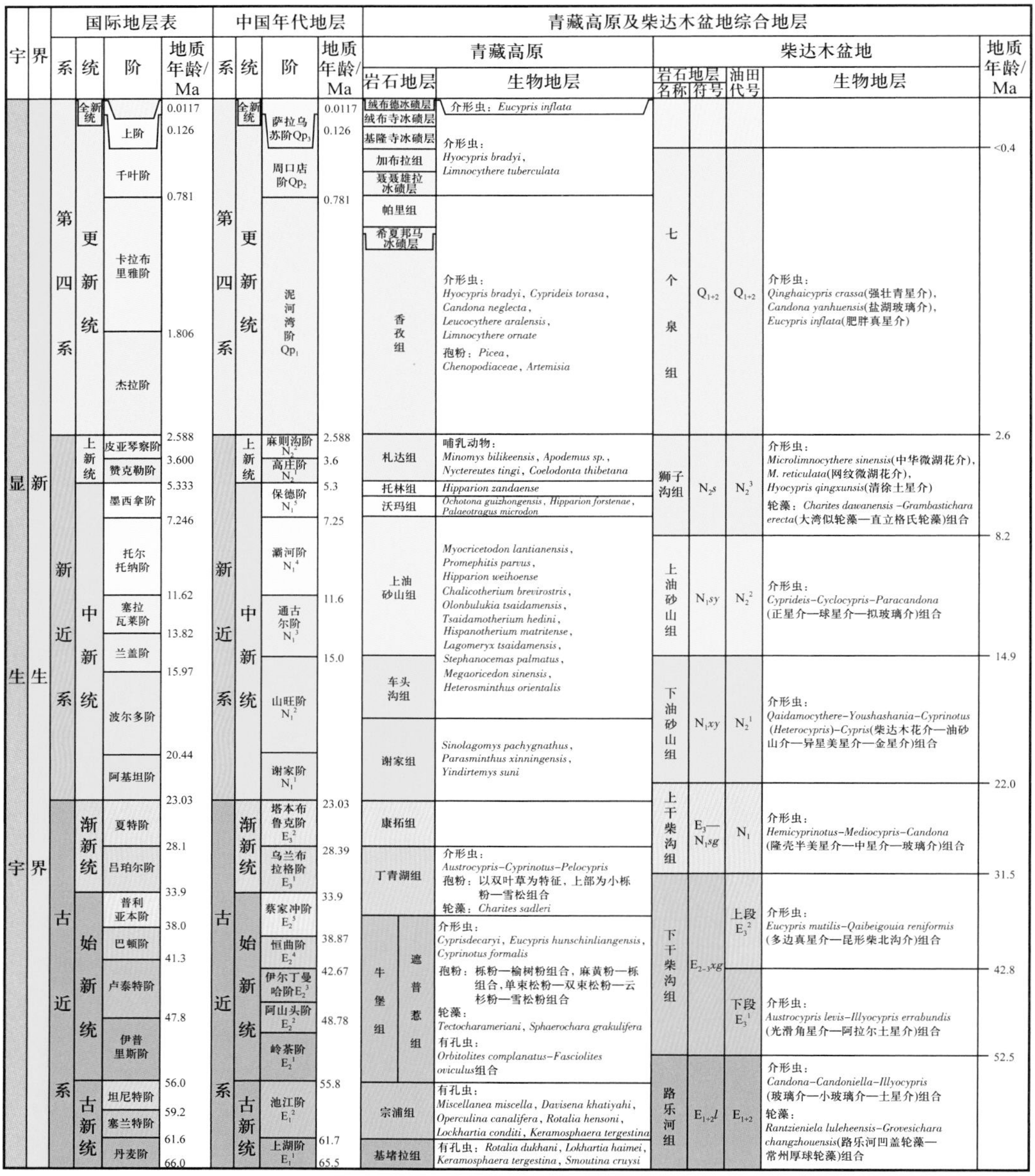

| 宇 | 界 | 国际地层表 系 | 统 | 阶 | 地质年龄/Ma | 中国年代地层 系 | 统 | 阶 | 地质年龄/Ma | 青藏高原 岩石地层 | 生物地层 | 柴达木盆地 岩石地层名称 | 符号 | 油田代号 | 生物地层 | 地质年龄/Ma |
|---|---|---|---|---|---|---|---|---|---|---|---|---|---|---|---|---|
| 显生宇 | 新生界 | 第四系 | 全新统 | 上阶 | 0.0117 / 0.126 | 第四系 | 全新统 | 萨拉乌苏阶 $Qp_3$ | 0.0117 / 0.126 | 绒布德冰碛层 / 绒布寺冰碛层 / 基隆寺冰碛层 / 加布拉组 / 聂聂雄拉冰碛层 / 帕里组 / 希夏邦马冰碛层 | 介形虫: *Eucypris inflata*；*Hyocypris bradyi*, *Limnocythere tuberculata* | 七个泉组 | $Q_{1+2}$ | $Q_{1+2}$ | 介形虫: *Qinghaicypris crassa*（强壮青星介）, *Candona yanhuensis*（盐湖玻璃介）, *Eucypris inflata*（肥胖真星介） | <0.4 |
| | | | 更新统 | 千叶阶 / 卡拉布里雅阶 / 杰拉阶 | 0.781 / 1.806 / 2.588 | | 更新统 | 周口店阶 $Qp_2$ / 泥河湾阶 $Qp_1$ | 0.781 / 1.806 | 香孜组 | 介形虫: *Hyocypris bradyi*, *Cyprideis torasa*, *Candona neglecta*, *Leucocythere aralensis*, *Limnocythere ornate*；孢粉: *Picea*, *Chenopodiaceae*, *Artemisia* | | | | | 2.6 |
| | 新近系 | 新近系 | 上新统 | 皮亚琴察阶 / 赞克勒阶 | 2.588 / 3.600 / 5.333 | 新近系 | 上新统 | 麻则沟阶 $N_2^2$ / 高庄阶 $N_2^1$ / 保德阶 $N_1^5$ | 2.588 / 3.6 / 5.3 | 札达组 / 托林组 / 沃玛组 | 哺乳动物: *Minomys bilikeensis*, *Apodemus sp.*, *Nyctereutes tingi*, *Coelodonta thibetana*；*Hipparion zandaense*；*Ochotona guizhongensis*, *Hipparion forstenae*, *Palaeotragus microdon* | 狮子沟组 | $N_2s$ | $N_2^3$ | 介形虫: *Microlimnocythere sinensis*（中华微湖花介）, *M. reticulaa*（网纹微湖花介）, *Hyocypris qingxunsis*（清徐土星介）；轮藻: *Charites dawaensis*–*Grambastichara erecta*（大湾似轮藻—直立格氏轮藻）组合 | 8.2 |
| | | | 中新统 | 墨西拿阶 / 托尔托纳阶 / 塞拉瓦莱阶 / 兰盖阶 / 波尔多阶 / 阿基坦阶 | 7.246 / 11.62 / 13.82 / 15.97 / 20.44 / 23.03 | | 中新统 | 灞河阶 $N_1^4$ / 通古尔阶 $N_1^3$ / 山旺阶 $N_1^2$ / 谢家阶 $N_1^1$ | 7.25 / 11.6 / 15.0 | 上油砂山组 / 车头沟组 / 谢家组 | *Myocricetodon lantianensis*, *Promephitis parvus*, *Hipparion weihoense*, *Chalicotherium brevirostris*, *Olonbulukia tsaidamensis*, *Tsaidamotherium hedini*, *Hispanotherium matrinense*, *Lagomeryx tsaidamensis*, *Stephanocemas palmatus*, *Megaoricedon sinensis*, *Heterosminthus orientalis*；*Sinolagomys pachygnathus*, *Parasminthus xinningensis*, *Yindirtemys suni* | 上油砂山组 / 下油砂山组 | $N_1sy$ / $N_1xy$ | $N_2^2$ / $N_2^1$ | 介形虫: *Cyprideis*–*Cyclocypris*–*Paracandona*（正星介—球星介—拟玻璃介）组合；介形虫: *Qaidamocythere*–*Youshashania*–*Cyprinotus* (*Heterocypris*)–*Cypris*（柴达木花介—油砂山介—异星美星介—金星介）组合 | 14.9 / 22.0 |
| | | 古近系 | 渐新统 | 夏特阶 / 吕珀尔阶 | 23.03 / 28.1 / 33.9 | 古近系 | 渐新统 | 塔本布鲁克阶 $E_3^2$ / 乌兰田拉格阶 $E_3^1$ | 23.03 / 28.39 / 33.9 | 康拓组 / 丁青湖组 | 介形虫: *Austrocypris*–*Cyprinotus*–*Pelocypris*；孢粉: 以双叶草为特征，上部为小栎粉—雪松组合；轮藻: *Charites sadleri* | 上干柴沟组 | $E_3$–$N_1sg$ | $N_1$ | 介形虫: *Hemicyprinotus*–*Mediocypris*–*Candona*（隆壳半美星介—中星介—玻璃介）组合 | 31.5 |
| 显生宇 | 新生界 | 古近系 | 始新统 | 普利亚本阶 / 巴顿阶 / 卢泰特阶 / 伊普里斯阶 | 38.0 / 41.3 / 47.8 / 56.0 | 古近系 | 始新统 | 蔡家冲阶 / 垣曲阶 $E_2^3$ / 伊尔丁曼哈阶 $E_2^2$ / 阿山头阶 $E_2^1$ / 岭茶阶 $E_2$ | 38.87 / 42.67 / 48.78 | 蔡家冲组 / 牛堡组 / 遮普惹组 | 介形虫: *Cyprisdecaryi*, *Eucypris hunschinliangensis*, *Cyprinotus formalis*；孢粉: 栎粉—榆树粉组合，黄蔷—栎粉组合，单束松粉—双束松粉—云杉粉—雪松粉组合；轮藻: *Tectocharamerian i*, *Sphaerochara grakulifera*；有孔虫: *Orbitolites complanatus*–*Fasciolites oticulus*组合 | 下干柴沟组 上段 $E_3^2$ / 下段 $E_3^1$ | $E_{2-3}xg$ | | 介形虫: *Eucypris mutilis*–*Qaibeigouia reniformis*（多边真星介—昆形柴北沟介）组合；介形虫: *Austrocypris levis*–*Illyocypris errabundis*（光滑角星介—阿拉尔土星介）组合 | 42.8 / 52.5 |
| | | | 古新统 | 坦尼特阶 / 塞兰特阶 / 丹麦阶 | 59.2 / 61.6 / 66.0 | | 古新统 | 池江阶 $E_1^3$ / 上湖阶 $E_1^2$ / 基堵拉组 $E_1^1$ | 55.8 / 61.7 / 65.5 | 宗浦组 / 基堵拉组 | 有孔虫: *Miscellanea miscella*, *Davisena khatiyahi*, *Operculina canalifera*, *Rotalia hensoni*, *Lockhartia conditi*, *Keramosphaera tergestina*；有孔虫: *Rotalia dukhani*, *Lockhartia haimei*, *Keramosphaera tergestina*, *Smoutina cruysi* | 路乐河组 | $E_{1+2}$ | $E_{1+2}$ | 介形虫: *Candona*–*Candoniella*–*Illyocypris*（玻璃介—小玻璃介—土星介）组合；轮藻: *Rantzieniela luleheensis*–*Grovesichara changhouensis*（路乐河凹盖轮藻—常州厚盖轮藻）组合 | |

图 2-3　柴达木盆地新生界地层综合划分对比（据王泽九等，2014，修改）

层。古生物组合特征为：*Austrocypris levis-Illyocypris errabundis*（光滑角星介—阿拉尔土星介）组合；*Gyrogona alaerensis-Raskyella gasihuensis*（阿拉尔扁球轮藻—尕斯湖拉斯基轮藻）组合；*Piceaepollenites-Quercoidites potonie-Meliaceoidites*（云杉粉属—栎粉属—楝粉属）组合（该组合上界进入下干柴沟组上段）。

（3）上干柴沟组（$E_3$—$N_1sg$，油田符号为 $N_1$）：厚度 1000～1300m，在岩相组合中上干柴沟组可以划分为上下两段，下段岩性较细，为灰色泥岩夹少量粉砂岩；上段岩性较粗，以棕黄色泥岩和细砂岩为主。古生物组合特征为：*Hemicyprinotus–Mediocypris–Candona*（隆壳半美星介—中星介—玻璃介）组合；*Hemicyprinotus–Camarocypris*（半美星介—拱星介）组合（产于上干柴沟组上段灰层段）；*Hemicyprinotus–Mediocypris candonaeformis*（隆壳半美星介—玻璃介型中星介）组合（产于上干柴沟组上段红层段）；*Maedlersphaera chinensis–Grovesichara yangii*（中华梅球轮藻—杨氏厚球轮藻）组合之杨氏厚球轮藻亚组合；Betulaceae–*Chenopodipollis*–Pteridaceae（桦科—藜粉属—凤尾蕨科）组合。

（4）下油砂山组（N₁xy，油田符号为N₂¹）：下油砂山组主要在油砂山构造高点及附近出露，一般厚700～1566m，岩性以棕红色、棕褐色泥岩、砂质泥岩为主，夹棕红色、棕色及少量灰黄色、灰色砾岩、含砾砂岩、粉（细）砂岩、泥质粉砂岩与少量钙质泥岩。由上而下岩性变细，碳酸盐含量为5%～18%，最高为23.7%，下油砂山组底部进入上干柴沟组开始出现灰色地层。古生物组合特征为：*Qaidamocythere–Youshashania–Cyprinotus*（*Heterocypris*）–*Cypris*（柴达木花介—油砂山介—异星美星介—金星介）组合；*Tectochara teretiformis–Amlybochara obesa*（圆柱形有盖轮藻—肥胖迟钝轮藻）组合；Pinaceae–*Chenopodipollis*–Betulaceae（松科—藜粉属—桦科）组合；*Chenopodipollis–Ephedripites–Tsugaepollenites*（藜粉属—麻黄粉属—铁杉粉属）组合（产于尖顶山、大风山地区下油砂山组上部）。

（5）上油砂山组（N₁sy，油田符号为N₂²）：上油砂山组露头几乎分布于全盆地，在英中—英西背斜上大部出露。与下伏地层呈不整合接触，厚度为600～1200m，岩性以棕黄色砂质泥岩为主，棕黄色泥质粉砂岩次之，夹灰白色砂质泥岩、含砾泥岩、粉砂岩、细砂岩、含砾不等粒砂岩、灰质粉砂岩。层内生物化石丰富，以正星介为代表的介星类化石多达20余属，此外还有丰富的多科属腹足类及轮藻化石。古生物组合特征为：*Cyprideis–Cyclocypris–Paracandona*（正星介—球星介—拟玻璃介）组合；*Lychnothamnites longielliptica–Kosmogyra lenghuensis*（长椭圆似松轮藻—冷湖有疣轮藻）组合；Pinaceae–Compositae–*Chenopodipollis*（松科—菊科—藜粉属）组合。

（6）狮子沟组（N₂s，油田符号为N₂³）：狮子沟组在柴西地区大部分缺失，第四系直接覆盖在上油砂山组之上，而地面细测资料显示在狮子沟—油砂沟高点地区，地表背斜构造上均有狮子沟组出露，区域厚度为0～810m，与上覆地层呈不整合接触。本组地层岩性比较稳定，以棕黄色砂质泥岩为主，棕黄色含砾泥岩、泥质粉砂岩次之，夹细砾岩、灰白色粉砂岩，以及棕黄色砾岩、泥岩、砾状砂岩、粉砂岩、含砾不等粒砂岩。层内生物化石丰富，以真星介为代表的介星类化石多达20余属，此外还有丰富的多科属腹足类及轮藻化石。古生物组合特征为：*Leucocythere–Cyprideis–Eucypris–Potamocypris*（白花介—正星介—真星介—金星介）组合；*Charites dawanensis–Grambastichara erecta*（大湾似轮藻—直立格氏轮藻）组合；*Artemisiaepollenites–Ephedripites–Chenopodipollis*（蒿粉属—麻黄粉属—藜粉属）组合。

## 四、沉积演化

近年来借助地质、物探新资料新成果，系统研究柴达木盆地盆山关系及演化特征，主要观点包括：（1）阿尔金左行走滑与柴北缘逆冲断裂活动时限可能开始于始新世，并重新厘定新生代阿尔金断裂左行走滑位移量为 360km，得出自始新世以来阿尔金走滑断裂为柴达木盆地重要的控制边界，柴北缘—祁连山逆冲褶皱断裂带为盆地被动适应边界的结论（付锁堂等，2016）；（2）通过最新天然地震震源分布、震源机制研究，表明柴西南区和东昆仑祁漫塔格山地区现今构造属性表现为逆冲兼左行走滑特征（Cheng et al.，2014），遥感及野外地质资料均支持这一观点；（3）柴达木盆地新生代沉积中心始终位于盆地轴部中心，并自西向东逐渐迁移（杨藩等，1992；黄汉纯等，1996；Sun et al.，2005），不符合前陆盆地沉积特点。据此，提出新生代柴达木盆地是由东昆仑左行走滑断裂和阿尔金左行走滑断裂联合控制的走滑挤压叠合盆地的新认识。

阿尔金断裂自始新世发生左行走滑，使得柴达木盆地向北东方向逐渐迁移，造成了柴北缘—祁连山地区北西向断层的逆冲推覆与走滑变形，影响柴达木盆地自路乐河组沉积期开始沉积新生界。自中新世，东昆仑左行走滑断裂开始形成，走滑断裂逐渐向北迁移，形成了一系列雁行排列的断裂（昆北、阿拉尔、红柳泉断裂等），古近纪的伸展背景逐渐反转为新近纪的走滑挤压背景，形成现今的盆地面貌（图2-4）。

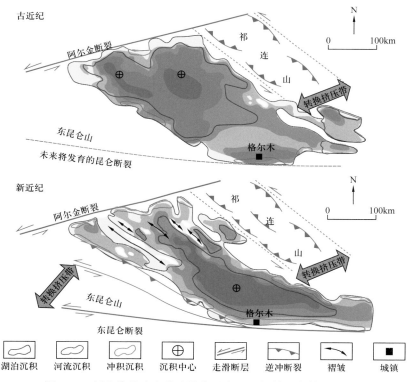

图2-4　新生代柴达木盆地演化示意图（据付锁堂等，2016）

在此背景下，沉积中心由北西向南东迁移（图 2-5），生烃中心随之发生变化，局部地区复合叠加。古近纪柴北缘地区表现为类似前陆盆地区的粗碎屑沉积组合，烃源岩品质较差，而在柴西南地区表现为伸展构造背景下的凹陷沉积区，发育品质优良的古近系烃源岩。新近纪，沉积中心向柴西北区及盆地中部迁移，至第四纪，湖盆沉积中心已移至盆地中东部三湖地区一带，导致有效烃源岩分布区从柴西地区向盆地中、东部变迁。因此，石油勘探重点区域为柴西，第四系天然气（生物气）勘探重点区在盆地中东部。

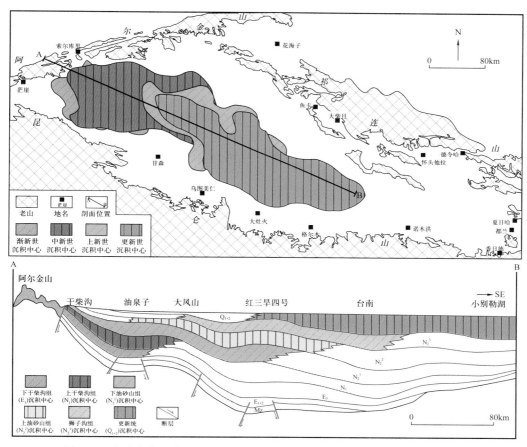

图 2-5 柴达木盆地古近纪—新近纪沉积中心迁移模式（据付锁堂等，2016）

## 第二节 柴西坳陷构造特征与地层划分

### 一、柴西坳陷地层划分

已有的勘探及研究表明，柴西坳陷新生界主要发育五套地层（表 2-2）。

表 2-2　柴西坳陷地层划分

| 地层 | | | | 符号 | | 厚度/ m | 距今时间/ Ma | 地震反射 界面 |
|---|---|---|---|---|---|---|---|---|
| 系 | 统 | 组 | 段 | 油田 | 本书 | | | |
| 新 近 系 | 中新统 | 上油砂山组 | | $N_2^2$ | $N_1sy$ | 500～700 | | $T_2'$ |
| | | | | | | | 14.9 | |
| | | 下油砂山组 | | $N_2^1$ | $N_1xy$ | 800～1200 | | $T_2$ |
| | | | | | | | 21.2 | |
| | | 上干柴沟组 | | $N_1$ | $E_3—N_1sg$ | 800～1000 | | $T_3$ |
| | | | | | | | 30.1 | |
| 古 近 系 | 渐新统 | 下干柴沟组 | 上 | $E_3^2$ | $E_{2-3}xg_2$ | 1000～2000 | | $T_4$ |
| | | | | | | | 33.9 | |
| | 始新统 | | 下 | $E_3^1$ | $E_{2-3}xg_1$ | 200～400 | | $T_5$ |
| | | | | | | | 42.8 | |
| | 古新统 | 路乐河组 | | $E_{1+2}$ | $E_{1+2}l$ | 400～500 | | $Tr$ |
| | | | | | | | 65.0 | |

注：年代地层划分据王泽九等（2014）；柴达木地层年龄据张伟林（2006）、Sun 等（2005）、Lu 等（2009）。

**1. 路乐河组（$E_{1+2}l$）**

以陆相红层沉积为主，主要岩性包括紫红色砂砾岩、棕褐色、紫灰色砾岩、含砾砂岩，夹棕褐色、棕红色砂泥岩。

**2. 下干柴沟组（$E_{2-3}xg$）**

下段（$E_{2-3}xg_1$）：主要岩性为灰色、棕褐色砂泥岩、灰白色钙质泥岩、细砂岩，夹棕褐色、浅灰色钙质粉砂岩、砂质泥岩和灰白色粉砂岩等，红色地层出现在距顶100m左右。

上段（$E_{2-3}xg_2$）：为咸化湖盆沉积的细粒混积岩，下部主要发育暗色富有机质页岩，上部叠置发育灰云岩、含灰泥岩夹多套盐岩层。本章主要目的层即为下干柴沟组上段下部暗色页岩层系。

**3. 上干柴沟组（$E_3—N_1sg$）**

基于岩性差异可以将上干柴沟组划分为上、下两段，下段以细粒沉积为主，主要为灰色泥岩，夹少量粉砂岩；上段主要发育细砂岩和棕黄色泥岩。

**4. 下油砂山组（$N_1xy$）**

主要岩性为棕褐色、棕红色砂泥岩，夹棕红色、棕色砂砾岩及少量灰黄色、灰色粉砂岩与钙质泥岩。

### 5. 上油砂山组（$N_1sy$）

主要岩性为棕黄色泥质粉砂岩、砂质泥岩，夹灰白色、棕灰色砂岩、砾岩和泥岩。

## 二、英雄岭凹陷构造特征

早喜马拉雅运动早期，柴西坳陷在张扭性应力场控制下，基底快速沉降，形成隆—凹相间的张扭性断陷盆地（图2-6），发育英雄岭、小梁山、茫崖和扎哈泉四个规模不一的沉积中心（图2-7），其中英雄岭凹陷生烃条件最优，为古近系富有机质页岩的形成提供了基础。

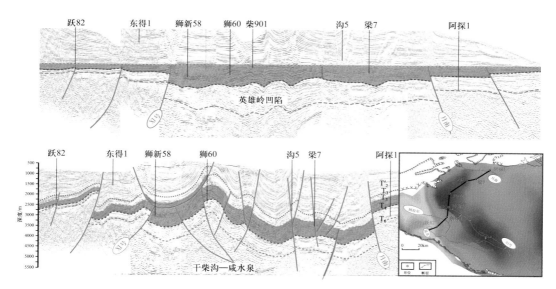

图2-6　柴西坳陷构造演化及残余地层厚度变化规律

早喜马拉雅运动晚期至今，受周缘多期走滑挤压造山运动影响，柴西坳陷应力场发生变化，由张扭性转变为压扭性，导致沉积凹陷发生反转而隆起，并持续发生形变。这一特征在英雄岭凹陷表现得更为明显，从地震解释剖面和下干柴沟组上段顶部层拉平剖面可以看出英雄岭凹陷"先凹后隆、快速隆升"的特征（图2-6）。在经历了喜马拉雅运动多期构造改造后，英雄岭凹陷最终形成了地表、地下"双复杂"的地质结构；同时，复杂的构造演化过程导致英雄岭凹陷发育独特的"山地式"页岩油。无论是在构造背景，还是富集条件上，都与构造相对稳定区的"平原式"页岩油之间具有较为显著的差异。一般而言，构造相对稳定区的"平原式"页岩油，其地表地貌相对平坦，地下构造继承保留了同沉积期的一些深部隐伏构造，后期构造改造作用相对较弱，对页岩层造成的构造扰动不大。相反，对于英雄岭凹陷这类强改造区的"山地式"页岩油，在经历了喜马拉雅运动多期较强改造后，形成了复杂的地质结构和石油富集模式。

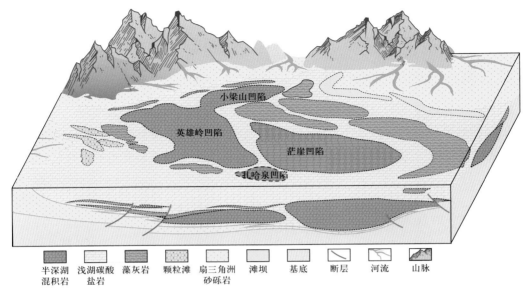

半深湖　　浅湖碳酸　　藻灰岩　　颗粒滩　　扇三角洲　　滩坝　　基底　　断层　　河流　　山脉
混积岩　　盐岩　　　　　　　　　　　　　　砂砾岩

图 2-7　柴西坳陷古近纪岩相古地理模式图

# 第三节　英雄岭凹陷层序地层与沉积充填样式

## 一、下干柴沟组上段等时层序格架构建

由于英雄岭凹陷下干柴沟组上段页岩为咸化湖盆背景下发育的纹层型和混积型页岩，其累计厚度大（＞1000m）、岩相变化快、纵向多旋回高频叠置（李国欣等，2022）。因此，传统的岩石地层划分与对比方案不能满足高精度等时地层对比的需求。为解决该问题，本节采用近年来广泛应用于沉积与古环境研究的旋回地层划分与对比方法，开展区内单井等时层序划分与区域等时格架的构建。

旋回地层学分析一般是基于地层中连续的地球化学参数（如稳定碳同位素、氧同位素、元素含量、某类特殊沉积物含量等）和地球物理参数（如自然伽马、磁化率、岩石密度等）而开展的。对于石油地质研究而言，在缺乏露头和岩心资料的情况下，测井资料能连续、高精度地反映所测地层旋回性特征，是层序识别的主要依据（陈茂山，1999；于均民等，2006）。但使用测井曲线寻找分层标志时，可能受相似沉积环境、地层尖灭或剥蚀等因素的影响造成多解性（刘洛夫等，2013）。本节旋回地层划分采用最大熵频谱分析方法（MESA）对柴达木盆地下干柴沟组上段进行旋回层序的识别与划分，以补偿显著标志层不明确的问题，辅助实现不同级别层序界面的识别。最大熵频谱分析工作主要通过CycloLog软件实现，该分析方法的技术思路如图 2-8 所示。

由于黏土物质和有机质对放射性物质的吸附能力较强，具有较高的伽马值，采用自然伽马曲线（GR）进行高频地层旋回研究较为有效（朱红涛等，2011；李景哲，2013），因此基于最大熵频谱变换的方法，选取自然伽马曲线，进行最大熵频谱分析。

　　预测误差滤波分析（PEFA）通过计算 MESA 预测值与测井曲线实际值的差异来识别地层或旋回界面（张金亮等，2005）。合成预测误差滤波分析（INPEFA）曲线为 PEFA 曲线的积分，指示沉积旋回和地层界面（路顺行等，2007）。INPEFA 曲线的趋势和拐点关键：正向趋势表示富泥化过程，对应基准面上升半旋回，代表水进或洪积阶段；负向趋势表示泥质减少、砂质增加，代表水退阶段，转折点指示层序界面或洪泛面（操应长等，2003；薛欢欢等，2015）。层序界面对应侵蚀不整合面或无沉积间断面及相应的整合面（表 2-3、图 2-9）。

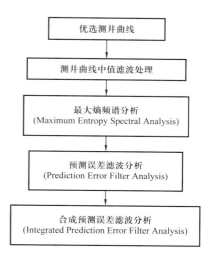

图 2-8　综合预测误差滤波分析方法的技术思路（据刘洛夫等，2013）

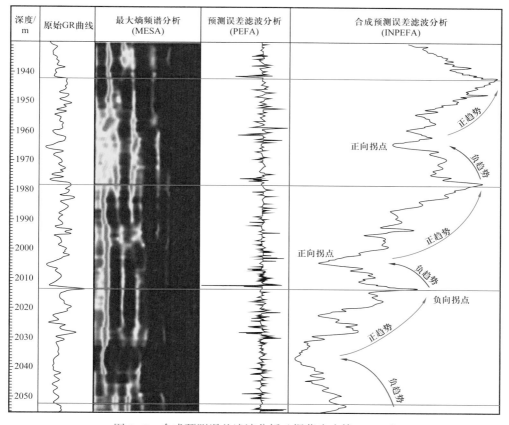

图 2-9　合成预测误差滤波分析（据薛欢欢等，2015）

表 2-3　合成预测误差滤波分析曲线的数学与地质学意义

| INPEFA 特征 | 数学含义 | 地质含义 |
|---|---|---|
| 正向趋势 | GR 响应值持续升高 | 富泥趋势或湖侵过程 |
| 负向拐点 | GR 响应值达到峰值 | 基准面上升及可能的洪泛面 |
| 负向趋势 | GR 响应值持续下降 | 趋向于富砂或湖退过程 |
| 正向拐点 | GR 响应值降至最低 | 层序界面 |

以 Vail（1991）以及梅冥相等（2005）的层序基本划分方案为参考（表 2-4），针对柴达木盆地英雄岭凹陷下干柴沟组上段中下部页岩层系，开展逐级层序地层划分工作。曲线谱趋势分析方法关键层序界面识别结果表明，下干柴沟组上段由一个完整的层序（三级旋回）组成。

表 2-4　层序划分方案表

| | 旋回级别 | I | II | III | IV | V | VI | |
|---|---|---|---|---|---|---|---|---|
| Vail（1991） | 旋回级别 | I | II | III | IV | V | VI | |
| | 形成时限/Ma | ＞50 | 3～50 | 0.5～3 | 0.08～0.5 | 0.03～0.08 | 0.01～0.03 | |
| 郑荣才等（2001） | 旋回级别 | 巨旋回 | 超长期旋回 | 长期旋回 | 中期旋回 | 短期旋回 | 超短期旋回 | |
| | 形成时限/Ma | 30～100 及 100 以上 | 10～50 | 1.6～5.25 | 0.2～1 | 0.04～0.16 | 0.02～0.04 | |
| 梅冥相等（2005） | 旋回级别 | 超层序 | 大层序 | 层序 | 亚层序 | 准层序组 | 准层序 | 韵律层 |
| | 形成时限/Ma | 290～300 | 30～40 | 1～10 | 0.5～1 | 0.4 | 0.1 | ＜0.04 |
| 王鸿祯（2000） | 旋回级别 | 大层序 | 中层序 | 层序组 | 层序 | 亚层序 | 小层序 | 微层序 |
| | 形成时限/Ma | 60～120 | 25～40 | 8～15 | 2～5 | 0.8～1.5 | 0.1～0.4 | 0.02～0.04 |

由于亚层序和准层序组受天文旋回驱动，因此亚层序和准层序组的划分需要考虑天文轨道旋回。应用 Laskar 等（2011）的计算模型，计算了英雄岭凹陷下干柴沟组上段沉积期在相应古地理位置的理论天文周期和理论日照辐射强度（图 2-10）。对计算出的理论周期进行小波变换和频谱分析，识别出下干柴沟组上段沉积时期相应的地球轨道参数频率，并确定出关键周期所对应的时间尺度。在天文周期参数确定的基础上，对下干柴沟组上段的 GR 曲线做进一步分析，识别出偏心率所耦合的 GR 曲线频率点，初步识别出 12 个长偏心率周期，按照长偏心率周期的分布，进行亚层序（四级旋回）的划分（图 2-11）。

在亚层序（四级旋回）划分结果的基础上，以关键层序界面为界限，分段开展谱趋势分析，进一步划分出准层序组（五级旋回），整个下干柴沟组上段一共划分出 32 个准层序

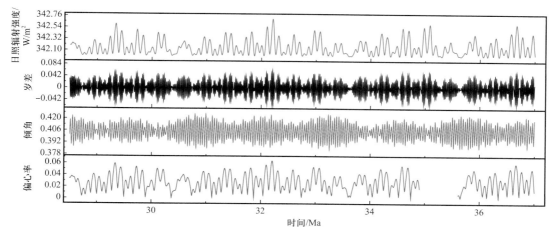

图2-10　英雄岭凹陷下干柴沟组上段天文周期理论旋回分布

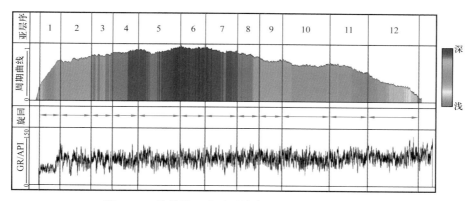

图2-11　英雄岭凹陷下干柴沟组上段亚层序的划分

颜色越靠近深蓝色湖水越深，越靠近红色湖水越浅

组，以盐岩发育底界为标志，将整个下干柴沟组上段划分为两层，盐底以上为盐间，主要发育致密碳酸盐岩型油藏；盐底以下为盐下，主要发育页岩油。盐下的页岩层系可划分出23个准层序组，对应23个箱体（图2-12）。在单井旋回地层划分结果基础上，开展井间旋回地层对比。结果表明，层序边界、最大湖泛面等关键层序界面可对比性好，23个准层序组平面展布稳定（图2-13），由此实现了研究区等时层序格架的构建。

## 二、沉积古环境

### 1. 咸化湖盆成因及沉积环境特征分析

#### 1）咸化湖盆成因

湖泊咸化是在封闭或半封闭条件下发生的，当湖泊蒸发量大于补给量（降水量＋径流量＋潜流量）时，湖泊开始咸化并形成蒸发盐沉积物，主要由硫化物、氯化物、硝酸

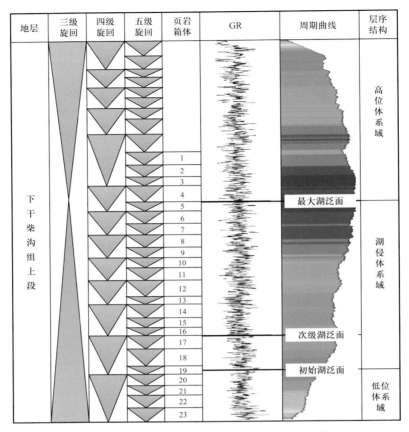

| 地层 | 三级旋回 | 四级旋回 | 五级旋回 | 页岩箱体 | GR | 周期曲线 | 层序结构 |
|---|---|---|---|---|---|---|---|

图 2-12　英雄岭凹陷下干柴沟组上段旋回划分

盐和硼酸盐组成（于炳松，2016；Jackson et al.，1997；Tucker et al.，2001）。控制湖泊咸化的因素很多，但归纳起来主要有构造环境、气候条件、物质来源，它们综合控制了湖泊演化方向及最终产物（黄麒等，2007）。

（1）构造环境是咸化湖盆发展演化的先决条件。不同地质作用可以形成不同成因类型的湖泊。例如，冰川作用可以形成冰碛湖，火山爆发作用可以形成火山湖，地质构造运动可以形成构造盆地。中国的咸化湖盆多属于构造运动形成的湖盆。在湖泊产生之前先造就了一个合适的盆地，或为封闭盆地，或为半封闭盆地，为湖泊的形成和演化提供了先决条件。湖泊如能发展到盐湖，其湖盆应为封闭盆地。在湖泊的演化过程中构造运动也一直决定着其命运，或是大湖分割为小湖，或是使其横向迁移，或是走向衰亡。构造运动不仅形成湖泊所需要的盆地，而且其产生的断裂还是输送盐湖物质的主要渠道之一，特别是深大断裂。这些渠道将地下水或深部水送到地表，带入许多有用元素，从而丰富了盐湖资源。

（2）气候条件是咸化湖盆发展演化的控制因素。从近现代盐湖主要分布在副热带高气压带附近可以看出，气候是咸化湖盆形成与演化的控制因素。现代盐湖既可以发育于干旱炎热地区，也可以发育于高寒地区（如加拿大北部大平原 Oro 湖）；既可以是浅水沉积，

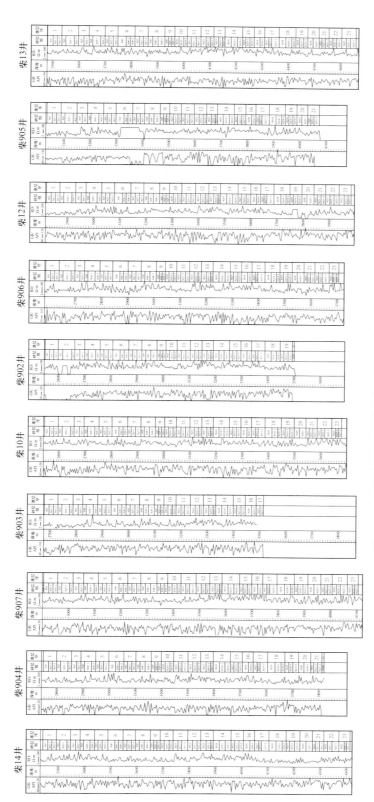

图 2–13 英雄岭凹陷下干柴沟组上段 五级旋回井间对比

也可以是深水沉积（如死海）。因此，水深水浅并不是其主控因素，形成盐湖最重要的气候条件应该是降水量＋径流量＋潜流量小于蒸发量。流入湖盆中的水以蒸发的形式消耗，才能让各种水源搬运来的物质聚集在湖泊中。在湖泊发育早期（未成盐阶段），以蒸发等方式耗去的水量与补入量在较长时间内处于动态平衡。如果蒸发量的多年平均值远小于补入量，则流入湖盆中的水量因年积月累，逐步增高，总会溢出湖盆；反之，如果蒸发量远远大于补入量，则湖泊将在未进入盐湖阶段就早已干枯，不能形成盐湖。这种蒸发总水量与补入总水量处于动态平衡的时期越长，则聚集的各种物质成分越丰富，就可能形成大型蒸发盐矿床。

（3）物质来源决定了湖泊演化各个阶段的沉积物，决定了湖泊的类型和存在时间的长短，是湖泊演化过程中起决定性的因素之一。在构造运动、冰川运动和河流堵塞等作用形成一个盆地之后，充足的水源接着带入各种物质，包括各种微量元素和碎屑物。在演化过程中是否有充足的水源补给和补给水型决定着湖泊的演化特征，决定了它是否能成为盐湖和盐湖资源的丰富程度及其矿物类型。

地表原岩风化产物中的易溶物质被地表水和地下潜流带入湖、海盆地，成为水体中溶解的盐类，无疑这是最主要的来源。但对于某些盐类矿床来说，还有其他来源，甚至是很重要的来源：海侵阶段的海水提供盐分；来源于热卤水或地下热水，柴达木盆地北缘大柴旦湖沉积的硼矿床，其中硼元素主要来源于温泉水；来源于下部含盐岩系，通过深大断裂的上升泉溶解地下深部的含盐岩系中的盐类物质；来源于火山喷出物，已公认许多硼矿床与火山活动有关；来源于囚盐，原来含盐海相沉积岩被风化淋滤出来的盐类组分（张本书等，2005）。

2）咸化湖盆沉积环境特征

湖盆水体介质从微咸水演化到半咸水再到咸水，对应的沉积物主要为含碳酸盐的碎屑物层→含碎屑物和蒸发盐的碳酸盐层→含碎屑物和碳酸盐的蒸发盐层。随着气候由干冷变为相对湿润时，大量淡水注入湖中，湖水相对淡化，沉积含盐的碎屑物层。随着气候再次向干冷转变，补给淡水量开始略小于蒸发量，湖水浓缩、咸化，盐度逐渐增加，开始沉积含碎屑物和蒸发盐的碳酸盐层。随着时间推移，气候彻底转化为干冷，湖水快速浓缩、咸化，盐度迅速增加，沉积大量含碎屑物和碳酸盐的蒸发盐层。

咸化湖盆的水面是波动变化的，有季节性变化（汛期和干期或湿季和干季）、长年性变化（丰水年和贫水年）、历史性变化（沛水期和枯水期或雨期和间雨期）等。根据水位面（胡东生，1995）可以划分为：高水位面和低水位面。高水位面的地层序列为，垂直变化由下往上、水平变化由边缘往中心为砾石—粗砂—细砂—粉砂—黏土并缺少盐类沉积物，反映湖水由浅往深变化的沉积相环境。低水位面的地层序列为，垂直变化由下往上、水平变化由边缘往中心为黏土—细砂—粗砂—砾石并夹有蒸发盐类沉积物，反映湖水由深往浅变化的沉积环境。

## 2. 英雄岭凹陷沉积相及沉积环境

单一微相类型可以在一定程度上反映成因单元砂体形成过程中的水体情况，是重塑沉积环境、分析沉积水动力条件的基础物质实体，但是不同微相类型组合而成的亚相和相可以在更大范围内及更高层次上反映沉积古地理特征（表 2-5）。

表 2-5　英雄岭凹陷下干柴沟组上段岩石类型及沉积相特征

| 岩相类型 | 岩石大类 | 湖盆演化阶段 | 湖水性质 | 亚相类型 |
|---|---|---|---|---|
| 盐岩 | 蒸发岩类 | 咸化阶段 | 盐湖 | 蒸发坪亚相 |
| 膏盐岩 | | | 咸水 | |
| （含）膏（质）灰云岩 | （含）蒸发盐（质）混积岩类 | 过渡阶段 | 半咸水 | 过渡亚相 |
| （含）膏（质）泥岩 | | | | |
| 泥晶灰云岩 | 碳酸盐岩类 | 初始咸化阶段 | 微咸水 | 浅湖—半深湖亚相 |
| 泥晶云灰岩 | | | | |
| 泥页岩 | 碎屑岩类 | 淡化阶段 | 淡水 | 半深湖—深湖亚相 |
| 粉砂岩 | | | | |

在咸化湖盆演化过程中，根据湖水性质及沉积物特征，可以分为四个阶段（定性划分）：淡化阶段，湖水性质为淡水，属于半深湖沉积环境，主要沉积物为陆源碎屑；初始咸化阶段，湖水性质为微咸水，属于浅湖沉积环境，主要沉积物为碳酸盐；过渡阶段，湖水性质为半咸水，属于向咸化湖盆过渡的沉积环境，主要沉积物为（含）蒸发盐（质）混积物；咸化阶段，湖水性质为咸水，属于蒸发坪沉积环境，主要沉积物为蒸发盐矿物，并且在演化的最后阶段形成盐岩层。

1）半深湖—深湖亚相

半深湖亚相主要由粉砂岩和泥页岩等暗色细粒陆源碎屑岩组成，发育少量细砂岩。从下往上总体粒度逐渐变细，组成正韵律层，单个韵律层的厚度不等，反映了水动力条件由强变弱且陆源碎屑供给逐渐降低的特点。岩石总体呈暗色，为深水还原环境产物。

2）浅湖—半深湖亚相

浅湖亚相主要由泥晶碳酸盐岩组成，发育少量泥岩。包括泥晶灰云岩和泥晶云灰岩。岩石成分主体为碳酸盐，但同时也含大量陆源碎屑粉砂和黏土矿物，发育少量蒸发盐矿物，表示水体已经开始浓缩咸化，进入初始咸化阶段。

3）过渡亚相和蒸发坪亚相

过渡亚相在盐下和高频旋回中十分常见，是水体逐渐咸化但未达到形成厚层蒸发岩的阶段，湖水性质为半咸水，是微咸水湖向咸水湖演化的过渡阶段，发育（含）蒸发盐（质）混积岩，主要包括（含）膏（质）灰云岩和（含）膏（质）泥岩。蒸发坪亚相主要由蒸发岩组成，发育泥晶碳酸盐岩薄夹层。湖水性质为咸水，属于湖泊演化的咸化阶段，并且在演化程度高的情况下，可以达到盐湖阶段。蒸发岩主要包括含膏岩、盐岩。

**3. 沉积机理及规律**

英雄岭凹陷下干柴沟组上段为咸化湖盆沉积，发育典型的湖相混积岩，包括陆源碎屑岩、碳酸盐岩和蒸发岩。通过对碳氧同位素、阴极发光、电子探针等数据的系统分析，结合区域性沉积背景研究，对研究区目的层段白云岩的成因进行了综合分析。

1）白云岩成因机理

白云石化作用是碳酸钙（$CaCO_3$）沉积物被白云石［$CaMg(CO_3)_2$］所交代的过程。湖相沉积物在干旱气候条件下极易发生白云石化作用，故其是湖相碳酸盐岩的主要成岩作用之一。按咸化湖水运移方式和湖泊地理位置的差异，在湖岸、湖坪、湖滩等沉积区均可发生准同生白云石化作用。准同生白云岩多系交代灰泥沉积物而成，岩石具泥、粉晶结构，杂含陆源砂、泥，多具石膏或硬石膏等伴生矿物，少有生物碎屑等颗粒或残余颗粒。准同生白云岩在阴极光照射下发光性较差，多呈暗砖红色或不发光（王英华，1993）。

准同生白云石化作用发生在干旱的蒸发环境下，湖盆萎缩，湖水不断蒸发，盐度增高，通过毛细管作用，源源不断补充到这些疏松沉积物颗粒间，首先沉淀石膏，使得孔隙水的 Mg/Ca 比率大大提高，可达 20：1。这种高镁的粒间流体或表层水经常与方解石或文石颗粒相接触，发生交代作用，即使方解石或文石转变为白云石。

（1）岩石学特征。英雄岭凹陷下干柴沟组上段发育的白云岩晶粒较细，以泥晶和微晶为主，常含黏土矿物和陆源碎屑颗粒，多呈灰色至深灰色中—厚层状产出，纹层不太发育。岩石较致密，几乎不发育可见孔，白云石晶间孔在偏光显微镜下很难识别，但在扫描电镜照片中清晰可见（图 2-14）。在阴极发光下，泥晶白云岩和颗粒白云岩都发弱—中等暗红色光，是准同生期白云岩的典型特征（图 2-15）。

（2）碳氧同位素特征。碳酸盐沉积物的碳、氧同位素组成与沉积环境和成岩作用类型息息相关，不同沉积和成岩环境下碳、氧同位素组成差异很大。因此，碳、氧同位素的不同富集特征是区分沉积和成岩环境的重要标志之一。白云岩的碳、氧同位素组成不仅受白云石化作用期间介质的碳、氧同位素控制，还受介质温度和盐度控制。介质咸化时，因 $^{16}O$ 和 $^{12}C$ 会随蒸发作用逸失而使白云岩的 $\delta^{18}O$ 和 $\delta^{13}C$ 增高。前人在利用碳、氧同位素判断碳酸盐沉积和成岩环境方面做了大量卓有成效的工作，本次研究将下干柴沟组上段白云

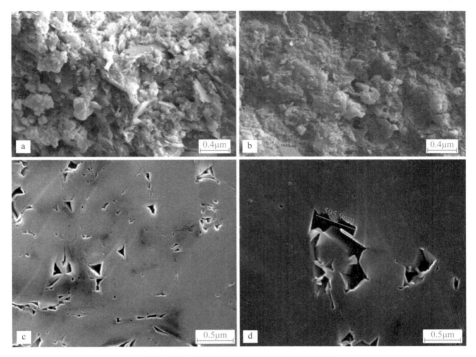

图 2-14 准同生白云岩扫描电镜特征

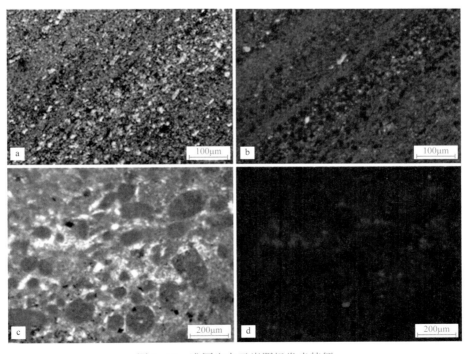

图 2-15 准同生白云岩阴极发光特征

a、b—含粉砂泥晶白云岩，在阴极发光下，白云石发弱—中等暗红色光；

c、d—似球粒白云岩，在阴极发光下，白云石发弱—中等暗红色光岩样品投影到前人通过大量实例建立起的高—低温白云岩成因 $\delta^{18}O$—$\delta^{13}C$ 交会图版上，可以作为确定白云石成因的重要证据（图 2-16）。

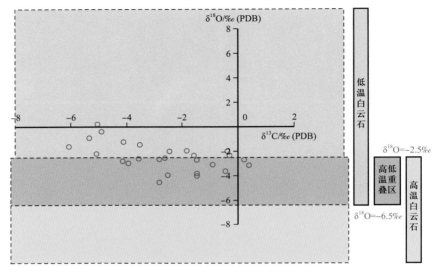

图 2-16　下干柴沟组上段白云石碳氧同位素组成特征

图 2-16 所示图版主要由两部分组成：不同色区分别表示低温环境形成的白云石、高温环境形成的白云石以及高低温重叠区间的白云石碳氧同位素分布范围，其中低温白云石主要形成于地表或近地表位置潮上带、盐沼、回流区、海水及其与大气淡水混合流体环境，$\delta^{18}O$ 范围在 -6.5‰~9.0‰（PDB）之间，埋藏期形成的高温白云石及白云石胶结物 $\delta^{18}O$ 范围在 -16.0‰~-2.5‰（PDB）之间，高低温白云石的重叠区为 $\delta^{18}O$=-6.5‰~-2.5‰（PDB）；投影数据点为下干柴沟组上段白云石样品碳、氧同位素数据，其显示 $\delta^{13}C$ 主要分布于 -4.88‰~-2.19‰（PDB）之间，$\delta^{18}O$ 分布于 -4.22‰~2.05‰（PDB）之间，所有样品点 $\delta^{18}O$ 值大于 -6.5‰（PDB），其中近 70% 样品点处于低温白云石区，另外 30% 样品点处于高低温白云石重叠区。由此可见，英雄岭凹陷白云岩应为低温成因。

在明确英雄岭凹陷下干柴沟组上段白云岩为低温成因的基础上，可进一步分析同位素对白云岩形成环境的指示意义。典型湖相碳酸盐岩的 $\delta^{13}C$ 应为 -2‰~6‰（PDB）（潘立银等，2009；Kelts，1988），$\delta^{18}O$ 的变化范围为 -8‰~-4‰（PDB）（王大锐，2000），下干柴沟组上段 $\delta^{13}C$ 主要分布于 -4.88‰~-2.19‰（PDB）之间，$\delta^{18}O$ 分布于 -4.22‰~2.05‰（PDB）之间（图 2-17）。$\delta^{13}C$ 同位素组成负偏移，表明英雄岭凹陷下干柴沟组上段白云岩沉积时为有机质比较富集的环境；与此同时，由于较轻的水分子被选择性蒸发，因此英雄岭凹陷下干柴沟组上段 $\delta^{18}O$ 同位素组成明显偏正，表明研究区目的层段白云岩与蒸发作用密切相关（图 2-17）。

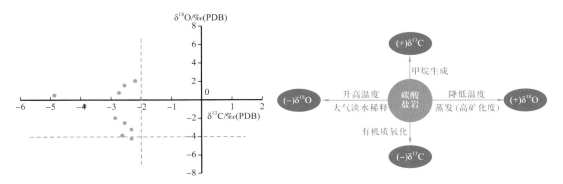

图 2-17　下干柴沟组上段白云石碳氧同位素组成与典型湖相碳酸盐岩同位素分布

一般情况下，δ$^{18}$O 同位素组成与蒸发作用的强弱具有线性关系，蒸发作用越强，δ$^{18}$O 同位素组分越偏正。图 2-18 展示了下干柴沟组上段白云石氧同位素组成与白云石含量之间的关系，白云石含量与 δ$^{18}$O 同位素的含量呈正相关，随着白云石含量的增加，δ$^{18}$O 同位素组分逐渐增大，再次说明下干柴沟组上段白云石与沉积期该地区蒸发作用密切相关。

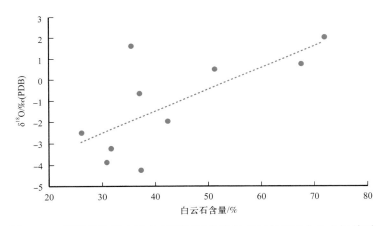

图 2-18　下干柴沟组上段白云石氧同位素组成与白云石含量之间关系

### 2）沉积环境

微量元素在水体及沉积物中的分布、循环和分异受环境介质理化条件及古气候共同控制（Tribovillard et al.，2004）。沉积物中微量元素组成特征能够记录古环境和古气候变化方面的重要信息（Lyons et al.，2003；Algeo et al.，2004）。

（1）氧化还原特征。

在氧化水体中 U 一般以 +6 价稳定存在，还原条件下 U$^{6+}$ 被还原为 U$^{4+}$ 富集在沉积物中，水体还原性越强，Th/U 越低。V 在氧化条件下以 V$^{5+}$ 稳定存在于水体中，弱还原条件下，V$^{5+}$ 被还原为 V$^{4+}$，强还原条件下转变为 V$^{3+}$ 存在于沉积物中。Mo 在氧化条件下主要以 MoO$_4^{2-}$ 的形式存在于水体中，在有硫酸盐还原细菌作用的还原条件下，Mo 较易形成硫化物，赋存于沉积物中，并稳定保存。Cu 在氧化水体中易形成有机金属配位体，其次是形成 $CuCl^+$，因此在氧化条件下 Cu 易溶；在还原条件下，Cu 可以进入黄铁矿以固溶体形式存在，或形成自生的硫化物而富集于沉积物中（Calvert et al.，1993；Algeo et al.，2004）。

U、V、Mo、Cu 等氧化—还原敏感性元素，总体表现出氧化条件下向水体富集，还原条件下向沉积物富集的特征。本节针对柴 13 井取心段典型向上变浅单旋回，开展沉积地球化学研究，选取了反映水体氧化还原条件的 U/Th、V/Cr、Cu/Zn、（Cu+Mo）/Zn 四项主要指标。基于湖侵—湖退单旋回岩相演化特征和沉积地球化学指标的变化规律，明确了氧化—还原敏感性元素在灰云岩发育段，"先富后贫"的迁移—富集模式，即湖退早期高位体系域由于水体相对平静，且盐度增加，导致还原性增强，这些元素在沉积物中相对富集；随着进一步湖退，水体氧化程度增加，这些元素在水体中相对富集，而沉积物中相对亏损。

（2）古盐度特征。

下干柴沟组上段沉积期为柴达木盆地最大湖泛期，古构造、古环境分析结果表明，该时期英雄岭凹陷为总体干旱气候背景下的欠补偿半封闭湖盆，蒸发作用强烈。研究区样品 Sr/Ba 均值为 53.98，远大于 1，根据前人研究成果建立的判别标准（Pearson et al.，1978）：Sr/Ba 大于 1 时为咸水介质，0.61～1 为半咸水介质，小于 0.61 为淡水介质，认为研究区整体处于干旱环境，湖水盐度高，属微咸—咸水湖泊。

（3）古气候特征。

古地理是控制区域沉积背景最主要的因素，古地磁资料揭示柴达木地块自寒武纪开始就持续向北漂移（吴汉宁等，1997）。下干柴沟组上段沉积期，柴达木地块古纬度位于北纬 31.5°～32.5° 之间，整体处于北半球副热带区。板块古地理位置上，柴达木地块位于古欧亚大陆的西侧，新特提斯洋东岸，受信风带背岸风和副热带高压的共同控制，以半干旱—干旱气候为主，降水受季节变化控制显著。

Al、Cu 主要随有机质输送进入沉积物，能够有效指示有机质通量（Tribovillard et al.，2004）。Sr 含量和 Sr/Cu 属于气候敏感性指标，Sr 富集指示干旱气候，反之指示潮湿气候；Sr/Cu 介于 1.3～5.0 指示温湿气候，大于 5.0 则为干旱气候（Pearson et al.，1978）。Na/Al 指标与气候暖湿程度呈反（张天福等，2016；Sawyer，1986）。研究区样品 Sr/Cu≥18.7，均大于 5.0，表明下干柴沟组上段沉积期整体处于干旱环境（图 2-19）。

（4）湖平面变化特征。

Sr/Ba 指标能够指示湖平面变化。水体体积减小通常导致 $BaSO_4$ 过饱和，形成絮凝沉淀的概率增大，进而导致水体中 $Ba^{2+}$ 降低，沉积物中的 Sr/Ba 升高，最终指示湖平面下降。

变价元素 Fe 和 Mn 在湖泊沉积物中常以氧化物和氢氧化物形式富集。由于 $Fe^{2+}$ 比 $Mn^{2+}$ 更易于被氧化，而 Mn 比 Fe 更易于被还原，因此较高的 Fe/Mn 主要是还原条件导致 Mn 的消耗所致，一般可用于指示湖泛过程所导致的还原环境（伊海生等，2006）。柴 13 井沉积地球化学分析数据表明，单旋回顶部，Sr/Ba 值较高，Mn 含量较高，反映湖平面下降过程；单旋回底部，Mn 值较低，Sr/Ba 值较低，反映湖平面上升、面积扩大、水体加深，这与湖平面变化过程的岩相变化规律相对应（图 2-19）。

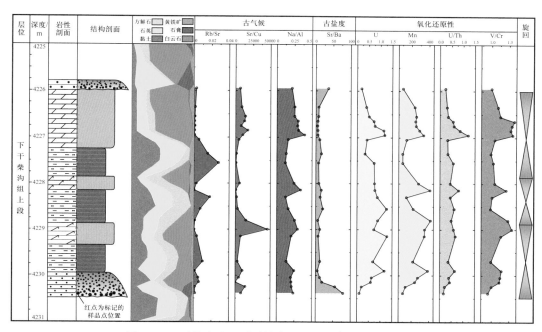

图 2-19　干柴沟地区下干柴沟组上段元素地球化学特征

# 小　结

（1）柴达木盆地是在小地块上发育的多旋回叠合盆地，经历了古生代"地块—海槽"构造旋回和中—新生代"盆地—造山"构造旋回。古近系下干柴沟组富有机质页岩发育于咸化湖盆沉积背景，受基底快速沉降的控制，形成了超千米的巨厚页岩沉积。

（2）英雄岭凹陷经历了早喜马拉雅运动早期张扭性应力背景和早喜马拉雅运动晚期以来的压扭性应力背景演化过程，整体表现为"先凹后隆、快速隆升"的演化过程，最终形成地表、地下"双复杂"的地质结构，使英雄岭页岩油成为独具特色的"巨厚山地式"页岩油。

（3）在英雄岭凹陷采用旋回地层划分与对比方法构建区域等时地层格架，将页岩油层系划分为 23 个准层序组，对应 23 个箱体，且平面可对比性好，实现了区域等时地层格架的构建。

（4）通过沉积地球化学指标分析，明确了英雄岭凹陷下干柴沟组上段页岩由一系列向上变浅的单旋回高频叠置而成；古盐度和古气候指标指示下干柴沟组上段页岩沉积期英雄岭凹陷整体处于逐渐干化的环境，湖水盐度整体偏高，属微咸—咸水湖泊。

# 第三章 英雄岭页岩岩相类型与空间分布

岩相对页岩储层的属性（生烃品质、物性特征、含油品质、脆性和电性特征）具有控制作用，是页岩油"甜点区""甜点段"评价的主体对象，更是水平井靶体优选的关键。英雄岭页岩发育在柴达木盆地古近系咸化湖盆背景中，作为典型的混合沉积产物，黏土矿物、长英质矿物、碳酸盐矿物与膏盐等矿物共生，岩相划分难度大。

本章主要介绍英雄岭页岩岩相划分方案、代表性岩相生烃—储烃—产烃能力差异及其主控因素，并通过机器学习开展岩相预测与空间分布评价研究，以期让读者对英雄岭页岩油赋存的岩相特征有更为详尽的了解。

## 第一节 英雄岭页岩岩相划分方案

页岩颗粒粒度细、矿物成分复杂、结构变化快，其岩相划分一直是研究的热点和难点（姜在兴等，2021）。不同学者依据颗粒大小、矿物成分和纹层特征等参数，对泥页岩岩相命名方法进行过诸多探讨（邹才能等，2012；邱振等，2020；操应长等，2023）。一般而言，陆相细粒沉积岩受矿物组分、产状、物源、成岩作用影响较大，同时，不同盆地页岩差别明显，因此在进行岩相类型划分时会考虑矿物组成、有机碳含量、沉积构造、颜色、生物群落等因素，不同学者提出的划分依据及岩相类型差异较大（表3-1）。

表3-1 岩相划分依据选择及类型

| 研究对象 | 学者及时间 | 划分依据 | 岩相类型 |
|---|---|---|---|
| 细粒沉积岩 | 姜在兴等，2013 | 有机碳含量、矿物组分 | 高有机质灰岩、高有机质黏土岩、中有机质黏土岩、中有机质灰岩、低有机质灰岩、低有机质黏土岩 |
| 富有机质页岩 | 黎茂稳等，2022 | 矿物组成、有机碳含量、沉积构造等 | 黏土质泥页岩、硅质泥页岩、碳酸盐质泥页岩、碳酸盐质硅质黏土质泥页岩、硅质黏土质碳酸盐质泥页岩、黏土质碳酸盐质硅质泥页岩、泥质碳酸盐质泥页岩 |
| 东营凹陷沙河街组三段—四段 | 刘惠民等，2017 | 矿物组成、沉积构造、纹层类型及成因 | 夹层灰岩、平直纹层灰岩、不平直纹层灰岩、块状灰岩、块状云岩、平直纹层黏土岩、块状黏土岩、粉砂岩、平直纹层混合岩、不平直纹层混合岩、块状混合岩 |
| 四川盆地中—下侏罗统 | 刘忠宝等，2019 | 矿物组成及结构、有机碳含量、沉积构造 | 黏土质页岩、介壳纹层—层状黏土质页岩、（纹层状）粉砂质页岩、粉砂质黏土质页岩、黏土质介壳灰质页岩、粉砂质介壳灰质页岩 |

| 研究对象 | 学者及时间 | 划分依据 | 岩相类型 |
|---|---|---|---|
| 沧东凹陷古近系孔店组二段 | 鄢继华等，2015 | 矿物组成、方沸石 | 含方沸石云质细粒长英沉积岩、含方沸石白云岩、方沸石云质细粒混合沉积岩 |
| 鄂尔多斯盆地延长组7段 | 刘群等，2014 | 岩石组分、纹层构造、有机碳含量、沉积构造 | 块状泥岩、粒序层理泥岩、波状纹层页岩、平直纹层页岩、似块状页岩 |
| 吉木萨尔凹陷二叠系芦草沟组 | 葸克来等，2015 | 矿物组成、总有机碳含量 | 含凝灰质碳酸盐岩、含（粉）砂/泥质碳酸盐岩、凝灰质碳酸盐岩、（粉）砂质/泥质碳酸盐岩；含（粉）砂质/泥质沉凝灰岩、含灰/白云质沉凝灰岩、（粉）砂/泥质沉凝灰岩、灰质/白云质沉凝灰岩、含凝灰质（粉）砂岩/泥岩、含白云质/灰质（粉）砂岩/泥岩、凝灰质（粉）砂岩/泥岩、灰/白云质（粉）砂岩/泥岩、正混积岩 |
| 松辽盆地青山口组 | 柳波等，2018 | 总有机碳含量、矿物组成、沉积构造 | 高有机质页理黏土质泥岩相、高有机质块状长英质泥岩相、中有机质块状长英质泥岩相、中有机质纹层状长英质泥岩相、低有机质纹层状长英质泥岩相、低有机质层状砂岩相、低有机质层状灰岩相 |

目前，针对页岩岩相划分，大多数分类方案为"有机碳含量+沉积构造+矿物组成"三个关键参数。然而，英雄岭页岩混积特征明显，若是直接套用可能会影响对于沉积规律的研究及页岩油甜点富集模式的认识。在对英雄岭页岩进行岩相划分时，由于有机碳含量普遍低于2%，因此不作为标准。最终，选用"沉积构造+矿物组成"为划分标准。

在划分岩石类型时，采用传统的三角分类图法，选取黏土矿物含量、碎屑矿物含量和碳酸盐矿物含量作为分类的端元（图3-1），主名定为含量最多的端元，其余的根据岩石"三级命名法"确定——含量25%~50%范围内的为"质"，10%~25%范围内的为"含"。若主名为碳酸盐岩，则根据方解石和白云石相对含量划分为石灰岩或白云岩。

从沉积构造角度出发，层理发育程度、厚度、差异性、形态和几何关系等因素也会对储层储集性能及岩石力学性质产生重要影响。因此，储层岩石层理构造特征的系统分析是储层岩相划分和有利储层识别的重要基础。Lazar等（2015）认为纹层、纹层组、层和层组的连续性、形状和几何关系、层理的厚度是描述黑色细粒沉积岩的重要参数。通常按照层厚度可以将层理划分为块状层（>1.0m）、厚层（1.0~0.5m）、中层（0.5~0.1m）、薄层（0.1~0.01m）和页状层/纹层（<0.01m）（朱筱敏，2018）。以1cm为界，将英雄岭页岩的沉积构造分为两类，即纹层和薄层。其中，单层理厚度小于1cm的被划分为纹层状构造（图3-2a、b），单层理厚度介于1~10cm的被划分为薄层状构造（图3-2c、d）。

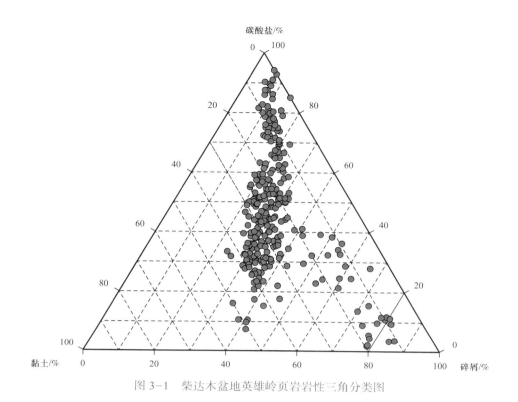

图 3-1　柴达木盆地英雄岭页岩岩性三角分类图

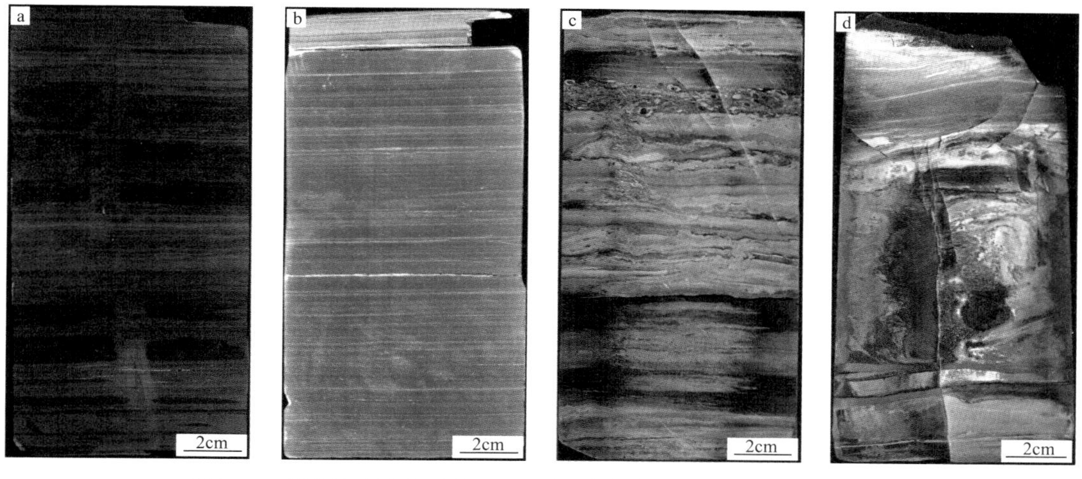

图 3-2　英雄岭页岩纹层状（a、b）/薄层状（c、d）岩相岩心照片

　　以测井好表征、工业好应用、科学较合理的原则，充分借鉴 Lazar 等（2015）提出的岩相命名方案，制定英雄岭页岩基于"沉积构造＋矿物组成"的二元岩相划分与命名方案，该方案既充分继承了传统以颗粒粒度、矿物组成和沉积构造进行命名的基本原则，又融入了细粒沉积岩的特殊属性。在以上岩石分类定名方法指导下，结合相关的岩心 X 衍

射、微电阻率成像和岩性扫描测井矿物含量及层理构造特征，对岩相类型进行划分，主要划分得到薄层状云灰岩、纹层状云灰岩、薄层状灰云岩、纹层状灰云岩、薄层状泥岩和纹层状黏土质页岩6种岩相类型，如表3-2所示。

表3-2　英雄岭页岩岩相划分依据选择及类型

| 岩相类型 | 分布及成因 |
|---|---|
| 薄层状云灰岩 | 在研究区发育频率较低，主要发育在湖盆中古地貌低地内，受陆源输入影响小 |
| 纹层状云灰岩 | 发育频率较低，其形成于水体能量较低的云灰质半深湖环境，沉积速率较慢，粒度较细 |
| 薄层状灰云岩 | 在研究区发育频率较高，形成于水体能量较低的滨浅湖环境，蒸发作用较强 |
| 纹层状灰云岩 | 在研究区发育频率中等，发育于水体能量较低的半深湖—深湖环境，沉积速率较慢 |
| 薄层状泥岩 | 发育区域受陆源输入影响较显著 |
| 纹层状黏土质页岩 | 形成于古地貌低地、水体较深、能量较低的泥质半深湖环境，沉积速率较慢 |

# 第二节　典型岩相岩石学、有机地球化学与储层特征

## 一、岩石学特征

### 1. 沉积构造

沉积构造能反映岩石沉积时的水动力情况及沉积速率，英雄岭页岩以薄层和纹层状构造为主。

1）纹层状构造

纹层状构造多发育于深水沉积环境，主要包括方解石纹层、白云石纹层、黏土矿物纹层以及微米至毫米级的长英质矿物纹层（图3-3a—d）。在云灰岩和灰云岩中，多为方解石纹层及白云石纹层；在页岩中主要发育黏土矿物纹层及长英质矿物纹层。纹层厚度各异，单层厚度集中于0.01～5mm，部分纹层厚度在0.01mm以下。形态多为水平状平直纹层组合，也发育少量波状、交错或透镜状纹层组合（图3-3e—l）。

2）薄层状构造

薄层状构造多发育于浅水沉积环境，沉积物快速堆积，单层厚度介于1～10cm，岩石成分多为云质或云灰质，少量为砂质，单层内成分较为相似，结构较为均匀，无明显层理构造，颜色较为均匀，偶可见少量泥质不连续条带，以单层为主（图3-3m—p）。

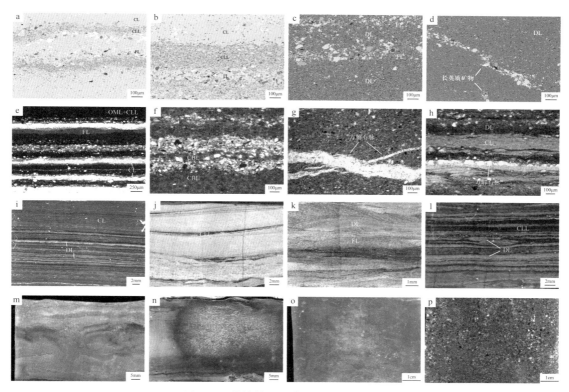

图 3-3 英雄岭页岩典型沉积构造照片

QEMSCAN（a—d）：a—方解石纹层（CL）与黏土质纹层（CLL）为主，见长英质矿物纹层（FL）与黏土矿物纹层伴生发育，柴 908 井；b—方解石纹层+黏土质纹层+长英质矿物纹层组合，柴 908 井；c—白云石纹层（DL）为主，局部见长英质矿物纹层分散发育，柴 908 井；d—白云石纹层，内部见长英质矿物充填，柴 908 井；普通薄片（e—h）：e—连续的水平纹层组合，白色为方解石纹层，黑色为有机质+黏土矿物纹层（OML+CLL），灰色为长英质矿物纹层，柴 908 井，2753.43 m；f—波纹状纹层组合，白色为长英质矿物纹层，棕色为碳酸盐纹层（CBL），柴 2-4 井，2837.82 m；g—白云石薄层状纹层，见方解石充填脉体发育，狮 60 井，3449.16 m；h—交错型纹层组合，白色为方解石脉，灰色为长英质矿物纹层，深棕色为白云石纹层，柴 908 井，2785.25 m；岩心纵切面照片（i—p）：i—水平状纹层组合，主要为白云石纹层与方解石纹层，柴 2-4 井，2907.77 m；j—波纹状纹层组合，主要为白云石纹层与黏土矿物纹层，柴 2-4 井，2801.05 m；k—交错状纹层组合，主要为方解石纹层与长英质矿物纹层，柴 2-4 井，2798.99 m；l—透镜状纹层组合，主要为白云石纹层与黏土矿物纹层，柴 2-4 井，2807.56 m；m—云灰质薄层，柴 2-4 井，2818.17 m；n—灰云质薄层，柴 2-4 井，2818.30 m；o—混积的薄层，柴 2-4 井，2809.20 m；p—砂质薄层，柴 2-4 井，2808.90 m

## 2. 矿物组成

综合对柴 2-4 井、柴 908 井、柴平 6 井、柴 12 井、柴 14 井、柴 15 井等的岩心观察、薄片鉴定以及 X 衍射全岩矿物分析，英雄岭凹陷下干柴沟组上段页岩主要由白云石、方解石、石英、长石、黏土矿物等组成，此外还含有少量的黄铁矿和硬石膏（图 3-4a）。与北美海相页岩以及其他地区的陆相页岩不同，英雄岭细粒混积岩的碳酸盐矿物含量高（图 3-4b），总体介于 1.40%～90.4%，平均含量约 42%，其中白云石的含量高于方解石的含量。黏土矿物的含量较低，介于 1.40%～53.8%，平均含量约 22.4%，以伊利石和伊/蒙混层为主，含有少量绿泥石。碎屑矿物以石英和长石为主，整体含量也较低，介于3.90%~81.50%，平均约为28.7%。黄铁矿平均含量约4%，以草莓状黄铁矿为主，发育少量散落的球粒状黄铁矿。岩心观察可见少量膏盐。

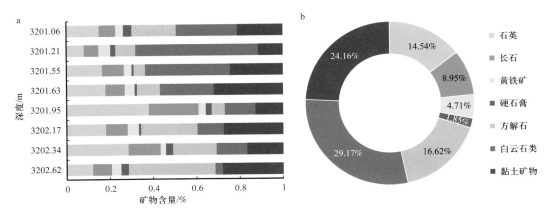

图 3-4　柴平 6 井英雄岭页岩 X 衍射全岩数据统计图

英雄岭页岩六类典型岩相的主要矿物类型及含量如表 3-3 和图 3-5 所示。

表 3-3　英雄岭页岩主要岩相类型矿物组成

| 岩相类型 | 主要矿物及含量 |
| --- | --- |
| 薄层状云灰岩 | 主要矿物为白云石和方解石，含量大于 50%；其次为黏土矿物，含量大于 20%，粉砂等碎屑颗粒少量混入 |
| 纹层状云灰岩 | |
| 薄层状灰云岩 | 主要矿物为白云石和方解石，含量大于 60%；其次为黏土矿物，含量约 10% |
| 纹层状灰云岩 | |
| 薄层状泥岩 | 黏土矿物含量大于 35%；碎屑矿物含量约 30% |
| 纹层状黏土质页岩 | 主要矿物为黏土矿物，含量约 35%；其次为白云石和碎屑矿物，含量约为 30% 和 20% |

### 3.岩相特征

通过岩心观察、薄片鉴定等，对六种岩相进行特征分析，结果如下。

#### 1）薄层状云灰岩

岩心观察表明，薄层状云灰岩整体为深灰色，有棕色透镜状层理不均匀分布于其中，连续性较差，不构成纹层。层内可见水平方向的裂缝，被白色石膏充填，还可见零星的白色盐粒析出（图 3-6a）。薄片观察可见，主要为碳酸盐矿物，可见无明显走向性的石英颗粒及有机质分散在碳酸盐中，构成薄层状云灰岩的整体颗粒较小（图 3-6b）。荧光薄片显示，整体较暗，可见极小的黄色发光点散落其中（图 3-6c）。

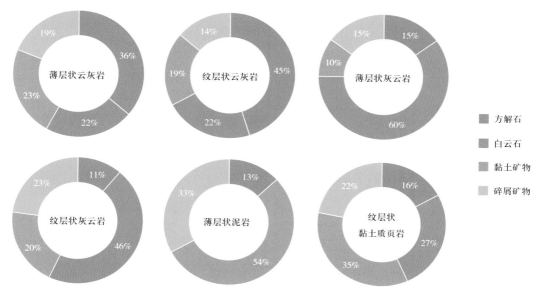

图 3-5　英雄岭页岩典型岩相矿物组成占比饼图

2）纹层状云灰岩

岩心观察表明，纹层状云灰岩相以灰色、灰黑色为主，纹层极为发育，其中夹杂浅褐色纹层以及极少量的深色纹层。纹层之间颜色较为相近，界线清晰，偶见波状起伏，大部分为平直纹层，浅褐色和灰色纹层在纵向上频繁叠置，可见白色膏盐类矿物沿层间缝析出（图 3-6d）。岩心出筒时，可闻到油味。薄片观察可见，该类岩相的纹层主要是方解石纹层和白云石纹层，二者在纵向上互层，少量不连续极薄的黏土质纹层夹于碳酸盐纹层中间，同时可见部分陆源石英颗粒分散其中（图 3-6e）。荧光薄片可见浅黄色发光条带，以及亮度更高的黄色亮点，主要沿方解石纹层方向分布（图 3-6f）。

3）薄层状灰云岩

岩心观察表明，薄层状灰云岩相总体呈浅黄褐色，薄层与薄层之间会夹有少量深色波状条带，界线清晰。层内颜色杂乱，呈深浅波状、卷状交错，无明显走势（图 3-6g）。薄片可见薄层状灰云岩以泥级的白云石颗粒为主，长英质碎屑颗粒分散其中，含少量黏土矿物，偶尔可见有机质及蓝藻（图 3-6h）。荧光薄片可见，整体发黄光，亮度较高，黄色亮点分散其中（图 3-6i），含油性良好。

4）纹层状灰云岩

岩心观察可见，浅黄色的白云石纹层与深灰色泥质纹层、方解石纹层在垂向上频繁互层，不同的纹层厚度各异。大多为水平纹层，略带波状，纹层边界清晰。可见裂缝穿过纹层并伴随白色膏盐析出，在层理缝之间，亦可见有白色膏盐析出（图 3-6j）。薄片显示，纹层状灰云岩有较多的微裂缝分布于方解石纹层中，除却极薄的长英质纹层还可见散落

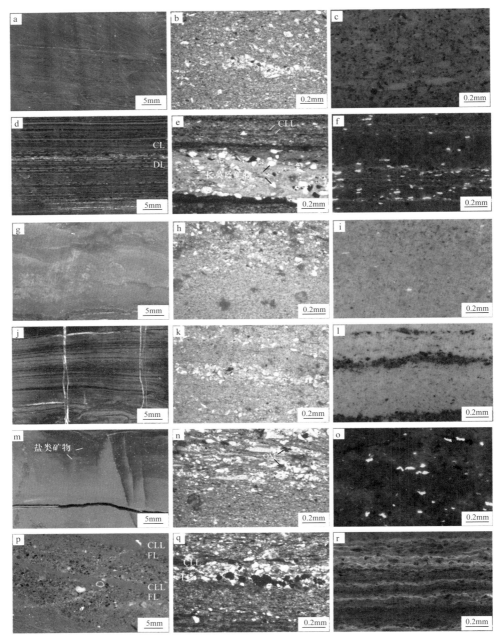

图 3-6　英雄岭凹陷下干柴沟组上段岩相特征典型照片

薄层状云灰岩（a—c）：a—岩心照片，柴 2-4 井，2808.50m；b—普通薄片，柴 2-4 井，2836.45m；c—荧光薄片，柴 2-4 井，2808.43m；纹层状云灰岩（d—f）：d—岩心照片，柴 2-4 井，2810.66m；e—普通薄片，柴 2-4 井，2820.64m；f—荧光薄片，柴 2-4 井，2844.13m；薄层状灰云岩（g—i）：g—岩心照片，柴 2-4 井，2818.22m；h—普通薄片，柴 2-4 井，2817.87m；i—荧光薄片，柴 2-4 井，2817.81m；纹层状灰云岩（j—l）：j—岩心照片，柴 2-4 井，2834.96m；k—普通薄片，柴 2-4 井，2834.96m；l—荧光薄片，柴 2-4 井，2751.70m；薄层状混积岩（m—o）：m—岩心照片，柴 2-4 井，2821.46m；n—普通薄片，柴 2-4 井，2836.79m；o—荧光薄片，柴 2-4 井，3845.93m；纹层状页岩（p—r）：p—岩心照片，柴 2-4 井，2808.60m；q—普通薄片，柴 2-4 井，2821.35m；r—荧光薄片，柴 2-4 井，2799.24m

的石英颗粒及少量有机质（图3-6k）。荧光薄片可见碳酸盐纹层的颜色较亮，发黄绿色的光，颗粒较大的长英质纹层为深黑色，几乎不发光（图3-6l）。

5）薄层状泥岩

宏观沉积构造主要为层状，微观以泥晶结构为主。岩心观察发现，薄层状泥岩相层内灰色分布较为均匀，自上至下由深至浅渐变，见零星的盐类矿物析出，分散分布，没有明显走向，偶可见纵向分布的碳酸盐条带（图3-6m）。薄片下可见各矿物多以透镜体形式分布于层内，构成不连续的弱纹层，还可见少量有机质（图3-6n）。荧光薄片下部分有机质周围有黄色亮点（图3-6o）。

6）纹层状黏土质页岩

纹层状黏土质页岩相岩心总体呈灰色，可见不连续的纹层构造，较大颗粒的条带状碎屑纹层与泥质纹层不均匀叠置，长英质矿物纹层颜色较深，黏土矿物、碳酸盐纹层颜色较浅，纹层界线较为模糊（图3-6p）。薄片可见纹层边界清晰，亮暗交替，多以黏土质纹层与长英质矿物纹层互层（图3-6q）。荧光薄片可见黄色亮点多赋存于纹层与纹层之间，条带内部亦有零星亮点（图3-6r）。

## 二、有机地球化学特征

对英雄岭页岩典型岩相类型的总有机碳含量、$S_1$和$S_2$等进行统计分析，纹层状云灰岩相的有机质丰度最好，而薄层状云灰岩有机质丰度最差。从沉积构造的角度来看，纹层状构造的有机质丰度普遍优于薄层状构造；从岩石类型看，有机质丰度从高到低为：云灰岩/页岩＞泥岩＞灰云岩。选取6类岩相中典型的4类代表性岩相进行含油饱和度和含油孔隙度的进一步分析，结果如下。

### 1. 纹层状云灰岩

TOC主体介于0.82%～1.11%，平均为0.97%（图3-7a），为其他岩相的1.3～3倍，其中，TOC大于1%约占37.5%（图3-8）；$S_1$为1.47～1.71mg/g，平均为1.59mg/g，$S_2$为4.53～6.76mg/g，平均为5.65mg/g（图3-7b）。含油饱和度平均约56.50%（图3-9a），纹层状云灰岩相的含油饱和度较高，但是由于孔隙度较小，含油孔隙度在四类典型岩相中最差，平均含油孔隙度仅为0.4%左右（图3-9b）。

### 2. 薄层状灰云岩

薄层状灰云岩相TOC集中于0.15%～0.37%之间，平均为0.22%（图3-7a），大于0.8%的不足10%（图3-8）；$S_1$为0.12～0.63mg/g，平均为0.67mg/g，$S_2$为0.21～0.70mg/g，平均为0.75mg/g（图3-7b）。含油饱和度主体集中于42.60%～82.91%之间，平均为

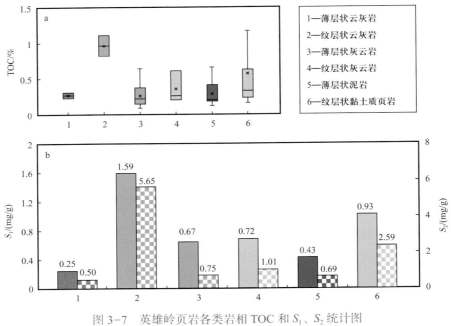

图 3-7　英雄岭页岩各类岩相 TOC 和 $S_1$、$S_2$ 统计图

图中纯色图例表示 $S_1$，花纹图例表示 $S_2$

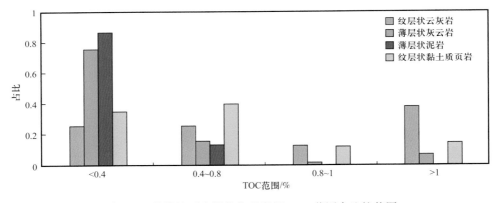

图 3-8　英雄岭页岩部分典型岩相 TOC 范围占比柱状图

60.17%（图 3-9a），含油孔隙度平均值为 4.27%（图 3-9b）。薄层状灰云岩相的含油饱和度与含油孔隙度均为最好，含油孔隙度为其他岩相类型的 4～10 倍。

### 3. 薄层状泥岩

TOC 集中于 0.18%～0.45% 之间，平均为 0.21%（图 3-7a、图 3-8）；$S_1$ 为 0.07～0.49mg/g，平均为 0.43mg/；$S_2$ 为 0.15～0.90mg/g，平均为 0.69mg/g（图 3-7b）。含油饱和度在四类典型岩相中最小，主体介于 32.52%～62.25%，平均为 46.67%（图 3-9a），含油孔隙度平均为 1.06%（图 3-9b），处于第二位。

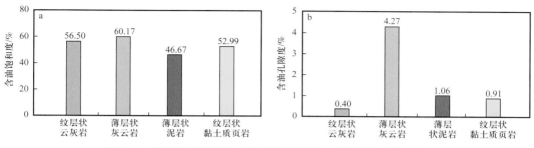

图 3-9 英雄岭页岩部分典型岩相含油饱和度以及含油孔隙度

### 4. 纹层状黏土质页岩

TOC、$S_1$、$S_2$ 值均处于中上水平，平均为 0.33%（图 3-7a、图 3-8）、0.93mg/g、2.59mg/g（图 3-7b）。含油饱和度主要介于 43.49%～61.87%，平均为 52.99%（图 3-9a）。由于整体孔隙度较小，纹层状黏土质页岩的含油孔隙度平均值约为 0.91%（图 3-9b）。

## 三、储层特征

### 1. 储集空间类型及形成机理

英雄岭凹陷干柴沟地区下干柴沟组上段碳酸盐岩储层发育不同尺度的多类储集空间，包括晶间孔、溶蚀孔及裂缝（图 3-10）；现场勘探实践证实，不同储集空间的储集能力、渗流能力差异较大。

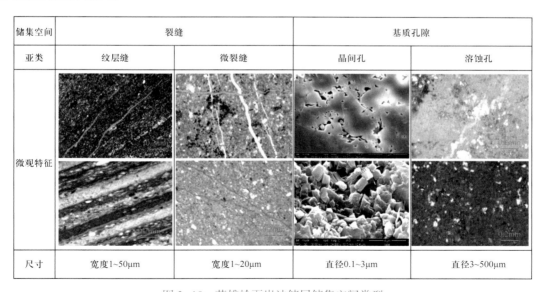

| 储集空间 | 裂缝 | | 基质孔隙 | |
|---|---|---|---|---|
| 亚类 | 纹层缝 | 微裂缝 | 晶间孔 | 溶蚀孔 |
| 微观特征 | | | | |
| 尺寸 | 宽度1~50μm | 宽度1~20μm | 直径0.1~3μm | 直径3~500μm |

图 3-10 英雄岭页岩油储层储集空间类型

### 1）基质微孔（晶间孔）

研究区原生基质微孔主要为灰云质矿物在白云化过程中形成的晶间孔，为灰云岩的主要储集空间，氩离子抛光—场发射扫描电镜观测表明，该类孔隙边缘光滑，有明显的棱角状，孔径一般小于800nm，多集中于300～600nm（图3-11）。因其广泛含油，显微镜下表现为整体发光特征。除原生基质微孔外，在准同生期暴露阶段和埋藏阶段，原生基质微孔经弱溶蚀改造形成基质扩溶孔，微孔边缘粗糙，体积增加，孔径一般大于1μm。

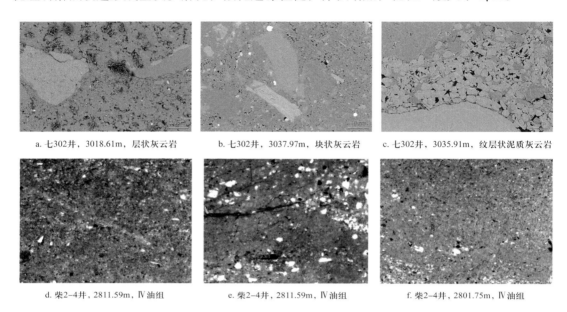

a. 七302井，3018.61m，层状灰云岩　　b. 七302井，3037.97m，块状灰云岩　　c. 七302井，3035.91m，纹层状泥质灰云岩

d. 柴2-4井，2811.59m，Ⅳ油组　　e. 柴2-4井，2811.59m，Ⅳ油组　　f. 柴2-4井，2801.75m，Ⅳ油组

图3-11　英雄岭页岩油储层晶间孔孔隙特征

综合沉积、储层和地球化学研究，构建了干柴沟地区晶间孔型储层的控储模式（图3-12）。下干柴沟组上段沉积期，英雄岭凹陷总体为干旱气候背景下的欠补偿闭塞湖盆，形成了一套滨浅湖—半深湖相细粒碳酸盐沉积，强烈的蒸发作用导致水体咸化，促使泥晶方解石发生白云石化，形成广泛的白云岩沉积，奠定晶间孔广泛发育的基础。

虽然白云石晶粒小（<5μm）、孔径小（<2μm）、埋深大（>4000m），但其孔隙度较大，普遍大于6%，且经现场生产证实，白云岩可作为有效储层，综合分析原因如下：

（1）下干柴沟组上段沉积速率快，导致沉积物中流体无法排出，后期在封闭条件下易形成异常高压；此外，上覆盐岩层，覆盖干柴沟地区柴902区块，导致烃源岩热演化过程中的排烃压力得不到释放，进一步保护了晶间孔免遭压实作用的破坏。

（2）与古老海相碳酸盐岩相比，干柴沟地区古近系碳酸盐岩更为年轻，经历的成岩作用弱，未发生重结晶，且白云石本身抗压能力强于方解石，保留了大量基质孔隙。

2）溶蚀孔

溶蚀孔为准同生期大气淡水对颗粒内部或粒间选择性溶蚀而成，形态多不规则，当溶蚀作用强烈时可将整个颗粒溶蚀，形成保持颗粒外形的铸模孔，后期可被石膏胶结物半充

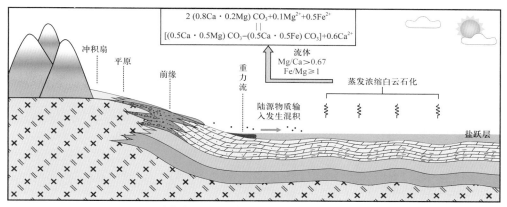

a. 英雄岭凹陷下干柴沟组上段准同生期白云石化模式

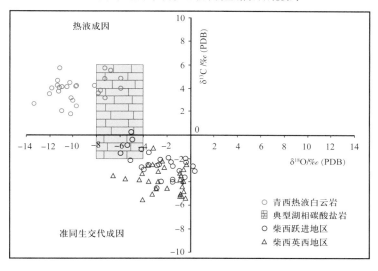

b. 氧同位素相对于热液碳酸盐岩明显偏正

图 3-12　英雄岭页岩白云化模式

填或全充填，孔隙之间彼此不连通呈孤立状态。区内可见膏模孔及盐模孔，膏质团块或石膏假晶受酸性流体或大气淡水淋滤而成，外部保留较好，多呈不规则椭圆形，部分硬石膏铸模孔呈板条状方形，盐模孔多呈菱形。研究区的溶模孔发育频率较低（图 3-13）。

　　溶蚀作用是干柴沟地区下干柴沟组上段经历的一种主要的建设性成岩作用，在晶间孔型储层中经过成岩流体改造而形成的溶蚀孔型储层物性更好，具有初期高产、长期稳产的特征，该类储层孔隙度一般大于 6%。这类储层先后经历了蒸发环境中后期（Ⅳ油组中上部）水体变浅、浅埋藏大气淡水溶蚀、生烃期有机酸溶蚀以及深埋藏期热硫酸盐还原反应（TSR）（Ⅳ油组底—Ⅵ油组）等一系列流体、岩石相互作用，使得储集性能持续改善（图 3-14）。

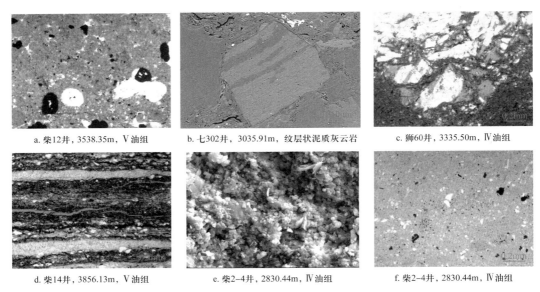

a. 柴12井，3538.35m，Ⅴ油组　　b. 七302井，3035.91m，纹层状泥质灰云岩　　c. 狮60井，3335.50m，Ⅳ油组

d. 柴14井，3856.13m，Ⅴ油组　　e. 柴2-4井，2830.44m，Ⅳ油组　　f. 柴2-4井，2830.44m，Ⅳ油组

图 3-13　英雄岭页岩油储层溶蚀孔孔隙特征

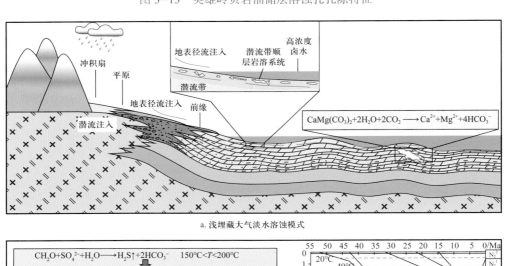

a. 浅埋藏大气淡水溶蚀模式

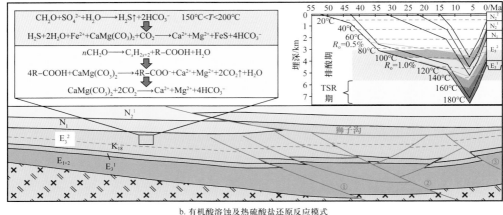

b. 有机酸溶蚀及热硫酸盐还原反应模式

图 3-14　英雄岭页岩油溶蚀孔型储层特征及成岩模式

3）纹层缝

光学显微镜下发现，纹层/层状灰云岩储层与纹层状黏土质页岩的界面见纹层缝普遍发育。裂缝形状大多平直规则延伸，宽度一般小于60μm，因其上下界面岩性粒度较细，形成后常受溶蚀和充填作用的影响。纹层缝是纹层/层状灰云岩储层的重要储集类型，但其非均质性极强（图3−15）。

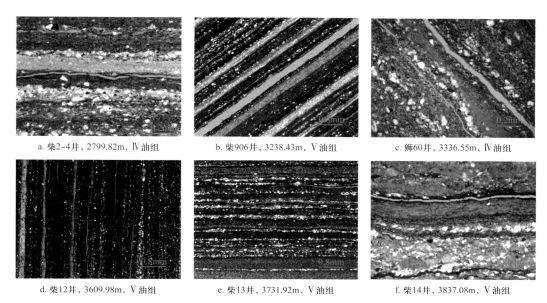

| a. 柴2−4井，2799.82m，IV油组 | b. 柴906井，3238.43m，V油组 | c. 狮60井，3336.55m，IV油组 |
| d. 柴12井，3609.98m，V油组 | e. 柴13井，3731.92m，V油组 | f. 柴14井，3837.08m，V油组 |

图3−15　英雄岭页岩油储层纹层缝孔隙特征

纹层缝受控于沉积—成岩演化，形成过程可分为五个阶段。第一阶段：干旱季湖水咸化，方解石饱和沉淀形成纹层，粒间孔隙发育。第二阶段：硫酸钙过饱和形成石膏胶结物，对孔隙起到支撑作用，防止强压实作用对储层的破坏。第三阶段：沉积暗色泥岩纹层，石膏胶结物溶解，形成溶孔。第四阶段：埋藏成岩期，泥岩纹层压实脱水收缩，纹层面开始剥离形成纹层缝；泥岩压实脱水卸压之后，受上覆地层压力作用纹层缝关闭，但已不稳定。第五阶段：生烃—成藏期，暗色泥岩纹层生烃，油气进入方解石纹层，随着孔隙压力不断增大，纹层缝再度打开，进而形成油气高速渗流通道，最终形成溶孔—纹层缝组合储层类型（图3−16）。

2. 典型岩相储层物性特征

利用气测孔隙度、氮气吸附、高压压汞、扫描电镜等实验，对不同类型岩相的物性特征与孔隙结构进行分析，重点对英雄岭页岩油储层典型岩相进行详细描述。总体来看，薄层状灰云岩相的储层物性最好，氦气孔隙度主体介于6.0%～9.60%，平均可达7.37%（图3−17），为其他岩相类型孔隙度的2～6倍。

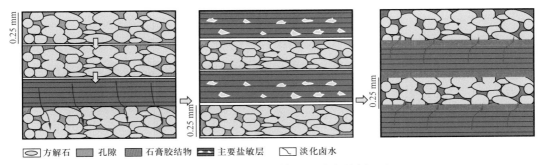

图 3-16　英雄岭页岩油储层纹层缝形成机理

1）纹层状云灰岩

氮气孔隙度分析表明，纹层状云灰岩相物性整体较差，孔隙度主体位于 0.31%～1.07% 之间（图 3-17），几乎没有超过 2%（图 3-18），平均为 0.61%（图 3-17）。高压压汞数据表明，孔喉半径小，连通性差；氮气吸附数据显示该类岩相的孔隙度较小，直径主体小于 30nm（图 3-19a—c）。聚焦离子束扫描电镜（FIB-SEM）图像与其他岩相

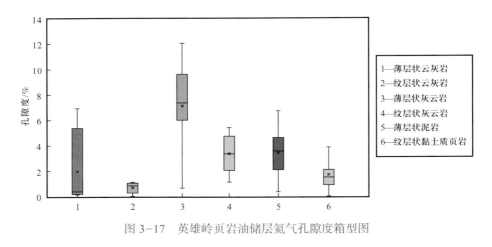

图 3-17　英雄岭页岩油储层氮气孔隙度箱型图

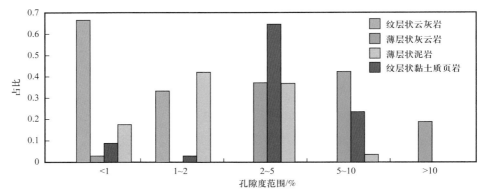

图 3-18　英雄岭页岩油部分代表性岩相孔隙度范围占比柱状图

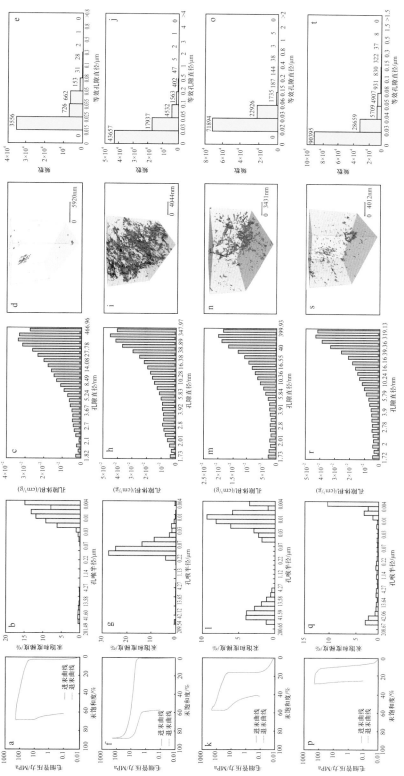

图3-19　英雄岭页岩油部分典型岩相高压压汞、氮气吸附和FIB-SEM结果图

纹层状云灰岩相（a～e）：a—高压压汞曲线，柴908井，2761.59m；b—高压压汞孔径分布图，柴908井，2761.59m；c—高压压汞孔径分布图，柴908井，2774.85m；d—FIB-SEM三维孔隙分布图，柴908井，2815.92m；e—高压压汞孔径分布图，柴2-4井，2815.92m；f—高压压汞曲线，柴908井，3224.62m；g—高压压汞孔径分布图，柴908井，2762.53m；h—氮气吸附孔径分布图，柴908井，2762.53m；i—FIB-SEM三维孔隙分布图，柴908井，3261.88m；j—氮气吸附孔径分布图，柴908井，3260.22m；k—薄层状泥岩相（k～o）：k—高压压汞曲线，柴908井，2800.98m；l—高压压汞孔径分布图，柴908井，2777.21m；m—高压压汞孔径分布图，柴908井，2777.21m；n—FIB-SEM三维孔隙分布图，柴908井，2800.98m；o—FIB-SEM孔径分布图，柴908井，2800.98m；p—纹层状黏土质页岩相（p～t）：p—高压压汞曲线，柴908井，2767.51m；q—高压压汞孔径分布图，柴908井，2767.51m；r—高压压汞孔径分布图，柴908井，3228.1m；s—FIB-SEM三维孔隙分布图，柴908井，3228.1m；t—氮气吸附孔径分布图，柴908井，3228.1m

相比，孔缝分布稀疏（图 3-19d），分析表明，等效孔隙直径小于 15nm 约占 68.93%，而大于 1μm 几乎没有（图 3-19e）。扫描电子显微镜下可见方解石纹层，和长英质＋黏土矿物纹层，有机质分布于层间，靠近方解石纹层处，还可见少量微裂缝，方解石纹层较为致密，孔隙空间较少（图 3-20a），可见微裂缝以及蜂窝状的有机质孔和有机质单孔（图 3-21g）。

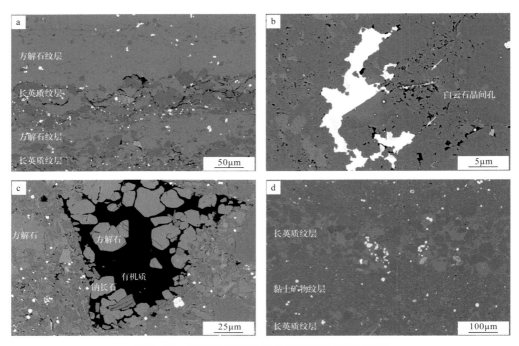

图 3-20　英雄岭页岩油部分典型岩相 SEM 图版

a—纹层状云灰岩，柴 908 井，3261.07m；b—薄层状灰云岩，柴 908 井，3226.54m；c—薄层状泥岩，柴 908 井，3259.38m；d—纹层状黏土质页岩，柴 908 井，3225.20m

2）薄层状灰云岩

薄层状灰云岩氦气孔隙度主体介于 6.0%～9.60%，平均可达 7.37%（图 3-17），为其他岩相类型孔隙度的 2～6 倍，大于 10% 的孔隙度约占 20%（图 3-18），总体物性最佳。进汞曲线可见两个拐点，排驱压力低，为 4.79MPa，在小于 1MPa 时迅速增大，后出现较长一段平台区，表明孔隙度较大、喉道分布较为均匀、孔隙分选好；进退汞体积差大，开放孔发育较好，孔隙之间的连通性较好（图 3-19f、g）。氦气吸附实验结果显示薄层状灰云岩相具有良好的孔径分布（图 3-19h）。FIB-SEM 结果更直观展示孔隙数量多，孔径远大于其他岩相类型（图 3-19i、j）。孔隙类型以碳酸盐晶内溶蚀孔及晶间孔为主，可见大量孔径较大的白云石晶间孔（图 3-20b，图 3-21a、d），扫描电子显微镜下可见油花大面积展布，赋存于有机质周围以及碳酸盐晶间孔中（图 3-21c）。

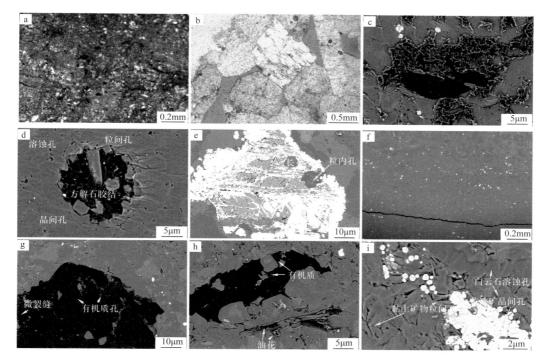

图 3-21　英雄岭页岩油岩相孔缝照片

a—溶蚀孔，柴 2-4 井，2815.82m；b—粒间孔，狮 60 井，3378.00m；c—油花沿有机质、碳酸盐晶间孔大面积展布，柴 908 井，3259.75m；d—白云石晶间孔、石英的粒间孔以及方解石的胶结，柴 908 井，3261.88m；e—可见长石的粒内孔，柴 908 井，3258.76m；f—微裂缝，柴 908 井，3229.9m；g—有机质单孔以及蜂窝状的有机质孔，有机质中的微裂缝，柴 908 井，3224.62m；h—有机质充填碳酸盐晶体，油花展布于晶间孔中，柴 908 井，3226.54m；i—白云石溶蚀孔、黄铁矿晶间孔以及黏土矿物粒间孔，柴 908 井，3225.2m

### 3）薄层状泥岩

薄层状泥岩氦气孔隙度仅次于薄层状灰云岩，主体介于 2.1%～4.63%（图 3-17、图 3-18）。进汞曲线仅存在一个较明显的增大区间（图 3-19k），压力曲线呈倾斜状，进退汞体积差、排驱压力处于中位，表明分选较差，开放孔发育一般，连通性一般，孔喉半径分布不均（图 3-19l）。氦气吸附和 FIB-SEM 实验结果均显示薄层状泥岩相物性处于中上水平（图 3-19m—o）。

扫描电子显微镜下可看到油花展布，赋存于黏土矿物粒间孔以及碳酸盐晶间孔中（图 3-21h）。同时可见草莓状黄铁矿以及单粒黄铁矿晶体，该类岩相主要的孔隙类型为白云石溶蚀孔、黏土矿物粒间孔、黄铁矿晶间孔、碳酸盐晶间孔等（3-20c、图 3-21i）。

### 4）纹层状黏土质页岩

纹层状黏土质页岩物性较差，氦气孔隙度平均为 1.52%（图 3-17），孔隙度分布与纹层状云灰岩相似（图 3-18）。退汞曲线几乎直线下降（图 3-19p），退汞效率小于 5%，中值压力大，表明喉道很细，孔喉半径主体小于 10nm（图 3-19q），同时氮气吸附结果也表明，该类岩相相对较为致密，对石油的渗流能力相对较弱（图 3-19r）。FIB-SEM 三维分析结果表明，孔隙较为分散，孔径大小不均（图 3-19s、t）。石英颗粒较大，多发育石英颗粒的粒间孔（图 3-21b）。扫描电子显微镜下可观察到长英质纹层与黏土矿物纹层互层，草莓状的黄铁矿分散于其中（图 3-20d），同时还可见黏土矿物粒间孔、长石粒内孔，特别地，在粒间孔中能见到油花冒出（图 3-21e、f）。

# 第三节　英雄岭页岩岩相智能化预测与空间分布

## 一、基于机器学习的页岩岩相智能化预测

### 1. 机器学习算法原理

#### 1）随机森林算法（Random Forest，RF）

随机森林算法于 2001 年由 Breiman 提出，是一种集成学习算法（Breiman，2001）。核心是将多棵作为基分类器的决策树结合起来，投票决定结果，使得很多较弱的分类器合成一个较强的分类器。作为经典的机器学习算法之一，主要具有预测准确率高、受异常值和噪声影响小、泛化能力强以及不容易出现过拟合等特点。

构建随机森林基础是构建起森林中的每一棵决策树。决策树（Decision Tree，DT）本身也是一种基本的机器学习算法，是通过从无次序、无规则的样本集中推理出分类规则的方法，由根节点、内部节点和叶节点三部分构成，通常包括特征选择、树的生成以及剪枝三个步骤。决策树包含了决策分类树与决策回归树。决策分类树模型是用来对实例进行分类预测的树形结构算法。内部节点表示一个特征或属性，叶节点表示一个类或是结论。从根节点开始，对实例的某一特征进行测试，根据测试结果，将实例分配到其子节点；这时，每一个子节点对应着该特征的一个取值。以此自上而下递归地对实例进行测试并分配，直到达到叶节点，在决策树的叶节点得到结论，从而使得每一条从根节点到叶节点的路径对应一条规则，整棵树则对应一组表达式规则。

决策树的典型算法有 ID3、C4.5、CART 等，其中，CART 算法是较为常用的生成算法。CART（Classification and Regression Tree）（Breiman et al.，1984）可以处理高度倾斜或多态的数值型数据，也可处理顺序或无序的类属型数据（栾丽华等，2004）。CART 决策树采用 Gini 系数值的属性作为判断准则，Gini 越小，样本的划分效果越好，Gini 定义如下：

$$\text{Gini}(\mathbf{T}) = 1 - \sum_{i=1}^{n} p_i^2 \qquad (3-1)$$

T 代表样本集；$n$ 为 T 中含有的样本类别数量；$p_i$ 表示样本类别 $i$ 出现的概率。

Gini 值为 0 时，则表示样本集中的样本属于同一类别。若将 T 划分为两个子集 $T_1$ 和 $T_2$，则此时子样本集的 Gini 为

$$\text{Gini}(T_1, T_2) = \frac{|T_1|}{|T|}\text{Gini}(T_1) + \frac{|T_2|}{|T|}\text{Gini}(T_2) \tag{3-2}$$

T 代表样本集，$|T_1|$、$|T_2|$ 为数据集 $T_1$ 和 $T_2$ 的样本数量，$|T|$ 为总样本数量。

随机森林算法采用 CART 决策树作为基分类器，通过随机有放回的抽取样本集和随机无放回的抽取特征集构建决策树，即，有放回地随机抓取 $N$ 个样本，用来训练，并作为决策树根节点处的样本；接着，在决策树的每个节点需要分裂时，随机从已取样本的 $M$ 个属性中选取出 $m$（$m \ll M$）个属性，从这 $m$ 个属性中采用信息增益法来选择 1 个属性作为该节点的分裂属性，一直分裂至无法分裂为止；最后，按照上述步骤生成多棵决策树，随机森林由此生成，根据复杂程度决定是否需要剪枝操作。特别地，在森林中的每一颗决策树单独做决策，然后投票得到最终分类结果，具体流程如图 3-22 所示。

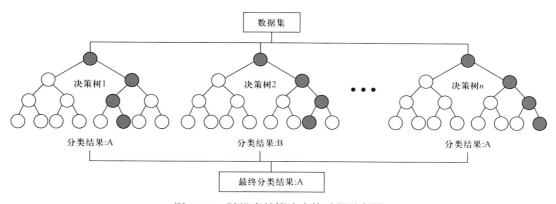

图 3-22 随机森林算法决策过程示意图

### 2）遗传算法（Genetic Algorithm，GA）

遗传算法是 Holland 于 1969 年根据大自然中生物体的进化规律而设计提出的，后经过 Dejong 和 Goldberg 等归纳总结出的模拟进化算法。它来源于达尔文的进化论、魏斯曼的物种选择学说和孟德尔的群体遗传学说，是模拟自然界生物进化过程与机制求解极值问题的一类自组织、自适应算法（张文修等，2000）。它的本质是模拟遗传学定理中生物的进化过程，是一种搜索最优解的算法，核心是优胜劣汰，迭代主要体现在选择、交叉、突变的步骤上（葛继科等，2008），算法流程如图 3-23 所示。

（1）选择：选择的目的是将更优良的基因遗传给下一代，Potts 等（1994）概括了 23 种选择的方法，其中较为常用的是轮盘赌选择方法。该方法基于适应度值的选择，因此可

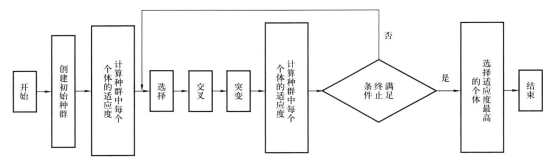

图 3-23  遗传算法流程图

以结合最优保存策略以保证当前适应度最优的个体能够进化到下一代而不被遗传操作的随机性破坏，保证算法的收敛性。基本思想是在一个圆中，扇形的面积越大，圆中的点落在该扇形的概率越大，即各个个体被选中的概率与其适应度大小成正比。将各个方案的分值画在一个饼状图中，分值高的方案占有的面积就大。使用随机数生成器产生一个随机数，显然这个随机数落在面积大的区域概率大，落在面积小的部分概率小，以实现依照概率接受的原则。

（2）交叉：指对两个被选中的父辈基因按某种方式相互交换其部分基因，从而形成两个新的"基因"，原理如图 3-24 所示。它是产生新个体的主要方法，决定了遗传算法的全局搜索能力，在遗传算法中起关键作用。

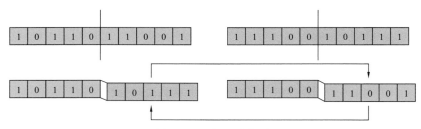

图 3-24  交叉示意图

（3）突变：是指将个体基因编码串中的某些基因座上的基因值用该基因座的其他等位基因来替换，从而形成一个新基因，原理如图 3-25 所示。它是产生新个体的辅助方法，决定了遗传算法的局部搜索能力，同时，可以很好地改善遗传算法的局部搜索能力以及维持群体的多样性，防止出现早熟现象。

图 3-25  突变示意图

3）支持向量机（Support Vector Machine，SVM）

支持向量机是建立在统计学习理论基础上的一种数据挖掘方法，能非常成功地处理小样本的回归问题和分类问题（张学工，2000；丁世飞等，2011）。原理是找到一个能够最大化分类边界（或回归函数）间隔最近训练样本的超平面，使得超平面距离两个类别的最近的样本最远，得到间距最大化。SVM原理如图3-26a所示，要使得间距最大化。在低维空间内的样本通常是线性不可分的，而在高维空间中样本可能是线性可分的，因此就需要引入核函数来提升空间维度。核函数能将数据映射到一个更高维的特征空间，然后利用线性可分，在新空间中构建超平面来进行分类（图3-26b）。

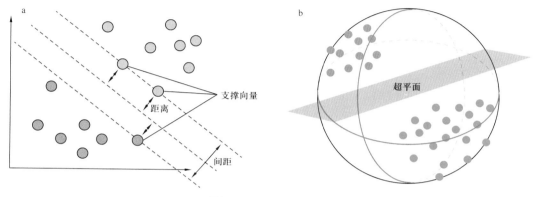

图3-26　SVM原理图

SVM可以通过核方法（Kernel Method）进行非线性分类，是常见的核学习（Kernel Learning）方法之一（Hsieh，2009）。常用的核函数如表3-4所示。

表3-4　SVM常用核函数

| 核函数名称 | 核函数公式 |
| --- | --- |
| Linear Kernel | $k(x,z)=x^T z+C$ |
| Polynolial Kernel | $k(x,z)=(x^T z)^d+C$ |
| Gaussian Kernel | $k(x,z)=\exp\left(-\dfrac{\|x-z\|^2}{2\sigma^2}\right)$ |
| Sigmoid | $k(x,z)=\tanh\left(\beta x^T z+\theta\right)$<br>tanh 为双曲正切函数，$\beta>0$，$\theta<0$ |

## 2. 基于机器学习的分步预测模型岩相测井识别应用

### 1）数据采集

研究采用的岩心数据和测井曲线资料来自柴达木盆地英雄岭凹陷下干柴沟组上段的柴2-4井、柴12井和柴14井。共收集得到X衍射结果数据963个，以X衍射实验的取样点为基准点，得到深度数据。以此深度为前提，进而通过岩心观察人工判别得到对应的薄层状/纹层状构造，同时，对测井曲线进行重新采样，得到等深的测井数据集，具体步骤如图 3-27 所示。

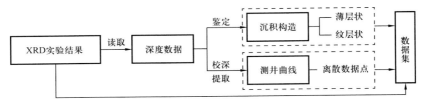

图 3-27　数据收集流程图

在得到数据集后，需要分别对特征集和目标集进行处理。特征集为测井数据，共包含 AC、GR、GRMM、LLD、LLS、POTA、RT10、RT20、RT30、RT60、RT90、THOR、URAN 等 13 种，岩石类型、沉积构造和岩相类型为三个独立的目标集。由于目标集中均为离散型变量，因此需选用分类模型进行预测，对 6 类岩相赋予 1~6 的标签，对薄层状/纹层状赋予 1~2 的标签，对矿物组成赋予 1~3 的标签，如表 3-5 所示，各类型占比如图 3-28 所示。

表 3-5　岩相类型、沉积构造与矿物组成的对应标签表

| 岩相类型 | 标签 1 | 沉积构造 | 标签 2 | 岩性 | 标签 3 |
|---|---|---|---|---|---|
| 薄层状云灰岩 | 1 | 薄层状 | 1 | 云灰岩 | 1 |
| 纹层状云灰岩 | 2 | 纹层状 | 2 | 灰云岩 | 2 |
| 薄层状灰云岩 | 3 | | | 泥岩/页岩 | 3 |
| 纹层状灰云岩 | 4 | | | | |
| 薄层状泥岩 | 5 | | | | |
| 纹层状黏土质页岩 | 6 | | | | |

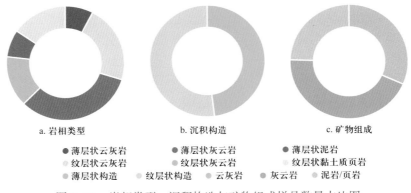

图 3-28　岩相类型、沉积构造与矿物组成样品数量占比图

对 963 组数据进行异常值分析，采用 Elliptic Envelope 算法排除 5% 的异常点后，得到 914 组样本数据。

2）数据归一化

数据归一化是进行机器学习模型训练前必要的基础工作。进行归一化操作可以消除不同测井曲线的量纲差异，改善特征分布，使得数据更容易进行比较和分析，提高算法的效率。通过最大最小归一化函数（MinMaxScaler）将输入曲线值进行线性变换，映射至 [0，1]，变换后的结果不会改变原始数据的数值排序。MinMaxScaler 模型定义如下：

$$x^* = \frac{x_i - \min(x_i)}{\max(x_i) - \min(x_i)} \qquad (3-3)$$

式中，$x^*$ 为归一化后的数据；$\min(x_i)$ 为样本数据最小值；$\max(x_i)$ 为样本数据最大值。所有的 $x^*$ 均处于 [0，1] 区间内，最大值为 1，最小值为 0。

3）特征选择

首先采用交会图法对不同岩相和测井曲线进行相关性分析，绘制相关矩阵图。如图 3-29 所示，横轴和纵轴为 15 类测井参数，右上区为两两测井曲线的散点图，左下区为对应的等值线图，对角线为对应横轴的核密度估计图，不同颜色代表不同岩相类型。由图可知，声波时差和钾呈正相关，深侧向电阻率和钾呈正相关等，仅少数曲线存在相关性，多数不存在相关性。同时，6 类岩相掺杂在一起，不能通过规则的几何图形区分开来，传统的交会图法无法总结归纳出英雄岭页岩岩相与测井曲线之间的规律，这印证了英雄岭页岩非均质性强的特点，岩相识别困难，因此，需借助机器学习算法进行预测。

为了提高机器学习模型精度，首选需要通过分析选取合适类型的测井曲线作为训练的特征集，主要使用热力图法对测井曲线进行分析。热力图是一种用颜色来表示数据密度或强度的图，在相关性分析中，热力图则用于直观反映两两特征之间的相关性，将所有 $n$ 个特征同时置于 $x$ 轴和 $y$ 轴，即可得到 $n \times n$ 的矩阵，同时，用颜色来代表相关性，红色代表正相关，蓝色代表负相关，颜色越深表示相关性越强。此时对角线由于是同一特征的相关性，因此必定是最深的红色；特别地，在选取特征时要考虑正负相关性的叠加与抵消性。本书共用到 15 条基础测井曲线，两两之间的相关性如图 3-30 所示。

结合卡方检验、皮尔逊相关系数排序以及对测井曲线自身的分析，最后选用 AC、CNL、DEN、GR、LLD、POTA、RT20、THOR、URAN 等 9 条测井曲线数据作为预测岩相类型和岩石类型的特征数据集，使用全部 15 条测井曲线作为沉积构造的特征数据集。

4）岩相预测

沿用岩相划分时的思路，将岩相以沉积构造 + 矿物组成的形式分开预测，然后拼合二者的结果，得到最终的岩相类型。其中，使用遗传算法（GA）—随机森林算法（RF）模型

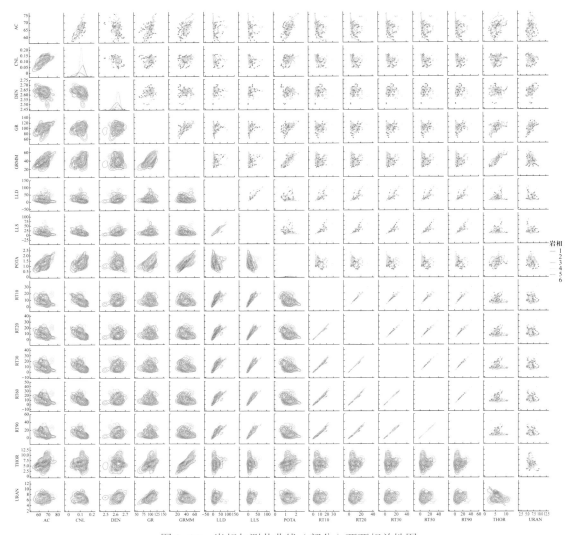

图 3-29　岩相与测井曲线（部分）两两相关性图

预测沉积构造，使用支持向量机模型预测岩石类型，具体的预测思路如图 3-31 所示。

5）基于 GA—RF 的沉积构造预测

完成特征工程后，按 4∶1 随机划分数据集，得到训练集 train 和测试集 test。将测井曲线数据作为特征集 $x$，将"纹层状 / 薄层状"构造的标签"1/2"作为目标集 $y$，即 $x\_$ train、$y\_$train、$x\_$test 和 $y\_$test 四个子集。使用训练集对随机森林算法模型进行训练，使用遗传算法对随机森林算法模型进行参数调整，达到最大迭代次数后，输出最优参数，再将得到的参数和 $x\_$test 输入模型中，得到结果与 $y\_$test 进行比对。由于数据集选取不同、随机划分得到的训练集也不同，均会对模型训练产生影响，因此采用 $n$ 折交叉验证的思路，多次训练交叉验证，每一次使用不同的数据训练都会得到当前情况下最优的模型，最终需

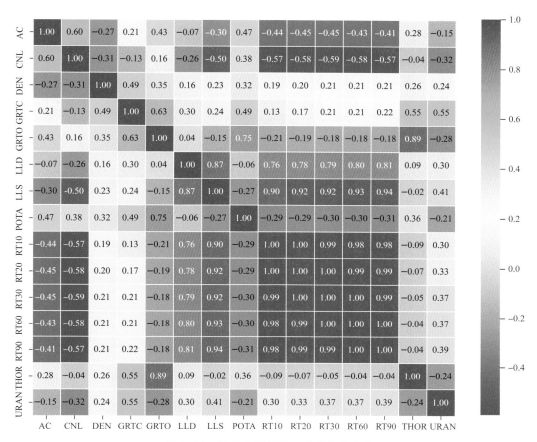

图 3-30 测井曲线相关性分析的热力图

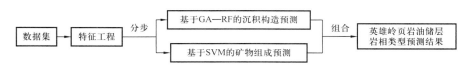

图 3-31 基于机器学习的英雄岭页岩油储层岩相类型分步预测流程图

要综合分析选用全局最优的预测模型。预测具体流程如图 3-32 所示，经遗传算法搜索最优解后，确定的随机森林算法模型最优参数如表 3-6 所示。

表 3-6 随机森林算法最终参数表

| 参数 | 最优值 |
| --- | --- |
| 树量 | 50 |
| 树深 | 20 |
| 内部节点再分裂所需的最小样本数 | 5 |
| 叶节点所需的最小样本数 | 2 |

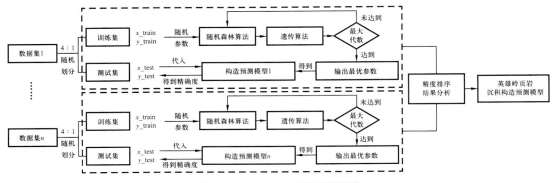

图 3-32　GA—RF 预测流程图

在评价模型性能、综合优选时，主要采用混淆矩阵、准确率、精确率、召回率及 F1-score 作为评价指标，公式如下：

$$准确率 = \frac{TP + TN}{TP + FP + FN + TN} \tag{3-4}$$

$$精确率 = \frac{TP}{TP + FP} \tag{3-5}$$

$$召回率 = \frac{TP}{TP + FN} \tag{3-6}$$

$$F1 - score = \frac{2 \times 精确率 \times 召回率}{精确率 + 召回率} \tag{3-7}$$

其中，TP 实际为 1，预测为 1，预测正确；FP 实际为 0，预测为 1，预测错误；FN 实际为 1，预测为 0，预测错误；TN 实际为 0，预测为 0，预测正确。

6）基于 SVM 的矿物组成预测

在划分训练集和测试集的操作上与预测沉积构造时的步骤类似，得到 x_train、y_train、x_test 和 y_test 四个子集。使用训练集对 SVM 模型进行训练，特别地，由于支持向量机的参数较少，因此选用网格搜索来遍历设定的参数组合以得到最优参数。网格搜索（GridSearchCV）可理解为遍历所有的参数组合，把每一组参数用于模型训练，最后挑出精度最高的参数，实质上是一个训练和比较的过程。同样受数据集及随机划分训练集的影响，模型的学习程度会有差异，需多次尝试找到最佳模型。预测具体流程如图 3-33 所示，经过搜索之后的最终 SVM 最优参数如表 3-7 所示。

同样，主要采用混淆矩阵、准确率、精确率、召回率及 F1-score 作为评价指标。

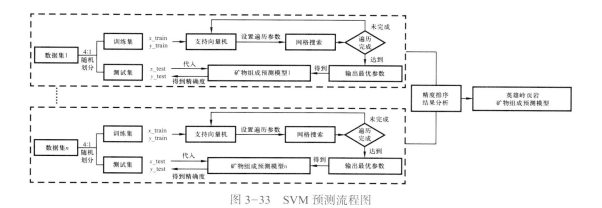

图 3-33　SVM 预测流程图

表 3-7　SVM 最终参数表

| 参数 | 最优值 |
| --- | --- |
| 正则化参数 | 15 |
| 核函数 | Polynolial Kernel |
| 多项式的度 | 3 |

### 3. 岩相预测结果及分析

#### 1）岩相直接预测结果

根据样本规模，结合前人在岩相预测领域常用的算法，选取 SVM、XGBoost（Extreme Gradient Boosting）和 RF 等作为分类器对英雄岭页岩岩相进行直接预测，选择依据及预测准确率如表 3-8 所示。在对 6 类岩相进行直接预测时，所有的模型表现都未尽人意，仅支持向量机的预测结果准确率超过 50%，XGBoost 的准确率更是低至 6.2%，几乎没有学习到什么规律。

对模型进行综合性能评价，结果如图 3-34 所示。其中，SVM 识别的平均 F1-score 和精确率最高，为 0.37 和 36%；采用 XGBoost 和 RF 识别的平均 F1-score 和精确率分别为 0.06、7.25% 和 0.22、21.13%。同时，综合来看不同模型对于不同岩相类型的敏感度不同。由图 3-34a 可得 SVM 对于第 6 类纹层状黏土质页岩的 F1-score 最高，为 0.67，第 3 类薄层状灰云岩次之，高于 0.5；由图 3-34b 可知 XGBoost 仅学习到了第 2 类纹层状云灰岩和第 3 类薄层状灰云岩，且 F1-score 均低于 0.25；图 3-34c 显示，RF 的平均 F1-score 处于中位，对于第 5 类薄层状泥岩和第 6 类纹层状黏土质页岩的识别率较高，与其他两类算法不同，RF 对第 5 类薄层状泥岩的 F1-score 最高，为 0.38。由上可得，SVM 在直接预测英雄岭页岩岩相类型时，表现优于其他两类算法，然而，结果精度及模型性能亦远远未达到期望水平，甚至有几类岩相类型不能被识别，因此不能作为最终的预测模型。

表 3-8　不同机器学习模型介绍及其岩相预测结果

| 算法模型 | 优势 | 准确率 |
|---|---|---|
| SVM | （1）适用于小样本数据；<br>（2）可以处理非线性问题；<br>（3）能够处理高维数据；<br>（4）具有较强的泛化能力 | 54.3% |
| XGBoost | （1）灵活性更强；<br>（2）可控制模型复杂度；<br>（3）稀疏感知算法补全特征值缺项；<br>（4）减少计算、防止过拟合 | 6.2% |
| RF | （1）抗过拟合能力强；<br>（2）算法稳定，单一决策树问题不影响全局；<br>（3）训练速度快，决策树之间并行训练；<br>（4）平衡误差 | 43.2% |

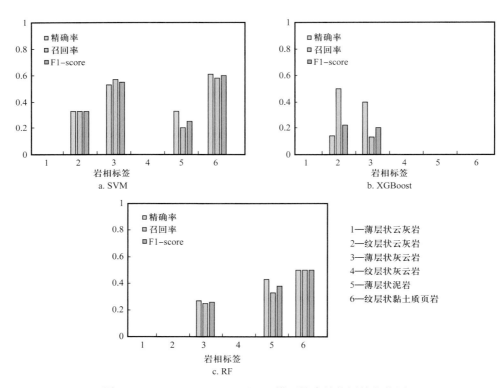

图 3-34　SVM、XGBoost 和 RF 模型综合性能评价柱状图

2）基于机器学习的分步预测模型结果及分析

由于直接预测岩相类型不能满足需求，因此转变思路，提出以沉积构造＋矿物组成的形式分开预测，然后拼合二者的结果，得到最终的岩相类型。经过统计分析，同一类别的沉积构造和岩石类型具有相似的物性和有机地球化学性质，因此，分步预测一来可以增

加训练单类别的样本规模，二来可以区分不同的特征集，即选用不同数量的测井曲线训练不同的预测模型来预测不同的目标集。

　　基于 GA—RF 的沉积构造预测部分结果如图 3-35 所示，单井精度最高可达 87.3%，平均在 78% 以上，可基本与成像测井精度持平。

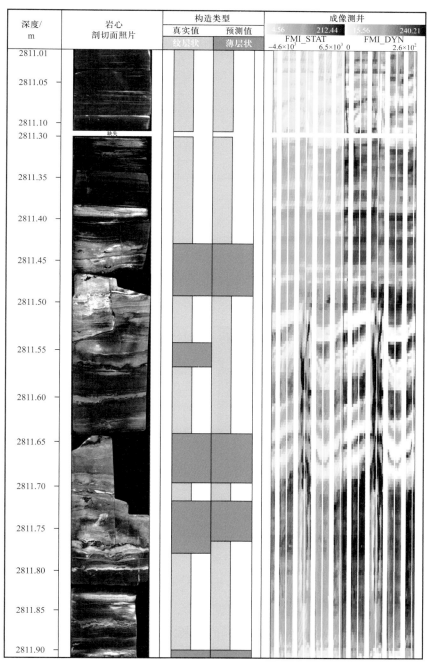

图 3-35　GA—RF 部分预测结果

GA—RF 模型的平均 F1-score 为 0.83，由图 3-36a 可知，对薄层状构造和纹层状构造的 F1-score 分别为 0.87 和 0.75，预测结果占比如图 3-36b 所示，薄层状为 64.2%，纹层状为 35.8%。一般模型的 F1-score 为 0.7～0.9 时被认为性能较好，高于 0.9 时会存在过拟合的风险。因此，GA—RF 在预测沉积构造上展现出了良好的性能。

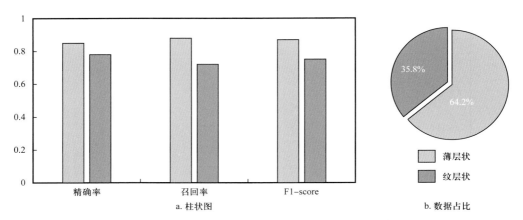

图 3-36　GA—RF 模型综合性能评价柱状图及样本数据占比

由图 3-37 混淆矩阵可得，12% 的薄层状构造被识别成了纹层状构造，28% 的纹层状构造被识别成了薄层状构造，总的来说，模型对于薄层状构造的识别能力优于纹层状构造。

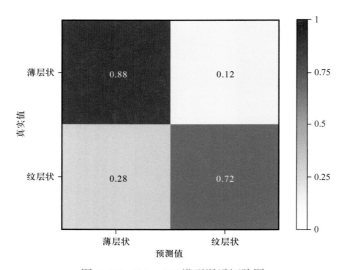

图 3-37　GA—RF 模型混淆矩阵图

对预测结果进行误差分析，从训练数据出发，薄层状／纹层状构造的判别主观性极强，对于同一段岩心，不同研究者会有不同的判断，仅从岩心观察会存在误判的可能，因此对模型分类中错误的结果进行分析有利于深化构造划分的理解以及后续模型优化。有些肉眼难以判断的构造，可综合模型预测结果来辅助决策。挑选了本次预测结果中典型的错误判断，对比岩心分析了可能出现预测错误的原因，结果由表 3-9 所示，其中，主要错误类型是第二类弱纹层状构造识别困难。

表 3-9　沉积构造预测结果误差分析表

| 岩心照片 | 人工判断 | 机器学习 | 原因分析 |
|---|---|---|---|
| 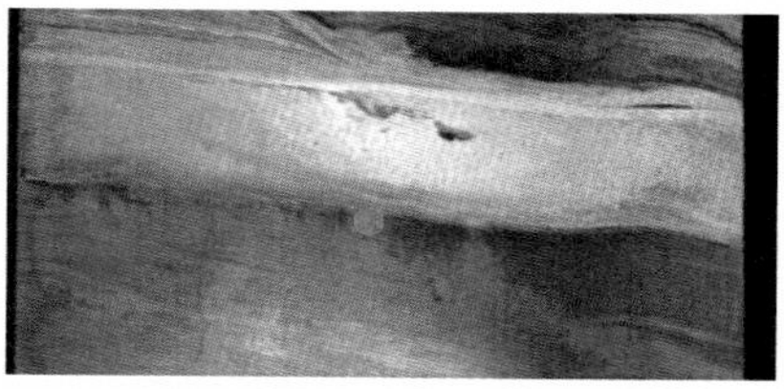 | 薄层状 | 纹层状 | 取样点处于两层的分界线上，导致机器误以为是纹层状构造 |
| 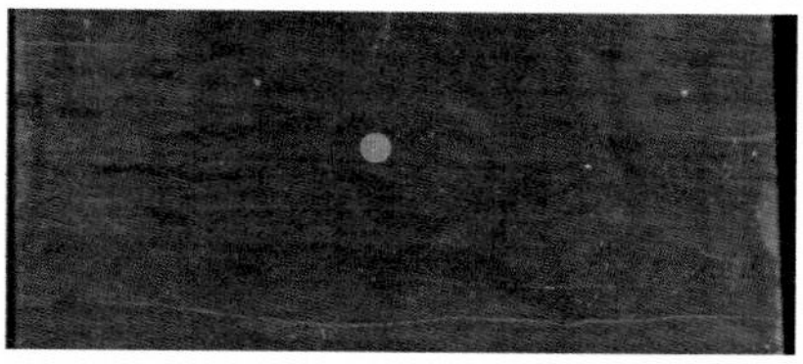 | 纹层状 | 薄层状 | 属于弱纹层状构造，机器识别困难 |
| 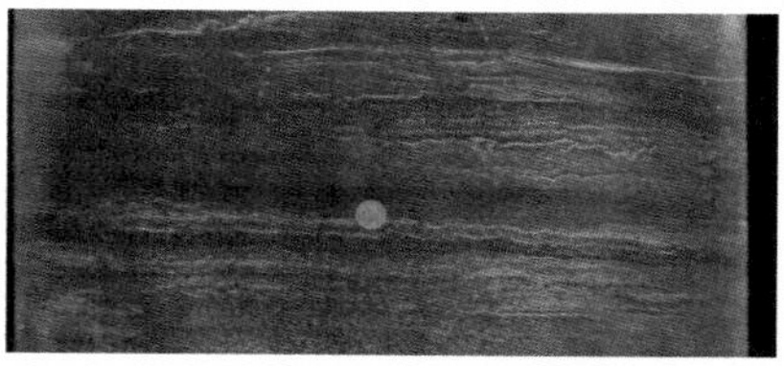 | 薄层状 | 纹层状 | 人工判别薄层状/纹层状构造时模棱两可 |
| 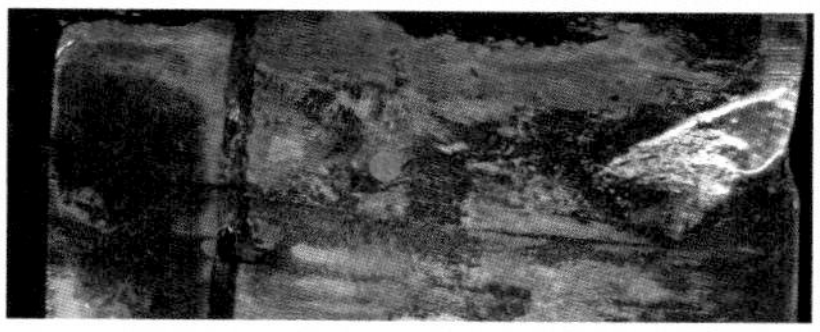 | 薄层状 | 纹层状 | 机器学习正常的预测错误率 |

　　基于 SVM 的矿物组成预测部分岩石类型结果如图 3-38 所示，单井精度最高可达 78.7%，平均在 70% 以上。

　　SVM 模型的平均 F1-score 为 0.79，由图 3-39a 可知，三种岩石类型（云灰岩、灰云岩和泥岩/页岩）的 F1-score 分别为 0.53、0.83 和 0.68。预测结果占比如 3-39b 所示，云灰岩类占 23.6%，灰云岩类占 63.9%，泥岩/页岩类占 12.5%。SVM 预测岩石类型的性能较好。

　　由图 3-40 混淆矩阵可得，多数错分发生在各岩石类型与灰云岩之间。模型对于泥岩/页岩和灰云岩的识别较为精准，且二者也是主要互为错分的对象；模型对于云灰岩的预测较为一般，也基本是因为错分成了另外两类岩相而非互相错分。总的来说，模型对于灰云岩和泥岩/页岩的识别能力优于云灰岩。

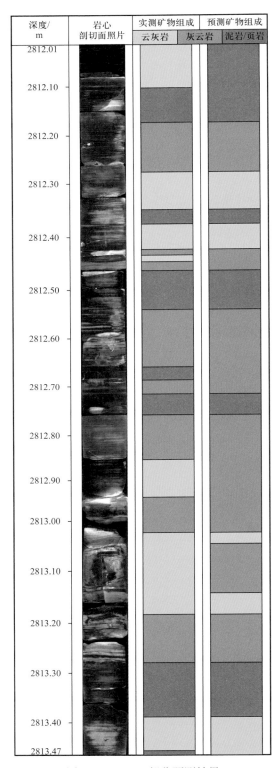

图 3-38　SVM 部分预测结果

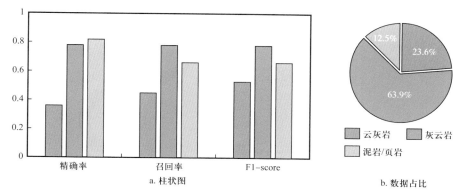

a. 柱状图                                    b. 数据占比

图 3-39   SVM 模型综合性能评价柱状图及样本数据占比

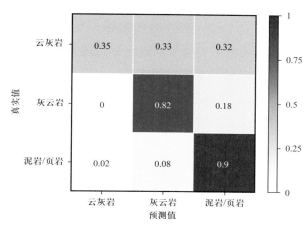

图 3-40   SVM 模型混淆矩阵图

对误差原因进行分析，从数据集出发，首先，由于数据选用的是 X 衍射（XRD）实验结果及测井结果，其中 XRD 取样间隔多为 10～25cm，而测井上的采样间隔为 40～50cm，XRD 的分辨率整体高于测井的分辨率。这样的情况下，即使测井是连续取样，仍会使得数据在高分辨率下存在准确性不高的问题，产生噪声，影响训练与预测。从学习率出发，目标集之间的差别越大越容易寻找规律，而不同矿物、岩石类型对于测井曲线之间的敏感度不相同，SVM 分类模型对于灰云岩和泥岩/页岩的预测较为准确。分析原因，在选择的数据集中，有数条测井曲线是用于反映孔隙度大小的，如 AC、CNL 及 DEN 等，而通过矿物组成得到的云灰岩、灰云岩和泥岩/页岩三类中，灰云岩的物性最好，孔隙度最大（图 3-41a），且孔隙度大于 4% 的占比大于 50%（图 3-41b），由此推断，灰云岩的特征是较为容易被模型学习的，预测的精度也较为准确。同样地，物性最差的云灰岩，孔隙度小于 1% 的数量约占 70%，理应有较高的预测准确率，然而，云灰岩整体占比较小，受限于较少的数据量，模型无法有较高的学习率。特别地，碎屑岩大类由页岩和砂岩组成，二者在物性上相差较大，属于两个极端，模型容易寻找规律，因此预测的准确率也较高。

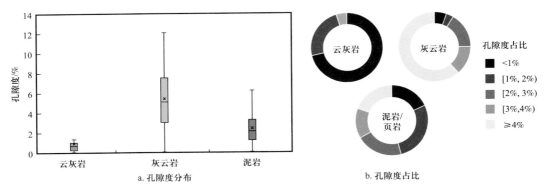

图 3-41  英雄岭页岩油储层岩石类型孔隙度分布及占比

将沉积构造的预测结果与矿物组成的预测结果拼合，最终得到 6 类岩相预测结果。单井最高预测精度可达 73.2%，平均约 70%。纵向上以柴 2-4 井为例，选取 2834.95～2846.77m 的预测结果与真实结果所对比，由图 3-42 可知柴 2-4 井纵向上岩相变化频繁，非均质性较强。分步预测模型结果表明，对于储集物性最好的薄层状灰云岩与烃源岩品质最好的纹层状云灰岩的预测准确度较高，且二者在纵向上临近，可构成组合，厚度为 3～5m。后续对于模型的改进可尝试仅预测有利岩相及组合，摒弃其他岩相类型，在降低算力的同时，提高准确率。

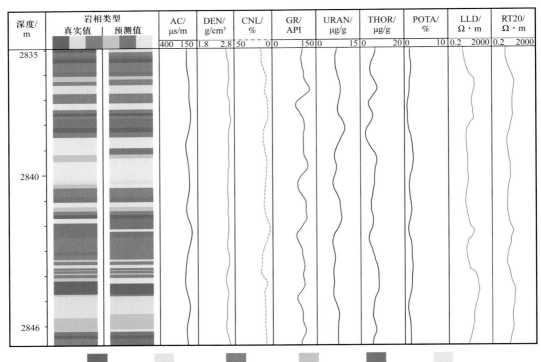

图 3-42  柴 2-4 井岩相部分纵向预测结果

## 二、英雄岭页岩岩相空间分布

### 1. 岩相纵向展布规律

通过对英雄岭页岩不同岩相储集性能和生烃能力进行分析认为，纹层状云灰岩和纹层状黏土质页岩是研究区有利烃源岩岩相，薄层状灰云岩和纹层状灰云岩是研究区内有利储层岩相，各类岩相纵向上构成了不同的源储组合模式。英雄岭页岩发育厚度超过 1000m，纵向上非均质性较强，各类源储组合相互叠置。不同组合表现出不同的烃源岩、储层及含油性等特征，如在纹层状云灰岩—薄层状灰云岩组合中，纹层状云灰岩含油饱和度可达 80%，TOC 分布在 1.2%～2.8% 之间，$S_1$ 含量分布在 2～6mg/g 之间，孔隙度分布在 2%～5.4% 之间，主要为原位滞留烃；薄层状云灰岩含油饱和度分布在 60%～80% 之间，TOC 分布在 0.5%～1% 之间，$S_1$ 含量分布在 5～8mg/g 之间，孔隙度分布在 6%～10% 之间，以为高 TOC 邻层微距运移烃为主（图 3-43）。

上甜点（5 箱体）：自西向东剖面看（图 3-44a），5-2 箱体中部为黄金靶体，上部整体稳定发育纹层状黏土质页岩，中部和下部整体稳定发育两套薄层状灰云岩。其中，中部在柴 903 井区灰质含量增加，发育纹层状云灰岩，向东至柴 910 井区，中下部以纹层状灰云岩为主，靶层整体发育一类岩相组合，非均质性较弱。

自西北向东南剖面看（图 3-44b），5-2 靶层上部整体稳定发育一套纹层状黏土质页岩；中部柴 16—柴 906 井区发育纹层状黏土质页岩和薄层状灰云岩组合，主体区柴 903—柴 907 井灰质含量增加，发育纹层状云灰岩，北部斜坡区主要为薄层状灰云岩；下部非均质性较强，南斜坡—主体区稳定发育薄层状灰云岩，北部斜坡区主要发育纹层状灰云岩。

中甜点（15 箱体）：自西北向东南剖面看（图 3-45a），15-2 箱体顶部黄金靶体，上部整体发育纹层状云灰岩，到柴 14 井出现纹层状黏土质页岩，中部发育一套稳定薄层状灰云岩，下部存在一定非均质性，柴 16 井发育薄层状灰云岩，柴 906 井发育纹层状云灰岩，至柴 10 井泥质含量增多，发育纹层状黏土质页岩，到柴 904—柴 907—柴 14 井，砂质含量增多，普遍发育砂岩，靶层整体发育一类岩相组合，向东方向逐渐减薄。

自西向东剖面看（图 3-45b），柴 15 井中上部发育纹层状灰云岩，下部砂泥含量增多，主体区柴 10、柴 903 井上部发育纹层状云灰岩，中部发育薄层状灰云岩，下部发育纹层状黏土质页岩，至斜坡区柴 12、柴 905、柴 13、柴 910 井，上部纹层状云灰岩逐渐减薄至没有，中部薄层状灰云岩变厚，整体以优质储层为主，下部为纹层状黏土质页岩，分布相对稳定。主体区发育一类岩相组合，斜坡区次之。

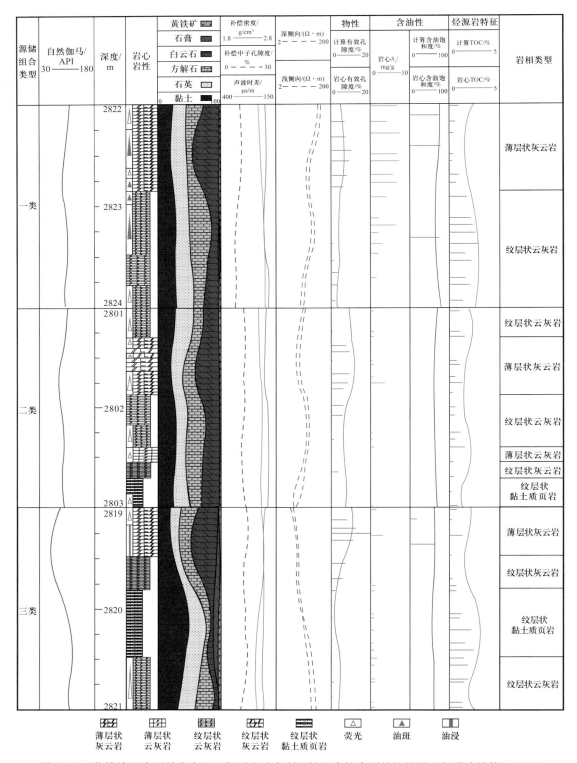

图 3-43　英雄岭凹陷下干柴沟组上段页岩油有利源储组合综合评价柱状图（据邢浩婷等，2024）

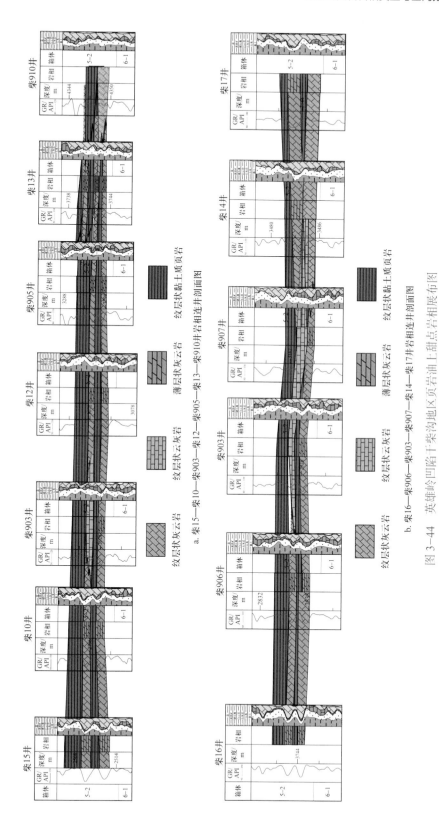

a. 柴15—柴10—柴903—柴12—柴905—柴13—柴910井岩相连井剖面图

b. 柴16—柴906—柴903—柴907—柴14—柴17井岩相连井剖面图

图3-44 英雄岭凹陷干柴沟地区页岩油上甜点岩岩相展布图

纹层状黏土质页岩

薄层状灰云岩

纹层状灰云岩

纹层状灰云岩

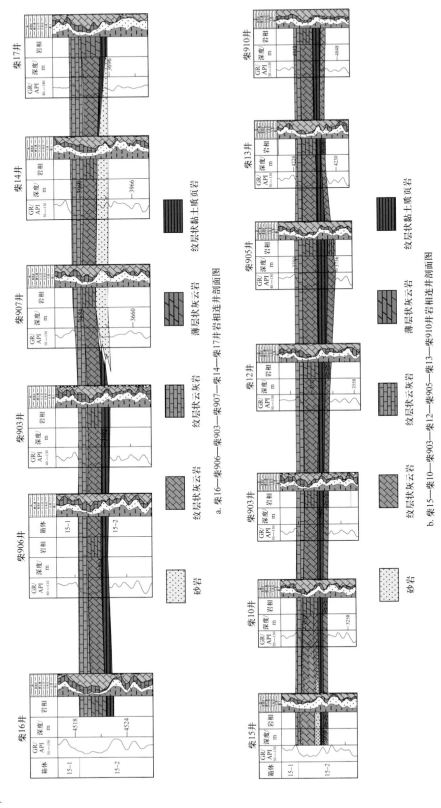

a. 柴16—柴906—柴903—柴907—柴14—柴17井岩相连井剖面图

b. 柴15—柴10—柴903—柴12—柴905—柴13—柴910井岩相连井剖面图

图3-45 英雄岭凹陷干柴沟地区页岩油中甜点岩相展布图

## 2. 岩相平面展布规律

基于英雄岭凹陷干柴沟地区测井岩性资料、钻井过程中岩屑录井结果，统计出英雄岭页岩油各主力层系岩相占比及分布；采用地震 RGB 分频属性融合技术（高、中、低频地震数据三色融合后，独立表达不同频率的地质现象）揭示不同地层结构变化，开展地震沉积学分析；结合岩性岩相占比、分布结果和地震 RGB 分频属性融合结果分析，对干柴沟地区上、中、下甜点沉积微相（岩相）图进行编制。

从上甜点岩相图（图 3-46）可以看出，英雄岭页岩油主要沉积环境为半深湖—深湖，主要发育薄层状灰云岩和纹层状黏土质页岩，主体区整体较稳定，岩相非均质性较弱，斜坡区与主体区略有不同。

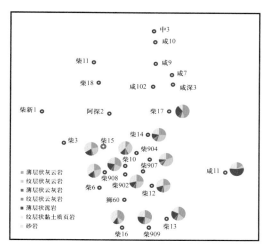

a. 上甜点岩相占比及展布规律

b. 上甜点地震RGB分频属性融合图

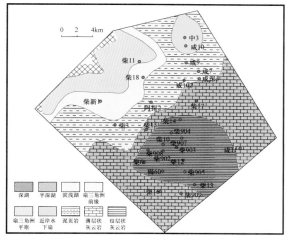

c. 上甜点沉积微相图

图 3-46　英雄岭凹陷干柴沟地区上甜点岩相平面图

从中甜点岩相图（图 3-47）可以看出，英雄岭页岩油主要沉积环境为半深湖—深湖，主要发育薄层状灰云岩和纹层状黏土质页岩，南斜坡和主体区整体较稳定，岩相非均质性较弱，北斜坡与主体区略有不同，主要为半深湖沉积环境，岩相以薄层状灰云岩为主。

从下甜点岩相图（图 3-48）可以看出，英雄岭页岩油主要沉积环境为半深湖—深湖，主要发育薄层状灰云岩和纹层状黏土质页岩，南斜坡和主体区整体较稳定，岩相非均质性较弱，北斜坡与主体区略有不同，主要为半深湖沉积环境，岩相以薄层状灰云岩为主。

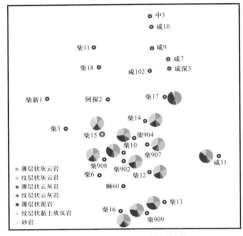

a. 中甜点岩相占比及展布规律

b. 中甜点地震RGB分频属性融合图

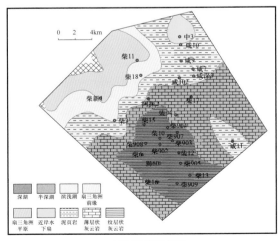

c. 中甜点沉积微相图

图 3-47　英雄岭凹陷干柴沟地区中甜点岩相平面图

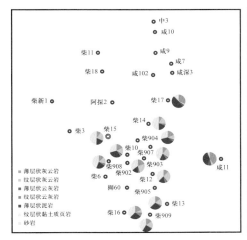

a. 下甜点岩相占比及展布规律

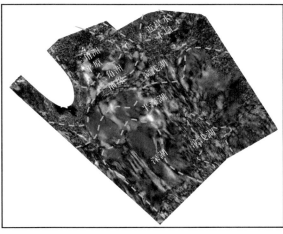

b. 下甜点地震RGB分频属性融合图

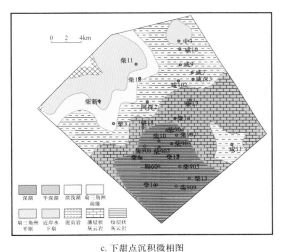

c. 下甜点沉积微相图

图 3-48　英雄岭凹陷干柴沟地区下甜点岩相平面图

# 小　结

（1）明确英雄岭页岩纹层类型，建立岩相分类方案。主要发育四种纹层类型，包括方解石纹层、白云石纹层、黏土矿物纹层、长英质矿物纹层等，单纹层厚度主体介于10μm～5mm；基于纹层结构与矿物组成，提出了英雄岭页岩岩相分类方案，识别出六类岩相，包括薄层状云灰岩、纹层状云灰岩、薄层状灰云岩、纹层状灰云岩、薄层状泥岩与纹层状黏土质页岩，其中，灰云岩与云灰岩占比超45%。

（2）明确不同岩相的纹层类型与组合的差异，得到最佳烃源岩与储层。提出灰云岩与云灰岩主要发育方解石纹层和白云石纹层，纹层状页岩发育黏土矿物纹层及长英质矿物纹层；纹层状云灰岩与薄层状灰云岩相可构成良好的源储组合，垂向厚度可达 3～5m，是目前水平井靶体的最佳选择。

（3）分析英雄岭页岩的储集空间类型，以晶间孔、溶蚀孔和纹层缝为主；阐明英雄岭页岩储集空间形成机理，提出准同生期的白云石化作用是形成晶间孔的关键，回答了薄层状灰云岩储层品质最佳的原因。

（4）首次对英雄岭页岩油建立了基于机器学习的分步式预测模型，使用不同机器学习算法和数据集对沉积构造和矿物组成进行分别预测，最终岩相预测精度可达 73.2% 以上。继而以模型为辅助，建立英雄岭页岩油不同类型岩相在纵向和横向上的展布。

# 第四章　英雄岭页岩高效生烃机理与页岩油资源潜力

烃源岩评价是常规油气勘探的关键，进入页岩油气等非常规油气勘探后，其重要性更为凸显。在目前全球已实现商业开发的页岩油区带中，英雄岭页岩油有机质丰度最低，但却贡献了规模的油气产量。因此，针对英雄岭页岩生烃母质、生烃潜力及生烃模式的研究，不仅可以进一步丰富和发展陆相页岩生烃理论，而且可更新对页岩油生烃下限的认知，意义重大。本章主要从烃源岩基本特征入手，对柴西坳陷古近系咸化湖盆低有机质丰度页岩成因、生烃母质类型与生烃模式进行介绍；基于生排烃模型，对英雄岭页岩油的资源潜力进行了初步评价，以期让读者对英雄岭页岩油的勘探前景有更加全面的了解。

## 第一节　烃源岩基本特征

英雄岭页岩发育在柴西坳陷英雄岭凹陷，纵向上主要分布在古近系下干柴沟组上段，以薄层状泥岩和纹层状黏土质页岩为主，沉积水体为咸化环境。从烃源岩形成条件来看，咸化湖盆环境有利于形成优质烃源岩，全球范围内发育多套与咸化环境有关的湖相烃源岩（李国山等，2014；Kelts et al.，1988）。具体来说，咸化环境具有两方面有利因素：一是咸化环境具有较高的营养水平，促进了主要生油母质即水生藻类的勃发。Kelts 等（1988）统计了全球现代湖泊生产力，发现盐度相对较高的湖泊通常比淡水湖具有更高的生产力（表 4-1）。二是咸化环境有利于有机质的保存。由于咸化环境形成了明显的水体盐度分层即盐跃层，盐跃层之下为缺氧强还原环境，有机质不易被氧化分解而保存下来，成为后期的生油母质。在这种情况下，形成了高有机质丰度的烃源岩，如著名的北美古近系绿河（Green River）页岩就是一套典型的咸化湖盆页岩，其有机质丰度极高，生烃潜力大，成熟度相对较低，成为国内外学者开展生烃动力学研究的重要对象（Tänavsuu et al.，2012；Solum et al.，2014）。

我国在多个咸化湖盆发现了烃源岩，典型的如江汉盆地古近系潜江组（Li et al.，2018）、渤海湾盆地东濮凹陷古近系沙河街组四段和三段（张林晔，2005；刘景东等，2014）、济阳坳陷沙河街组四段等，这些烃源岩有机质丰度普遍较高，TOC 一般在 2% 以上，属优质烃源岩。准噶尔盆地玛湖凹陷也发育一套咸化环境烃源岩，因富含碱性矿物被称为碱湖烃源岩，但其有机质丰度相对较低，TOC 一般在 0.5%～3% 之间，平均值在 1.0% 左右，低于其他咸化湖盆（Cao et al.，2020）。

表 4-1　现代湖泊盐度与生产力对比（据李国山等，2014；Kelts et al.，1988）

| 湖泊名称 | 国家 / 地区 | 湖盆类型 | 湖泊宽度 / 长度 | 营养水平 | 盐度 / ‰ | 生产力 / g/（cm²·a） |
|---|---|---|---|---|---|---|
| Victoria | 东非 | 裂谷湖 | 0.712 | 富养 | 0.093 | 680 |
| Lugano | 瑞士 | 非构造湖 | 0.512 | 富养 | 0.3 | 460 |
| Tanganika | 东非 | 裂谷湖 | 0.125 | 富养 | 0.53 | 430 |
| Kasumigaura | 日本 | 非构造湖 | 0.257 | 富养 | 18 | 692 |
| Turkana | 肯尼亚 | 断层湖 | 0.12 | 超养 | 25 | 300～1500 |
| Suwa | 日本 | 非构造湖 | 0.175 | 富养 | 28 | 557 |
| Valencia | 委内瑞拉 | 构造湖 | 0.185 | 富养 | 35 | 821 |
| Mono | 扎伊尔 | 火山湖 | 0.168 | 超养 | 70 | 1000 |
| Great Salt Lake | 美国 | 残迹湖 | 0.525 | 超养 | 288 | 1800 |
| Natron | 东非 | 裂谷湖 | 0.375 | 超养 | 300 | 1200～2900 |

高有机质丰度烃源岩是形成规模油气藏的必要条件，也是油气聚集的物质基础。然而，柴西坳陷烃源岩有机质丰度相对较低，与规模油气发现的实际不匹配。前人大量研究表明，柴达木盆地古近系烃源岩 TOC 多数在 1% 以下，平均值仅在 0.7% 左右（苏爱国等，2006）。尽管此前有研究在跃灰 106X、狮 41-2 等井获得了较高有机质丰度的样品，烃源岩样品实测 TOC 一般在 0.5%～2.0% 之间，个别样品 TOC 最高值可达 4% 以上，平均值约为 1.0%，但总体仍低于国内外多数湖相盆地（张斌等，2017）。英雄岭凹陷页岩层系多口井岩心分析结果显示，TOC 最高值可达 3% 以上，但多数在 0.5%～1.5% 之间，平均在 0.9% 左右，这与勘探实践已经证实的柴西坳陷蕴藏丰富的石油资源似乎不太相符。据中国石油第四次油气资源评价，柴西坳陷石油资源量超过 $20 \times 10^8$ t，占全盆地石油资源量的 70%（付锁堂等，2016）。近年来，英雄岭页岩油勘探成效显著，已有多口井获得高产油气流（李国欣等，2022）。有学者提出，页岩油气由于缺乏大规模的运移和聚集过程，需要更高的有机质丰度和足够高的生油气数量（赵文智等，2021），但是柴达木盆地并没有发现规模的高 TOC 烃源岩，却仍然找到了大规模常规和非常规油气聚集，为了揭示低有机质丰度烃源岩与高丰度油气聚集之间的秘密，开展了进一步的深入研究工作。

## 一、样品与实验

重点研究地区是柴西坳陷英雄岭凹陷。岩心样品主要来自页岩油探井，包括柴 2-4 井、柴 12 井、柴 13 井、柴 14 井、柴平 2 井、柴 908 井，纵向层位均为古近系下干柴沟组上段，位于盐下组合；原油样品主要来自英雄岭页岩油开发层段，包括柴平 1 井、柴 13 井、柴 904 井、柴 905 井、柴 906 井和柴 908 井。此外，本章还综合应用了部分前期开展的分析测试数据，包括跃灰 106X 井、狮 41-2 井等。取样井位置见图 4-1。

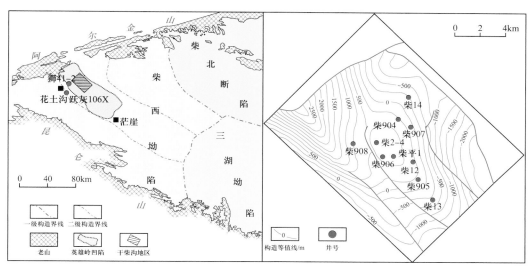

a. 柴达木盆地构造分区　　　　　　　b. 干柴沟地区构造线及主要井位

图 4-1　柴西坳陷构造分区及取样井位置

针对烃源岩样品，主要开展了岩石薄片、热解有机碳、X 衍射（XRD）、饱和烃和芳香烃生物标志化合物（GC 和 GC—MS）、碳同位素等分析。为了保证样品的可对比性，首先将样品切割为两份，选择相对完整的一份制作光片，以及开展元素扫描（XRF）和扫描电镜分析，另一份样品统一粉碎后分别做岩石热解有机碳和氯仿沥青"A"抽提。对抽提后的粉末样开展 XRD 测试，分析全岩矿物组成及黏土矿物成分，并对粉末样再做一次岩石热解有机碳分析，与抽提前样品进行对比。抽提物经过柱分离得到饱和烃和芳香烃，再分别开展色谱、色谱—质谱和同位素分析。考虑到柴达木咸化湖盆烃源岩的特殊性，即饱和烃生物标志化合物中富含伽马蜡烷，三环萜烷含量也很高，还需开展色谱—质谱—质谱（GC—MS—MS）分析。分析方法依据相应的国家或行业标准实施，详细流程如图 4-2 所示。所有原油样品分析流程与氯仿沥青"A"的分析流程一致。

为了明确有机质生烃机理，开展系列热模拟实验，包括岩石热裂解生烃、干酪根热裂解生烃、可溶有机质二次裂解生烃模拟实验。其中，岩石热裂解生烃模拟实验因岩石有机质丰度相对较低，选择在高压釜中进行。选取 2 种不同类型烃源岩，模拟前分别开展

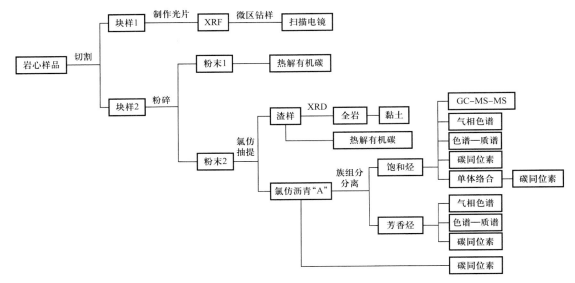

图 4-2 烃源岩有机地球化学分析流程图

岩石热解有机碳分析，获取烃源岩基本地球化学参数；采用恒温加热方式，2 小时内升温至指定温度，保持稳定 72 小时，关闭电源冷却至室温后取出样品，经过氯仿抽提后再次测定其热解参数。指定温度自 325℃ 至 500℃，间隔 25℃。将模拟温度应用 Easy %$R_o$ 法（Sweeney et al.，1990）转化为等效镜质组反射率（记为 Easy_$R_o$，%）。

干酪根热模拟在黄金管内开展。选取的样品是柴 2-4 井低成熟度岩石样品，其原始 TOC=4.69%、$T_{max}$=436℃、HI=699mg/g（HC/TOC）。对该样品进行干酪根提取后得到的干酪根样品 TOC=39.4%、$T_{max}$=436℃、HI=912mg/g（HC/TOC）。采用恒温加热方法，样品模拟温度从 300℃ 到 500℃，间隔为 10℃，恒温时间为 48 小时。应用 Easy %$R_o$ 法换算对应的 Easy_$R_o$ 值从 0.67% 到 1.98%。热模拟完成后，对产物开展精确定量分析，其中气体组分使用在线气相色谱法分析获得，液态组分通过二氯甲烷淋洗再挥发溶剂后计量获得。

可溶有机质生烃热模拟同样在黄金管内完成。选取低成熟岩石抽提物，实验流程与干酪根热模拟生烃一致，即恒温加热，样品模拟温度从 250℃ 到 490℃，间隔为 10℃，恒温时间为 48 小时。模拟完成后，对样品的烃类组分开展详细分析，其中气体组分（$C_1$—$C_6$）用在线气相色谱法获得，液态组分首先通过族组分分离获得含 N、O、S 等杂原子化合物的非烃沥青质组分，然后对饱和烃和芳香烃开展色谱分析，分别获得 $C_6$—$C_{14}$ 饱和烃、$C_6$—$C_{14}$ 芳香烃、$C_{15+}$ 饱和烃、$C_{15+}$ 芳香烃组分。

## 二、有机质丰度

柴达木盆地咸化湖盆烃源岩的突出特征是 TOC 偏低。与国内外典型湖相烃源岩相比，下干柴沟组上段烃源岩 TOC 几乎是最低的。北美古近系绿河页岩 TOC 一般在 5%～10%

之间，最高可达 20%（Solum et al.，2014）。中国主要陆相含油气盆地主力烃源岩也具有较高的 TOC，如松辽盆地白垩系青山口组一段 TOC 一般在 1%～4% 之间，嫩江组多在 3% 以上（冯子辉等，2011；王瑞等，2023）；渤海湾盆地古近系沙河街组四段烃源岩 TOC 多在 2% 以上，其中沧东凹陷孔店组二段黑色页岩 TOC 普遍在 2% 以上，最高可达 12%（赵贤正等，2018）；鄂尔多斯盆地三叠系延长组 7 段泥岩 TOC 多在 2% 以上，油页岩 TOC 多在 6% 以上，最高可达 30%（杨华等，2016）。

由于柴达木盆地咸化湖盆烃源岩 TOC 偏低，有学者提出 TOC 不能作为该地区烃源岩有机质丰度评价的主要指标，而是应该选用其他指标。为了验证 TOC 作为有机质丰度评价的适用性，本节建立了不同盆地 TOC 与岩石热解参数——生烃潜量（$S_1+S_2$，mg/g）的关系，后者代表单位岩石在热力作用下完全转化生成的油气数量，直接反映岩石的生油能力。结果表明，柴达木盆地与国内外其他盆地一样，均表现出 TOC 与 $S_1+S_2$ 呈良好线性正相关，表明 TOC 仍然可以作为有机质丰度的评价指标（图 4-3）。当然，柴达木盆地烃源岩的（$S_1+S_2$）/TOC 要比其他盆地更高，反映有机质相对更富氢，单位有机碳生烃潜力更大。

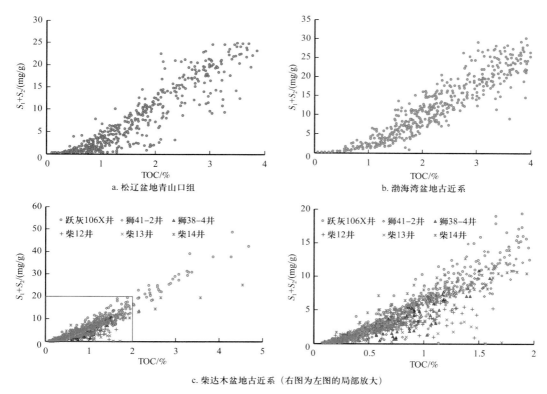

图 4-3    不同盆地烃源岩 TOC 与 $S_1+S_2$ 关系图

松辽盆地和渤海湾盆地数据据邹才能等（2020）和金之钧等（2021）整理

　　有机质富氢是柴达木盆地咸化湖盆烃源岩的典型特征。岩石中的氢元素会伴随着生烃过程而大幅降低，导致氢指数（HI）快速降低，因此只有低成熟样品的 HI 才能反映有机质的生烃能力。本节对比了国内典型低成熟样品的 TOC—HI 关系图（图 4-4），与典型淡水湖盆烃源岩（如柴达木盆地侏罗系、鄂尔多斯盆地三叠系等）相比，柴西地区咸化湖盆烃源岩的 HI 是最高的，最高可以超过 900mg/g（HC/TOC），远高于鄂尔多斯盆地三叠系；柴达木盆地侏罗系也有部分烃源岩 HI 可达到 800mg/g（HC/TOC），对应的 TOC 往往高达 5%，而柴达木盆地古近系 TOC 为 1.5%～2% 的烃源岩 HI 即可达到 800mg/g（HC/TOC）以上，可见其单位有机碳比淡水湖盆烃源岩更为富氢。

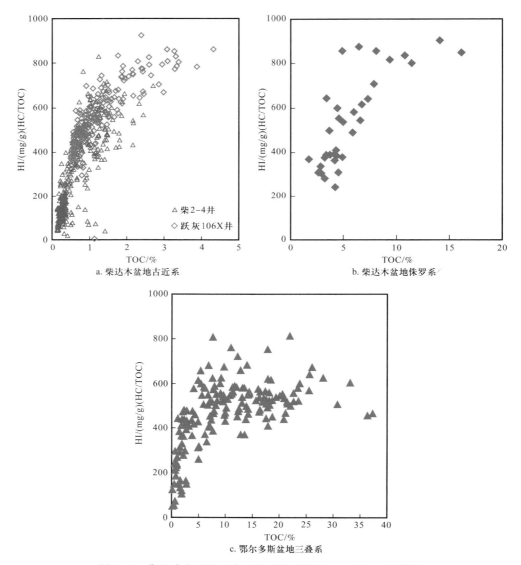

图 4-4　典型咸水和淡水湖相低成熟烃源岩 TOC 与 HI 关系图

前人大量研究认为，尽管柴达木盆地咸化湖盆烃源岩有机质丰度低，但油气主要来自可溶有机质（氯仿沥青"A"），TOC 低、可溶有机质高同样是有效烃源岩，甚至将 TOC 大于 0.2% 的烃源岩均视为有效烃源岩。苏爱国等（2006）指出，TOC 大于 0.4% 是柴达木盆地西部坳陷有效烃源岩的有机质丰度下限，基于 483 个样品统计分析结果，发现上干柴沟组的 TOC 平均值为 0.77%，其中 TOC 为 0.4%～1.0% 的样品占 78%，TOC 大于 1% 的样品占 22%；下干柴沟组上段的 TOC 平均值为 0.71%，TOC 为 0.4%～1.0% 的样品占 91%，TOC 大于 1% 的样品占 9%（图 4-5）。据此提出，柴西坳陷古近系和新近系烃源岩有机质丰度不高（TOC 平均值<1%），而较低丰度的烃源岩中含有较高的可溶有机质，油气主要来自烃源岩中的可溶有机质。在此基础上建立了咸化湖盆烃源岩评价标准：TOC 大于 0.2% 是有效烃源岩，TOC 介于 0.4%～0.6% 是较好烃源岩，TOC 大于 0.6% 是好烃源岩。

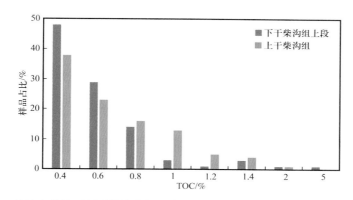

图 4-5　柴达木盆地西部咸化湖盆烃源岩有机质丰度直方图（据苏爱国等，2006）

本节通过对大量实测数据分析发现：烃源岩的热解生烃潜量、可溶有机质都和有机碳含量密切相关，低 TOC 烃源岩的 $S_1+S_2$ 和氯仿沥青"A"含量都不高；而高 TOC 的烃源岩，往往对应相对较高的 $S_1+S_2$ 和氯仿沥青"A"（图 4-6）。

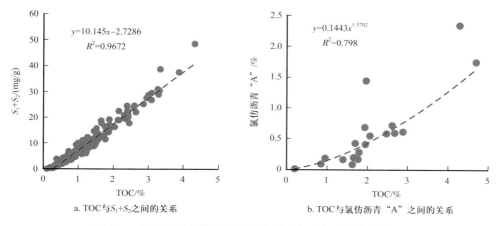

a. TOC 与 $S_1+S_2$ 之间的关系　　　b. TOC 与氯仿沥青"A"之间的关系

图 4-6　烃源岩生烃潜量和可溶有机质与有机质丰度的关系

$S_1+S_2$ 代表了陆相烃源岩的实际生烃能力，该值低于 2mg/g 代表有机质无生油潜力，在 TOC—$S_1+S_2$ 关系图上，$S_1+S_2$=2mg/g 对应的 TOC 为 0.5%，与前人研究结果基本一致；相应地，$S_1+S_2$ 大于 6mg/g 代表好烃源岩，对应的 TOC 是 1.0%，此时对应的氯仿沥青 "A" 约为 0.1%，因此可以认为 TOC 大于 1.0% 为好烃源岩；$S_1+S_2$ 大于 20mg/g 代表优质烃源岩，对应的 TOC 约为 2.0%，此时对应的氯仿沥青 "A" 约为 0.5%，因此可以认为 TOC 大于 2.0% 为优质烃源岩。对于咸化湖盆烃源岩，TOC 仍是评价烃源岩品质的有效指标，有效烃源岩 TOC 下限为 0.5%。

在新的烃源岩评价标准中（SY/T 5735—2019），已经将淡水和咸水环境的湖相泥岩和碳酸盐岩采用相同的评价标准（表 4-2）。

表 4-2　淡水和咸水环境的湖相泥岩、碳酸盐岩有机质丰度评价标准

| 烃源岩等级 | TOC/% | $S_1+S_2$/（mg/g） | 氯仿沥青 "A" /% | 总烃/（μg/g） |
|---|---|---|---|---|
| 非烃源岩 | <0.5 | <2 | <0.05 | <200 |
| 一般烃源岩 | 0.5～1 | 2～6 | 0.05～0.1 | 200～500 |
| 好烃源岩 | 1～2 | 6～20 | 0.1～0.2 | 500～1000 |
| 优质烃源岩 | ≥2 | ≥20 | ≥0.2 | ≥1000 |

前人已经在柴西坳陷发现了高有机质丰度烃源岩，如绿参 1 井是分析数据最多的一口井，近 200 个岩石热解有机碳分析数据表明，下干柴沟组上段存在高有机质丰度的烃源岩段，厚度约 200m，TOC 普遍超过 1%，最高达到 2.2%，$S_1+S_2$ 接近 10mg/g，综合评价为好烃源岩（苏爱国等，2006）。

同时在柴西坳陷多口井均发现好烃源岩（苏爱国等，2006），如七个泉、红柳泉、英东、扎哈泉等，有相当一部分有机质 TOC 超过 0.5%，甚至达到 1.0%，$S_1+S_2$ 大于 2mg/g，达到一般—好烃源岩标准（图 4-7）。

英雄岭凹陷的柴 2-4 井泥岩和碳酸盐岩有机质丰度总体不高，TOC 最低值为 0.13%，最高值为 2.7%，平均值为 0.67%。其中 TOC 大于 0.2% 的样品占 86%，如果按照前人提出的评价标准，绝大多数暗色泥岩都是有效烃源岩。按照新的标准，TOC 小于 0.5% 的非烃源岩占比较高，超过 53%（图 4-8）。

跃灰 106X 井的烃源岩是柴西坳陷目前发现的最好烃源岩，其黏土质页岩和碳酸盐岩样品 TOC 的平均值均较高，达到 0.99%，远高于前文所述有效烃源岩的下限值（0.5%）。TOC 最高值可达 4% 以上，$S_1+S_2$ 最高值在 40mg/g 以上，其中 TOC 大于 2%、$S_1+S_2$ 大于 20mg/g 的优质烃源岩厚度超过 20m。总体来说，有效烃源岩样品个数占总数的 75%，厚度 75m，占取心井段的 88%；好烃源岩占样品总数的 37%，厚度 40m，占取心井段的 47%（图 4-9）。

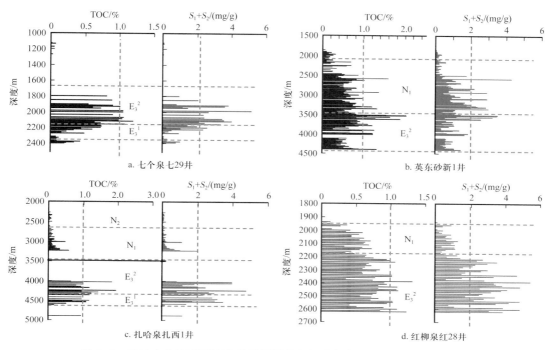

图 4-7　柴达木盆地不同构造单元烃源岩有机质丰度（据苏爱国等，2006）

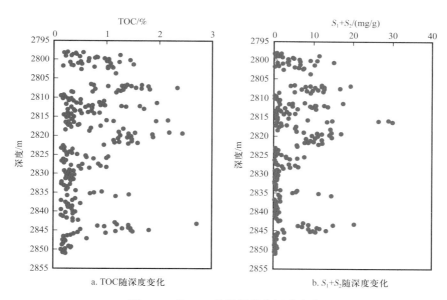

图 4-8　柴 2-4 井烃源岩有机质丰度

狮 41-2 井位于咸化湖盆中心，地层水盐度高，烃源岩以暗色泥岩和碳酸盐岩为主，TOC 自上而下较为均匀，分布范围在 0.2%～1.8% 之间，平均为 0.97%；$S_1+S_2$ 范围在 0.3～13mg/g 之间，平均为 5.3mg/g，绝大多数为一般—好烃源岩，其中，好烃源岩占比达到 54%（图 4-10）。

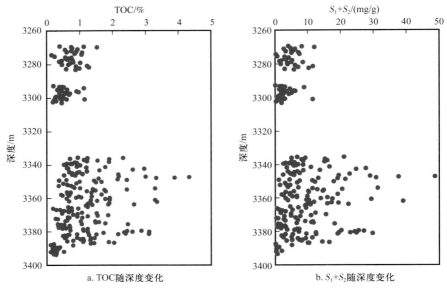

图 4-9 跃灰 106X 井烃源岩有机质丰度

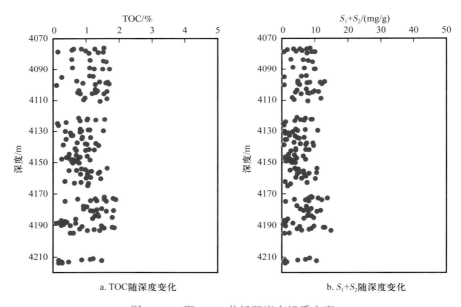

图 4-10 狮 41-2 井烃源岩有机质丰度

综上所述，TOC 仍然是柴达木盆地咸化湖盆烃源岩有机质评价的主要指标，柴西地区多口井证实其 TOC 一般在 0.5%～2.0% 之间，平均值为 1.0% 左右，适用于现行的行业评价标准。但其富含氢元素，单位有机碳转化成烃的效率要高于其他类型烃源岩，其成烃转化率高，生烃过程中有大量的碳和氢被消耗，导致残余有机碳（即实测 TOC）与样品初始有机碳（即原始 TOC）有较大差距，生烃过程会导致碳大幅度减少。因此，在评价咸化湖盆烃源岩的时候，需要对有机碳进行恢复，具体恢复方法和恢复系数将在后文详述。

### 三、有机质类型

有机质类型常用的判识方法包括显微组分法、岩石热解法、干酪根元素法等。根据烃源岩评价标准（SY/T 5735），显微组分中腐泥组和壳质组占主导的为倾油性有机质，多为Ⅰ型或Ⅱ₁型，镜质组和惰质组含量高则多为Ⅱ₂型和Ⅲ型倾气性有机质。从岩石热解和干酪根元素分析结果看，柴西坳陷咸化湖盆烃源岩总体为Ⅰ型和Ⅱ₁型，少量为Ⅱ₂型。其中，位于尕斯库勒地区的跃灰106X井有机质类型最佳，而干柴沟地区的柴2-4井则以Ⅱ₁型有机质为主，含有少量Ⅰ型有机质和Ⅱ₂型有机质（图4-11）。

有机质类型与丰度呈现良好对应关系。HI低于300mg/g的Ⅱ₂—Ⅲ型有机质，其TOC多在0.5%以下；HI介于300～600mg/g（HC/TOC）的Ⅱ₁—Ⅰ型有机质的TOC多在0.5%～1.0%之间；HI大于600mg/g（HC/TOC）的Ⅰ型有机质则具有较高的TOC，多在1%以上（图4-11）。这一关系进一步证实，0.5%可作为有效生油岩的有机质丰度下限。由于咸化湖盆有机质富含氢元素，在相同碳含量的情况下，具有比多数淡水湖盆更高的生油潜力。

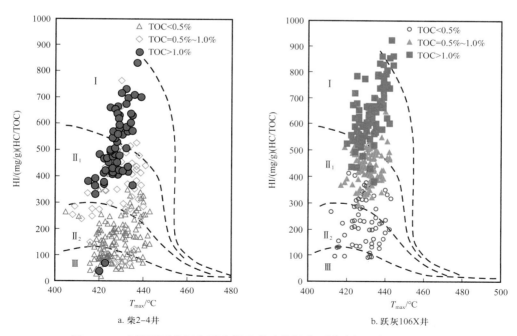

a. 柴2-4井        b. 跃灰106X井

图4-11 应用岩石热解和干酪根元素法分析柴西坳陷烃源岩有机质类型

为进一步证实柴达木盆地有机质类型的独特性，将其与其他典型湖相烃源岩对比研究。从显微组成来看，柴达木盆地古近系和松辽盆地白垩系青山口组相近，目前发现的烃源岩以腐泥型组分为主，低成熟样品中可见层状藻类体，局部富有机质层段甚至可见清晰的有机质—矿物互层的藻纹层（图 4-12）。样品中腐泥无定形体含量超过 60%，在未成熟阶段的 HI 最高可达到 1000mg/g（HC/TOC），H/C 原子比最高可达到 1.6 以上，展示出极高的生油潜力。

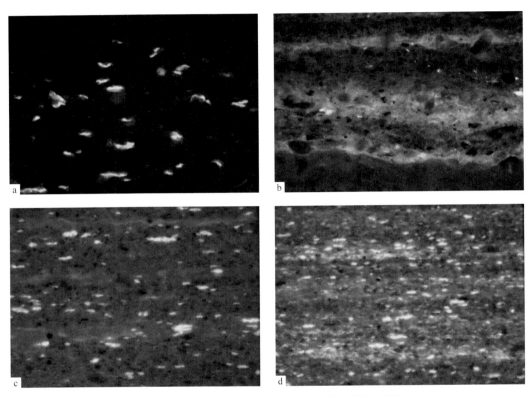

图 4-12　柴达木盆地古近系烃源岩显微组分荧光照片

a—柴 2-4 井，下干柴沟组上段，间断分布藻纹层，TOC=0.96%，HI=646mg/g（HC/TOC）；b—柴 2-4 井，下干柴沟组上段，连续分布藻纹层，TOC=1.32%，HI=661mg/g（HC/TOC）；c—跃灰 106X 井，下干柴沟组上段，间断分布藻纹层，TOC=1.59%，HI=640mg/g（HC/TOC）；d—跃灰 106X 井，下干柴沟组上段，连续分布藻纹层，TOC=2.64%，HI=745mg/g（HC/TOC）

　　综上所述，柴达木盆地咸化湖盆烃源岩类型与有机质丰度密切相关。TOC 小于 0.5% 的非烃源岩均以 $II_2$ 型或 III 型为主，生油潜力有限；TOC 介于 0.5%～1.0% 的泥页岩表现为 $II_1$ 型有机质，生油能力一般；当 TOC 大于 1.0% 时，多为 $II_1$—I 型有机质，生油潜力很好；TOC 大于 1.3% 时，达到 I 型有机质标准，为生油潜力极佳的烃源岩。而其他地区烃源岩则需要 TOC 达到 3%～5% 才能达到 I 型有机质标准（部分淡水湖盆 TOC 再高也达不到 I 型有机质标准，如鄂尔多斯盆地延长组 7 段、渤海湾盆地沙河街组三段等），进一步证实柴西地区咸化湖盆烃源岩富氢、单位有机碳成烃转化效率高的特征。

## 四、有机质成熟度

有机质热成熟度是烃源岩的重要指标，能够决定烃源岩生排烃量。适中的有机质热成熟度是油气勘探成功的重要保障，过低则无法形成大量油气，过高则会导致液态烃的裂解。

镜质组反射率（$R_o$，%）是有机质成熟度的全球可对比指标。对于咸化湖盆烃源岩来说，有机质成熟度准确评价是难点，主要存在两方面原因：一是有机质类型普遍较好，以Ⅰ型和Ⅱ$_1$型有机质为主，显微组分中多为腐泥组和壳质组，缺乏镜质组，难以实测镜质组反射率；二是Ⅰ型有机质中的镜质组反射率可能存在被抑制的情况，导致实测$R_o$值低于真实的演化程度。为了解决这一问题，主要使用热解峰温（$T_{max}$，℃）来确定有机质成熟度，其与$R_o$的对应关系如表4-3所示。

表4-3 烃源岩有机质成熟度评价$R_o$与$T_{max}$对应关系

| 演化阶段 | $R_o$/% | $T_{max}$/℃ |
|---|---|---|
| 未成熟阶段 | <0.5 | <435 |
| 低成熟阶段 | 0.5～0.7 | 435～440 |
| 成熟阶段 | 0.7～1.3 | 440～455 |
| 高成熟阶段 | 1.3～2.0 | 455～490 |
| 过成熟阶段 | ≥2.0 | ≥490 |

柴达木盆地烃源岩热解参数表明，其$T_{max}$与埋藏深度呈现较好的正相关关系，埋藏深度在3300m左右的烃源岩，其$T_{max}$一般在435℃左右，对应的$R_o$约为0.5%；当埋藏深度超过4000m，$T_{max}$可达到440℃，对应的$R_o$约为0.7%；当埋藏深度超过5000m，$T_{max}$可达到455℃，对应的$R_o$接近1.3%。当然，不同地区构造演化、热流分布都存在较大差异，现今的埋藏深度并不能完全代表地层曾经经历的最大埋深和有机质经历的最高温度。基于青海油田前期研究成果，根据不同埋藏深度有机质$T_{max}$及其对应的$R_o$，修编了下干柴沟组上段烃源岩有机质成熟度平面分布图（图4-13）。

对比我国主要盆地烃源岩成熟度，柴西坳陷咸化湖盆烃源岩有机质成熟度与国内其他盆地总体相当。其中，鄂尔多斯盆地延长组7段$R_o$主体为0.7%～1.1%，最高为1.3%（赵文智等，2018）；松辽盆地靠近长垣$R_o$为0.7%～1.3%，最高在1.5%以上（霍秋立等，2020）；渤海湾盆地$R_o$为0.5%～1.3%，最高在1.6%以上（赵贤正等，2018）。

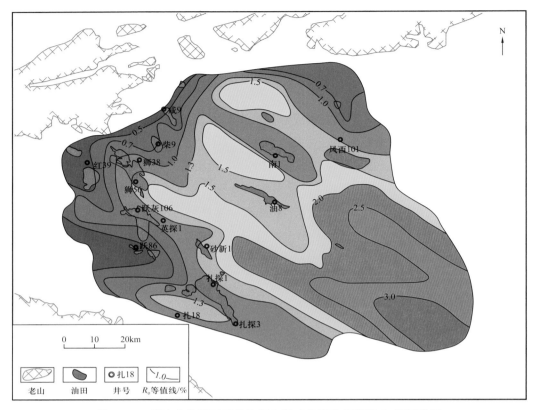

图4-13　柴达木盆地下干柴沟组上段咸化湖盆烃源岩 $R_o$ 等值线图

# 第二节　咸化湖盆低有机质丰度烃源岩成因

已有研究表明，有机质富集受三个因素的控制，即有机质的原始生产力、水体氧化还原条件及沉积物的稀释作用。关于柴达木盆地低有机质丰度烃源岩成因，笔者认为主要受以下四个因素的影响。

## 一、咸化湖盆较低的营养物质输入抑制了生物勃发

咸化湖盆的形成过程能带来丰富的营养物质，从而具有很高的生物生产力。前人大量研究表明，火山、热液、海侵等地质作用是湖盆咸化的重要原因（蒋宜勤等，2015；Zou et al.，2019；Cao et al.，2021），为湖盆带来丰富的营养物质，造成了水生生物勃发，形成巨大的生物生产力，在还原水体环境中有机质快速保存，形成优质烃源岩。如鄂尔多斯盆地三叠系延长组7段高有机质丰度烃源岩，被认为是受到火山活动影响，存在多套火山灰，为藻类繁盛带来了丰富的营养物质（Zou et al.，2019）。准噶尔盆地芦草沟组高有机质丰度烃源岩的形成，主要是受到强烈热液活动的影响，热液带来了丰富的营养物质，促

进了湖盆中的藻类勃发，形成了富有机质烃源岩（蒋宜勤等，2012）。近海的渤海湾盆地和松辽盆地，其高有机质丰度烃源岩的形成被认为可能与海侵有关，海洋带来丰富的营养物质促进了藻类的快速繁盛（侯读杰等，2008；冯子辉等，2009）。

关于柴达木盆地咸化湖盆的成因，前人也做了大量研究，火山和热液活动的痕迹较少，认为主要是强蒸发作用（夏志远等，2017；朱超等，2022）。夏志远等（2017）对柴西地区岩盐成因开展深入分析，认为是低温水下浓缩结晶成因，形成于蒸发作用强烈的陆相闭塞环境，盐类物质为陆源地表水携带而来，而非深部热液卤水来源。尽管在柴达木盆地咸化湖盆发现了陆相咸化湖泊沉积中的钙质超微化石，但其丰度低、数量稀少、属种分异度低，孙镇城等（2003）认为不宜笼统地把钙质超微化石都当作海侵或海陆过渡相烃源岩的标志。构造演化分析表明，青藏高原在古近纪已经开始隆升，柴达木盆地处于高纬度、高海拔区域，远离大型河流，陆源营养物质输入偏少；没有火山热液活动和海侵，营养物质供应相对贫乏。

烃源岩无机元素分析也证实这一点。柴达木盆地与陆源碎屑物输入有关的元素，如 Al、Si 等元素含量明显低于四川盆地侏罗系、鄂尔多斯盆地三叠系等淡水湖盆，而 Ca、Mg 等元素含量则要远高于淡水湖盆，表明陆源碎屑供给量少，营养物质相对贫乏。反映水体营养程度的 P、Fe 等元素含量与 TOC 呈现较好的正相关关系，进一步证实营养物质来源是有机质丰度的一个限定因素，而 K 元素含量自下而上相对稳定（李国欣等，2023）。对比分析表明，柴达木盆地烃源岩中的 P、Fe、K 等营养元素含量明显低于典型的淡水湖盆（如鄂尔多斯盆地延长组 7 段）和咸化湖盆（如准噶尔盆地二叠系芦草沟组），是导致该地区烃源岩有机质丰度（主要是 TOC）相对偏低的主要原因。

此外，柴达木盆地咸化湖盆烃源岩的形成，可与现今的青海湖相类比（中国科学院兰州地质研究院等，1979）。前人对青海湖进行了详细考察，发现其盐度约为 15‰，生物生产力总体不高，实测结果表明其水生生物并不繁盛，种类相对单一、数量相对有限，其底部淤泥 TOC 仅为 1% 左右。考虑到后期还会经历埋藏沉积等系列复杂地质过程，形成的烃源岩有机质丰度不可能太高。

## 二、快速的沉积速率稀释了有机质降低了有机质丰度

旋回地层学因具有高时间精度的优势而被广泛应用于层序地层划分对比研究中，近年来在湖相烃源岩沉积速率研究中发挥了重要作用。通过岩性组合识别、频谱分析、小波分析、滤波和调谐等方法，识别米兰科维奇旋回信号，建立高精度旋回地层格架，从而确定细粒沉积岩时间周期和沉积速率。彭军等（2022）研究了渤海湾盆地东营凹陷沙河街组四段湖相泥岩的沉积旋回特征，发现湖相泥页岩沉积旋回存在 0.40Ma 偏心率长周期、0.12Ma 偏心率短周期、0.04Ma 斜率周期以及 0.02Ma 岁差周期，依据"浮动"天文年代

标尺计算出樊页 1 井沙河街组四段上亚段纯上次亚段沉积时间为 2.73Ma，平均沉积速率为 69m/Ma。林铁峰等（2021）对松辽盆地古龙凹陷青山口组一段沉积旋回的研究表明，青山口组一段可划分为 3 个长偏心率旋回、10 个短偏心率旋回、26 个斜率旋回和 52 个岁差旋回，平均沉积速率约为 93m/Ma。鄂尔多斯盆地延长组 7 段长偏心率周期、短偏心率周期和岁差周期对应的地层厚度分别为 17～29m、5.8m 和 0.8～1.3m，由此计算的沉积速率为 40～70m/Ma（Zhu et al.，2019）。

针对柴西坳陷古近系下干柴沟组上段计算出的理论周期进行小波变换和频谱分析，识别出下干柴沟组上段沉积时期相应的地球轨道参数频率，并确定出关键周期所对应的时间尺度。在天文周期参数确定的基础上，以柴 907 井为例，对下干柴沟组上段的伽马曲线做进一步分析，识别出偏心率所耦合的伽马曲线频率点，具有 11～12 个长偏心率周期。按照长偏心率周期的分布，进行亚层序的划分。由于单个偏心率周期约为 0.40Ma，估算下干柴沟组上段沉积时间为 4.45～4.86Ma，该时间间隔与文献结果一致。据此计算的下干柴沟组上段平均沉积速率为 342～384m/Ma，最大沉积速率达到 524m/Ma。该速率与盆地沉降速率基本一致，后者为 400～500m/Ma，最大为 700m/Ma（隋立伟等，2014），同时，该时间间隔与 Bao 等（2017）的计算结果一致，说明下干柴沟组上段为补偿沉积，构造沉积为烃源岩形成提供了足够的可容纳空间。

与其他盆地相比，柴达木盆地下干柴沟组上段沉积速率要快得多，约是松辽盆地青山口组的 4 倍、渤海湾盆地沙河街组的 5 倍、鄂尔多斯盆地延长组 7 段的 8 倍（图 4-14）。正是由于过快的沉积速率，导致地层中的有机质被稀释，使得单位体积岩石中的有机碳含量降低。

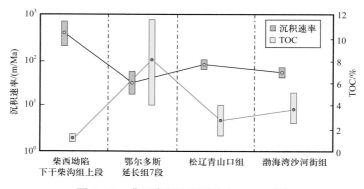

图 4-14　典型湖相沉积速率与 TOC 对比

## 三、无机碳酸盐矿物沉淀消耗有机碳

湖相碳酸盐岩碳、氧同位素研究被广泛应用于沉积环境识别。Talbot 等（Kelts et al.，1990；Talbot，1990）对现代不同类型湖泊中碳酸盐岩氧、碳同位素进行大量测试后发现：开放型淡水湖泊中的原生碳酸盐岩 $\delta^{18}O$ 与 $\delta^{13}C$ 之间的关系不明显，且均为负值（王全伟等，2006）；而封闭型咸水、半咸水湖泊中的碳酸盐岩 $\delta^{18}O$ 与 $\delta^{13}C$ 之间呈良好的线性关系，封闭性越强，线性关系也越好，$\delta^{18}O$ 正负值都有，而 $\delta^{13}C$ 多为正值（图4-15）。造成这一现象的主要原因是开放、封闭两类湖泊中同位素演化影响因素的差异。在开放型淡水湖泊中，由于氧和碳同位素的影响因素不同，$\delta^{18}O$ 与 $\delta^{13}C$ 的变化趋势不可能一致。而在封闭型咸水湖泊中，水体的蒸发量要高于注入量，强蒸发作用导致同位素明显分馏，使湖水中的 $\delta^{18}O$ 与 $\delta^{13}C$ 含量增加，导致 $\delta^{13}C$ 和 $\delta^{18}O$ 值明显偏正。

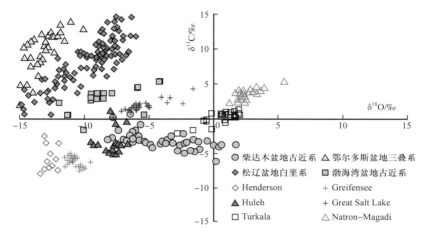

图4-15 典型湖相碳酸盐岩碳、氧同位素对比

全球范围内不同构造背景下湖相原生碳酸盐岩 $\delta^{13}C$ 多介于 -2‰~6‰（Kelts et al.，1990），中国陆相湖盆碳酸盐岩碳、氧同位素特征各异。松辽盆地青山口组薄碳酸盐岩夹层 $\delta^{13}C$ 分布范围在 2.2‰~15.2‰ 之间，平均值为 8.0‰（付秀丽等，2022）；鄂尔多斯盆地延长组碳酸盐结核 $\delta^{13}C$ 分布范围在 -0.59‰~14.19‰ 之间，平均值为 9.5‰（朱如凯等，2021）；渤海湾盆地东营凹陷沙河街组四段湖相碳酸盐岩 $\delta^{13}C$ 介于 -1.6‰~5.4‰，平均值为 2.8‰（刘庆，2017）；准噶尔盆地吉木萨尔凹陷芦草沟组湖相碳酸盐岩 $\delta^{13}C$ 均为正值，介于 6.8‰~9.7‰，平均值为 8.3‰。相比之下，柴达木盆地古近系咸化湖盆碳酸盐岩具有明显偏负的 $\delta^{13}C$ 值，其分布范围在 -6.1‰~0.8‰ 之间，平均值为 -3.0‰，远低于上述湖相盆地。如前文所述，柴达木咸化湖盆为闭塞湖盆，其 $\delta^{13}C$ 值偏负原因显然不同于 Henderson 等开放湖盆，而是与有机碳进入碳酸盐沉积有关。

与此同时，柴达木盆地咸化湖盆烃源岩有机碳 $\delta^{13}C$ 值却明显偏重。来自水生生物的有机质普遍具有较轻的碳同位素，如松辽盆地白垩系、鄂尔多斯盆地三叠系、四川盆地侏罗系等湖相沉积，有机质碳同位素一般都在 -30‰ 左右，即使同属咸化湖盆的准噶尔盆地，其碳同位素也在 -28‰ 左右。与上述盆地相比，柴达木咸化湖盆不同有机质丰度的暗色泥岩（包括部分 TOC 小于 0.5% 的非烃源岩）$\delta^{13}C$ 值基本一致，一般

在 $-26‰\sim-24‰$ 之间，比典型淡水湖泊有机质 $\delta^{13}C$ 值要重 $5‰$ 左右，比多数海相烃源岩（一般轻于 $-30‰$）更重。考虑到该地区的沉积环境，烃源岩 $\delta^{13}C$ 值偏重不可能是陆相高等植物输入造成的，而是由于与碳酸盐发生了碳同位素交换，部分有机碳在埋藏初期进入碳酸盐岩中，成为无机碳，使得有机碳含量降低。

## 四、烃类高转化效率

地质体中有机碳包括死碳（无生油能力的碳）和活碳（有生油能力的碳）。死碳是相对固定的，而活碳是可以转化为油气的部分。实测有机碳是生烃之后的残余有机碳，即死碳、尚未转化为烃类以及已转化但未排出的碳的总和（图4-16）。利用有机碳含量来指示有机质丰度是基于一个基本的假设：原始总有机碳含量越高，剩余有机碳含量就越高。实际上，在地质体中碳是过量的，而生烃转化所需的另一个关键元素氢是不足的。若有机质贫氢，则大部分碳是死碳，在生烃过程中，碳的消耗是有限的，生烃之后碳的减少量并不大；若有机质富氢，则大部分碳是活碳，在生烃过程中大量转化为油气，致使残留碳的数量大幅降低。

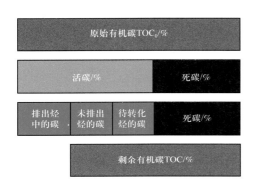

图 4-16 地质体中有机碳的赋存形式示意图
（据 Jarvie，2012，修改）

已有大量分析表明，柴达木盆地咸化湖盆烃源岩中的有机质富氢（李国欣等，2023），在低演化阶段，柴达木盆地烃源岩 HI 是非常高的，可与松辽盆地白垩系青山口组相媲美（冯子辉等，2011），远高于鄂尔多斯盆地三叠系延长组（杨华等，2016），表明单位有机碳生成烃类的数量非常多，生烃之后残留碳大幅降低。此外，富氢有机质以生油为主，在生烃过程中随着氢的减少碳的含量也会大量减少；而贫氢的有机质则以生气为主，生烃过程中主要消耗氢，碳的减少相对有限，表明对于富氢的 I 型有机质，大量生烃后的残留碳含量与原始碳含量存在较大差距。

为了揭示有机碳含量与有机质成熟度的对应关系，本节开展了热模拟对比实验。样品来自柴达木盆地柴北断陷侏罗系和柴西坳陷古近系，前者代表淡水湖盆，后者代表咸化湖盆，其初始地球化学参数如表4-4所示。

表 4-4 模拟实验样品初始地球化学参数

| 编号 | 井号 | 沉积环境 | 深度/m | 层位 | $R_o$/% | TOC/% | $T_{max}$/℃ | $S_1$/mg/g | $S_2$/mg/g | $S_1+S_2$/mg/g | HI/mg/g（HC/TOC） | $S_1$/TOC/mg/g |
|---|---|---|---|---|---|---|---|---|---|---|---|---|
| 1 | 冷科1 | 沼泽相 | 3513.65 | 下侏罗统 | 0.55 | 5.24 | 437 | 0.71 | 10.03 | 10.74 | 191 | 13.55 |
| 2 | 扎探1 | 咸化湖盆相 | 1224.7 | 下干柴沟组上段 | 0.47 | 1.23 | 428 | 0.31 | 4.73 | 5.04 | 385 | 25.20 |

模拟实验在高压釜中进行，采用恒温加热方式，2 小时内升温至指定温度，然后保持稳定 72 小时，关闭电源冷却至室温后取出样品，经过氯仿抽提后再次测定其热解参数，结果如图 4-17 所示。

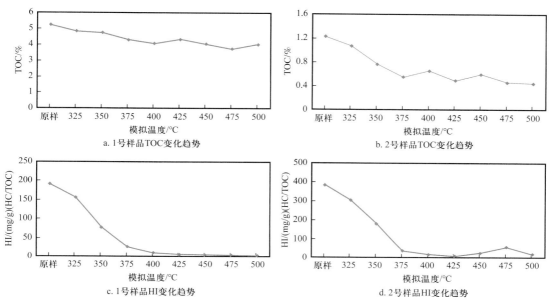

a. 1 号样品 TOC 变化趋势　　　　　　　　b. 2 号样品 TOC 变化趋势

c. 1 号样品 HI 变化趋势　　　　　　　　d. 2 号样品 HI 变化趋势

图 4-17　两种典型烃源岩 TOC 和 HI 随模拟温度的变化趋势

随着模拟温度升高，两块样品 TOC 和 HI 均呈现逐渐降低趋势，从原样至 375℃是主要的生烃阶段，HI 和 TOC 都有显著降低，至 400℃及以上，因 HI 几乎接近于 0，生烃潜力已经完全释放，TOC 基本保持稳定。两块样品的降低幅度存在显著差异。1 号样品 TOC 从 5.24% 降至 4.03%，降幅为 23%；HI 从 191mg/g（HC/TOC）降至 6mg/g（HC/TOC）。2 号样品 TOC 从 1.23% 降至 0.44%，降幅为 64%；HI 从 385mg/g（HC/TOC）降至 18mg/g（HC/TOC）。由此可见，2 号样品因 HI 更高，在生烃转化过程中有机碳的消耗更大，而 1 号样品因 HI 较低，生烃过程中碳的消耗要小得多。

## 五、柴达木盆地古近系烃源岩有机质丰度恢复系数

将上述热模拟温度应用 Easy %$R_o$ 模型转化为有机质成熟度，即可建立起 TOC、HI 等参数随成熟度（Easy_$R_o$）的变化关系（图 4-18a、b）。可以看出，生烃过程中 TOC 的减少主要发生在 $R_o$ 小于 1.3%（加热温度<375℃）的大量生油过程中，当 $R_o$ 大于 1.3% 之后 TOC 值基本保持不变，实测 TOC 值与初始值（$TOC_0$）的比值在 $R_o$=1.3% 时降至 0.5 左右，即此时 TOC 恢复系数应为 2。而 HI 值与初始值（$HI_0$）之间的比值也在 $R_o$=1.3% 时降至 0.1 左右，意味着生烃潜力几乎丧失殆尽。

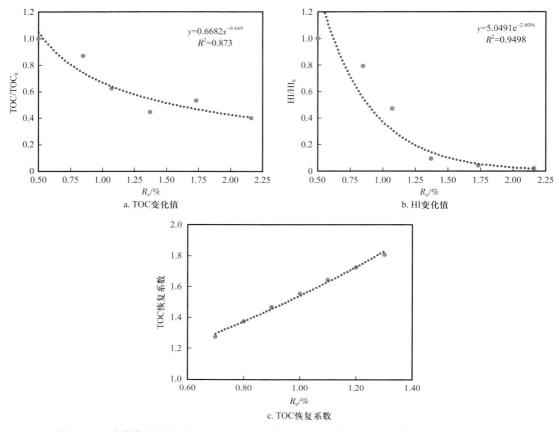

图 4-18  咸化湖盆烃源岩 TOC、HI 变化值及 TOC 恢复系数随热模拟成熟度变化曲线

值得注意的是，上述方法是通过氯仿抽提除去了岩石中热演化生成的可溶烃，此时测得的 TOC 代表了死碳和尚未转化为烃类的碳，而不包括已转化但滞留在烃源岩中烃类的碳。实际上，柴达木盆地咸化湖盆烃源岩中滞留烃的含量通常较高，一般在 200~400mg/g（HC/TOC）之间，按照碳在烃类中的占比约为 85% 算，滞留烃对 TOC 测量值的贡献比例为 17%~34%，在 TOC 恢复时应对其做补偿。根据上述模拟实验结果和补偿系数，即可恢复生烃和排烃过程中 TOC 的损失量，获得 TOC 的恢复系数（图 4-18c），便可将 TOC 恢复到初始值 $TOC_0$，然后再对烃源岩品质进行评价。需要说明的是，干酪根在 $R_o$ 大于 1.3% 之后不再具有生烃能力（图 4-18a、b），因此更高成熟度样品的 TOC 恢复系数与 $R_o$=1.3% 一致，恢复系数在 1.3~1.8 之间。

综上所述，柴达木盆地古近系烃源岩有机质丰度明显偏低的主要原因是：相对贫乏的营养物质供应导致藻类不发育、过快的沉积速率导致有机质被稀释、无机碳酸盐沉淀导致部分有机质被消耗、较高的有机质转化效率导致残留有机碳偏低。针对这类富氢有机质，因在生烃过程中有机碳含量会降低，在应用 TOC 评价有机质丰度时需根据成熟度对其进行恢复，恢复系数在 1.3~1.8 之间。

## 第三节　英雄岭页岩生烃母质与生烃模式

由于柴达木盆地生烃母质和生烃过程的特殊性，导致油气资源类型多样，除了常规原油外，还有生物气和未成熟—低成熟油。柴达木盆地是我国最大的生物气田所在地，也是我国唯一一个发现未成熟—低成熟油储量超过亿吨级的盆地。关于未成熟—低成熟油的成因，前人已经开展了大量研究，可溶有机质成烃是比较一致的结论。黄第藩等（2003）指出：盐湖相和半咸水碳酸盐岩沉积环境对未成熟—低成熟油的形成更为有利。通过模拟实验和地质剖面解析，发现有机质在未成熟—低成熟阶段存在明显的可溶有机质生烃现象，以非烃的转化为主，其有机质主要来源于长链的一元脂肪酸，具有相对较低的活化能，可以直接形成石油烃类。研究还发现，在未成熟—低成熟烃源岩中，有机质存在共价键和非共价键等多种结合方式，非共价键缔合结构在有机质中大量存在，其键能通常比共价键要低1～2个数量级，对未成熟—低成熟油的形成有重要贡献。

### 一、生烃母质类型

烃源岩的早期生烃与母质来源和保存条件密切相关，水生藻类是柴西坳陷的主要生油母质。周凤英等（2002）、黄第藩等（2003）曾报道过在柴西坳陷发现大量藻类化石，如丛粒藻、颗石藻等（图4-19）。

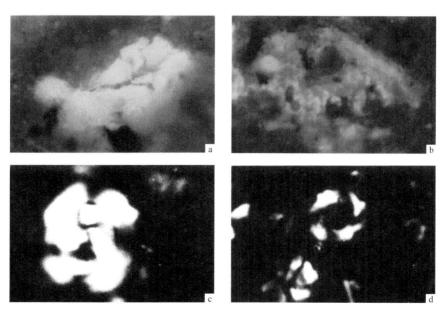

图4-19　柴达木盆地古近系烃源岩中的藻类体（据周凤英等，2002）

a—绿参1井，上干柴沟组，藻类体；b—绿参1井，下干柴沟组上段，藻类体；
c—七心1井，下干柴沟组上段，网窗颗石藻；d—七心1井，下干柴沟组上段，圆顶颗石藻通过微体古生物研究表明，下干柴沟组上段烃源岩中微体古生物类型较多，主要包括球形藻类、网面球藻和粒面球藻类。球形藻类是柴达木盆地西部坳陷下干柴沟组上部烃源岩中较丰富的微体古生物，显微镜下藻类形态垂向上呈细薄层状，水平切面可见扁平的小浑圆体组成薄片。藻类群体外形清晰，边缘多呈锯齿状，表面为蜂窝状或海绵状；大小不一，长度为 $15\sim200\mu m$，宽度为 $10\sim100\mu m$，单个细胞直径为 $5\sim10\mu m$，颜色为黄色—褐黄色，形状主要呈圆形和椭圆形（图 4-20）。

生物标志化合物是反映有机质生烃母质来源和保存环境的重要指标。从正构烷烃气相色谱来看，柴达木盆地低成熟烃源岩呈现双峰形态，在 $C_{11}$—$C_{17}$ 较低碳数范围的化合物呈现奇数碳优势（黄绍甫等，2004），而在 $C_{18}$—$C_{28}$ 高碳数范围内则呈现偶数碳优势，反映有机质可能存在多重来源（图 4-21）。在 $C_{11}$—$C_{17}$ 范围内呈奇偶优势的正构烷烃可能直接来源于藻类中的烃类（Peters et al., 2005），而具偶奇优势分布的正构烷烃则被认为是咸水环境有机质的普遍特征。因此，可以认为直接来源于生物体的可溶有机质和在咸水环境保存下来的不溶有机质对油气的形成均有重要贡献。

研究区烃源岩抽提物中类异戊二烯烃含量高，且表现为明显的植烷（Ph）优势，姥鲛烷（Pr）和植烷比值（Pr/Ph）大多小于 0.6，反映其烃源岩形成于高盐度强还原沉积环境。从图 4-21 看到烃源岩的植烷含量极高，部分样品植烷含量要超过与之出峰位置相邻的正构烷烃（$n$-$C_{18}$）；姥鲛烷含量也很高，但要远低于植烷。Pr/$n$-$C_{17}$、Ph/$n$-$C_{18}$ 均高于 0.2，且多数样品 Ph/$n$-$C_{18}$ 超过 1，最高达到 4，与淡水湖相烃源岩有显著区别（图 4-22）。盐度较高的水体可形成一个盐跃层，能够阻挡水体纵向对流，造成水体底部和沉积物持续缺氧而保持强还原环境，不利于有氧细菌的生存，从而大大降低有机质的分解，促进有机质的保存与埋存。

饱和烃 GC-MS 分析同样表现出咸水沉积环境。甾烷类生物标志化合物（$m/z$=217，图 4-23 左）呈现 $C_{27}\alpha\alpha R > C_{28}\alpha\alpha R < C_{29}\alpha\alpha R$ 的"V"字形特征，但 $C_{28}\alpha\alpha R$ 甾烷含量要远高于其他淡水湖相烃源岩；或表现为 $C_{27}\alpha\alpha R > C_{28}\alpha\alpha R > C_{29}\alpha\alpha R$ 的"L"字形特征。高 $C_{27}\alpha\alpha R$ 和低 $C_{29}\alpha\alpha R$ 指示主要生油母质来自水生生物而不是高等植物；较高的 $C_{28}\alpha\alpha R$ 甾烷含量指示较高的水体盐度。萜烷类化合物中（$m/z$=191，图 4-23 右），伽马蜡烷含量很高，一般远高于出峰位置与之相邻的 $C_{31}$ 藿烷，部分样品伽马蜡烷含量甚至超过 $C_{30}$ 藿烷而成为主峰；高碳数的 $C_{34}$、$C_{35}$ 藿烷含量也远高于淡水湖相烃源岩。这些特征都反映了高盐度的水体沉积环境。

芳香烃类生物标志化合物中的芳基类异戊二烯烷烃类化合物是指示有机质沉积环境的重要指标。丰富的芳基类异戊二烯烷烃指示有机质受到绿硫细菌或紫硫细菌的改造，这类细菌主要分布于无氧透光带，指示有机质在浅水缺氧还原环境中形成（Moldowan et al., 1995）。柴西坳陷烃源岩和原油中均存在丰富的芳基类异戊二烯烷烃类化合物（图 4-24），

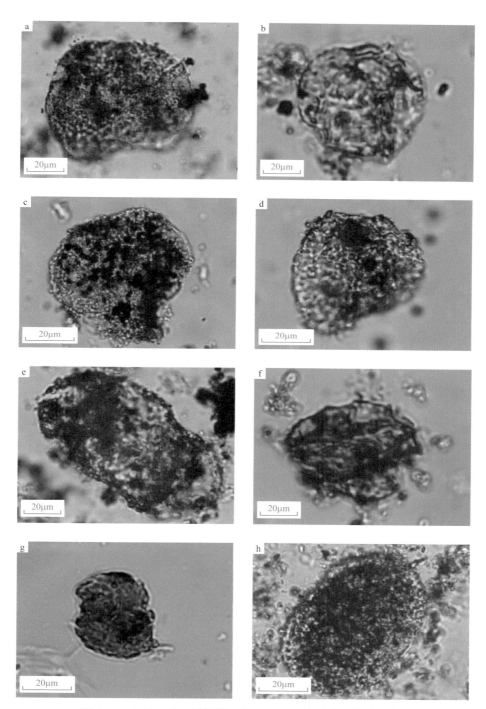

图 4-20 柴西坳陷球形藻类、网面球藻、粒面球藻类及孢粉

a—狮 60 井，下干柴沟组上段，3450.36m，球形藻；b—狮 60 井，下干柴沟组上段，3450.36m，藻类孢子；c—狮 60 井，下干柴沟组上段，3339.21m，藻类—粒面球藻；d—柴 908 井，下干柴沟组上段，2755.11m，藻类—网面球藻；e—狮 60 井，下干柴沟组上段，3450.36m，双气囊松粉；f—狮 60 井，下干柴沟组上段，3450.36m，孢粉；g—柴 14 井，下干柴沟组上段，3836.60m，球形藻；h—柴 908 井，下干柴沟组上段，2754.28m，孢粉

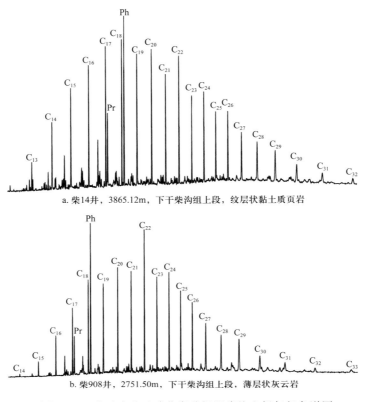

a. 柴14井，3865.12m，下干柴沟组上段，纹层状黏土质页岩

b. 柴908井，2751.50m，下干柴沟组上段，薄层状灰云岩

图 4-21　柴达木盆地咸化湖盆烃源岩饱和烃气相色谱图

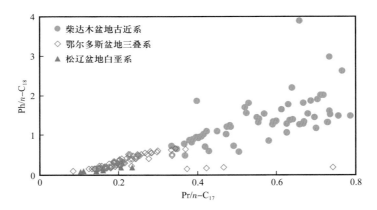

图 4-22　不同盆地烃源岩 $Pr/n\text{-}C_{17}$—$Ph/n\text{-}C_{18}$ 关系图

反映了水体深度不大但相对安静低能的沉积环境，陆源淡水及沉积物补给有限且缓慢，与前人研究提出的该地区高盐度、强还原环境以及陆源碎屑输入少是一致的。

张永东等（2011）在柴西地区下干柴沟组上段沉积的有机质中检出了硅藻的特征性生物标志化合物——含 25 个碳原子的高支链类异戊二烯烃（$C_{25}HBI$），其碳同位素值介于 −20‰～−18‰，远重于氯仿沥青 "A" 的碳同位素（−26‰～−24‰），也重于同系列的

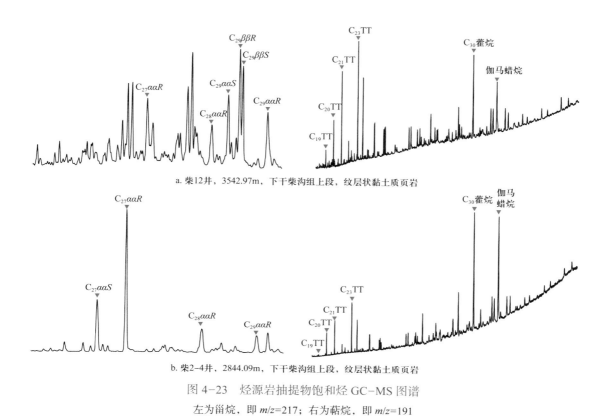

a. 柴12井，3542.97m，下干柴沟组上段，纹层状黏土质页岩

b. 柴2-4井，2844.09m，下干柴沟组上段，纹层状黏土质页岩

图 4-23　烃源岩抽提物饱和烃 GC-MS 图谱

左为甾烷，即 $m/z=217$；右为萜烷，即 $m/z=191$

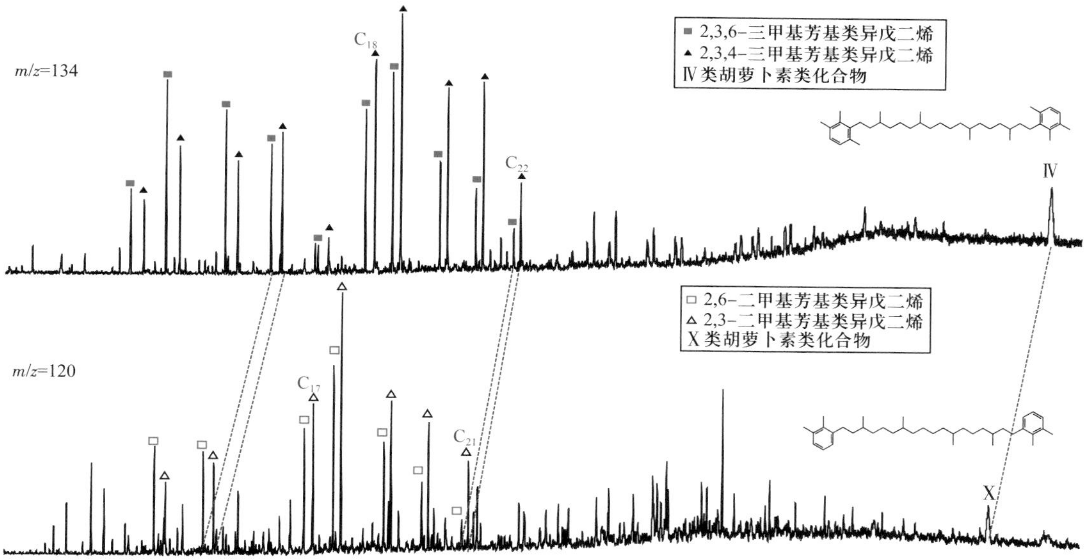

图 4-24　烃源岩芳香烃生物标志化合物

柴 14 井，3865.33m，下干柴沟组上段，纹层状黏土质页岩

姥鲛烷和植烷碳同位素，为典型硅藻生源特征（图4-25）。由于硅藻生长在大量消耗水体溶解 $CO_2$ 的沉积环境中，必须利用无机碳酸盐碳才能维持其快速繁殖，硅藻勃发代表了水体环境富营养、高生产率特征，因此在沉积有机质中检出的富重碳同位素 $C_{25}$HBI 有可能是该地区优质烃源层发育的标志之一。

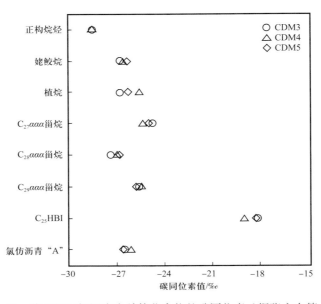

图4-25　柴西地区烃源岩中单体化合物的碳同位素（据张永东等，2011）

## 二、可溶有机质生烃机理

黄第藩等（2003）曾指出，咸化湖盆沉积环境是形成未成熟—低成熟油的重要条件。由于这些藻类中的脂类化合物具有较低的生烃活化能，可在较低温度条件下直接转化为烃类。同时，缺氧还原环境有利于保存早期转化的液态烃，导致低成熟烃源岩中具有较高的可溶烃含量。岩石热解参数游离烃 $S_1$ 是表征烃源岩中残余有机质的重要参数，国内外统计发现多数烃源岩单位质量有机碳中的游离烃含量都在 100mg/g 以下（Jarvie，2012）。而柴西坳陷烃源岩游离烃含量则要高得多，最高可达 10mg/g 以上，单位质量有机碳的游离烃含量达到 200~400mg/g（李国欣等，2022）。

未成熟—低成熟烃源岩氯仿沥青"A"组分分析表明，这些低成熟的可溶有机质以非烃为主，含量一般超过 50%，最高可达 80% 以上；而饱和烃和芳香烃含量低，前者一般在 20% 左右，后者仅为 5% 左右，远低于成熟烃源岩氯仿抽提物（图4-26）。

对水生藻类的实验室模拟结果表明（黄第藩等，2003），颗石藻在初始状态（即 $R_o<0.2\%$）即含有丰富的氯仿抽提物（即所谓的可溶有机质），可达 400mg/g（HC/TOC），总烃（即饱和烃＋芳香烃）含量约为 20mg/g（HC/TOC）；随着模拟温度升高，可溶有

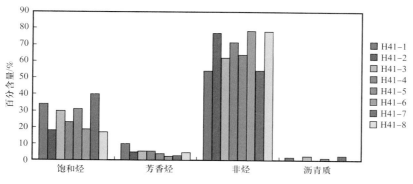

图 4-26　柴西地区未成熟—低成熟烃源岩抽提物族组成

机质和总烃含量均逐渐升高，至 250℃（$R_o$=0.45%）可溶有机质含量达到最高的 600mg/g（HC/TOC），此时总烃含量也达到 40mg/g（HC/TOC）左右；温度进一步升高，可溶有机质含量开始降低，而总烃含量持续增加，至 300℃（$R_o$=0.66%）可溶有机质降至 400mg/g（HC/TOC），而总烃含量增至 60mg/g（HC/TOC）。由此可见，在 $R_o$ 小于 0.7% 的未成熟—低成熟阶段，可溶有机质生成的烃类可达 60mg/g（HC/TOC）（图 4-27）。

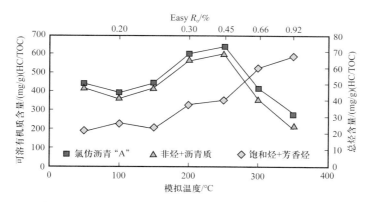

图 4-27　颗石藻热模拟产烃率曲线（据黄第藩等，2003）

为了进一步明确可溶有机质的生烃贡献，对柴西地区古近系咸化湖盆烃源岩抽提前后分别开展热解有机碳分析，发现可溶有机质对生烃的贡献较为有限。在岩石热解分析中，$S_1$ 为岩石在 300℃ 之前解析出来的挥发组分，代表游离烃，$S_2$ 是岩石在 300~600℃ 高温热解过程中解析出来的热解烃，代表有机质的生烃潜力。比较抽提前后的 $S_1$ 值（图 4-28a），显示抽提后的 $S_1$ 几乎为 0，表明抽提过程较为彻底；抽提前后的 TOC 和 $S_2$ 均有不同程度的降低，但总体幅度不大（图 4-28b、c）。

但是，抽提后有机质类型并未发生明显变化，说明不溶有机质即干酪根的生烃潜力很高，HI 仍然普遍高于 600mg/g（HC/TOC），最高可达 800mg/g（HC/TOC），与抽提前相比基本没有降低（图 4-29）。

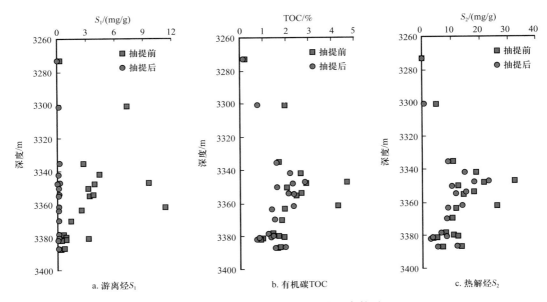

图 4-28　烃源岩抽提前后岩石热解参数对比

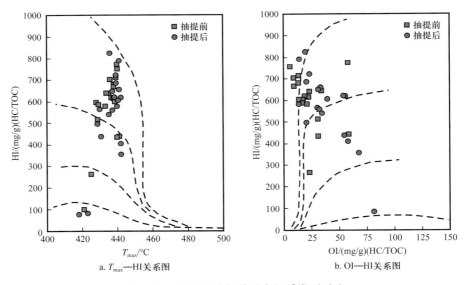

图 4-29　烃源岩抽提前后有机质类型对比

## 三、可溶有机质二次裂解

为了进一步厘清可溶有机质的二次裂解，本节对低成熟的可溶有机质进行了封闭体系黄金管模拟实验，揭示不同演化阶段烃类组成的差异。采用恒温加热法，模拟温度从250℃升至490℃，在 2 小时内从室温升高到目标温度，恒温 48 小时后，应用 Easy %$R_o$法换算成等效镜质组反射率（Easy_$R_o$，%）。有机质组分分析表明，在较低的模拟温度条件下，可溶有机质以富含杂原子的非烃化合物为主，其次是 $C_{15}$ 以上的重质组分。在进一步受热过程中，这些富含杂原子的化合物及重质组分会发生二次裂解，转化为轻质组分（图 4-30）。

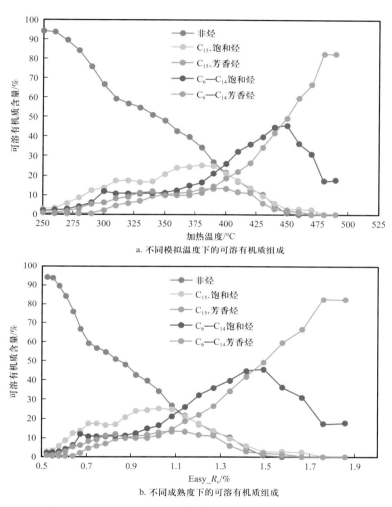

a. 不同模拟温度下的可溶有机质组成

b. 不同成熟度下的可溶有机质组成

图 4-30 可溶有机质组成随模拟温度和成熟度的变化曲线

可溶有机质演化过程中，首先形成的是富含 N、S、O 等杂原子的非烃化合物，随着演化程度的升高，非烃的占比逐渐降低，饱和烃和芳香烃占比逐渐升高。原始样品中非烃占比最高，达到 90% 以上，而饱和烃 + 芳香烃仅占 5%。经过 250℃ 模拟，对应的热成熟度（$Easy\_R_o$）为 0.5%，仍以非烃为主，饱和烃 + 芳香烃略有增加，至 6%，且以 $C_{15+}$ 为主。当模拟温度达到 300℃ 时，计算的 $Easy\_R_o$ 约为 0.67%，此时非烃含量降至 70% 以下，而饱和烃 + 芳香烃占比超过 30%，并以 $C_{15+}$ 为主。当温度升高到 350℃，对应的 $Easy\_R_o$ 约为 0.87%，此时非烃含量降至 50% 以下，$C_{15+}$ 饱和烃占比约为 20%，其他的

$C_{15+}$ 芳香烃、$C_6$—$C_{14}$ 饱和烃和 $C_6$—$C_{14}$ 芳香烃各占约 10%。至 380℃时，计算的 Easy_$R_o$ 为 1.02%，对应生油高峰，非烃含量降至 35%，$C_{15+}$ 饱和烃和芳香烃分别占 25% 和 13%，而 $C_6$—$C_{14}$ 饱和烃和芳香烃分别占 16% 和 11%。模拟温度升至 410℃，计算的 Easy_$R_o$ 达到 1.35%，干酪根生油基本结束，此时的非烃含量降至 20% 以下，为 17%，烃类组成也以 $C_6$—$C_{14}$ 为主，饱和烃和芳香烃分别占 32% 和 22%，而 $C_{15+}$ 饱和烃和芳香烃分别占 17% 和 11%。当模拟温度达到 450℃时，计算的 Easy_$R_o$ 为 1.49%，此时 $C_6$—$C_{14}$ 饱和烃和芳香烃分别占 46% 和 49%，而 $C_{15+}$ 饱和烃和芳香烃各占 2%，非烃含量仅占 1%。考虑到模拟实验的快速升温过程，实际地质条件下的烃类组分可能与模拟实验有所差异，但总体变化趋势是一致的。

## 四、不溶有机质生烃机制

关于不溶有机质的生烃机制，目前尚存在"早期生油说"和"晚期生油说"之争。陈建平等（2014）通过对不同盆地不同类型地质样品的统计发现，不同类型湖相倾油型烃源岩，无论是淡水湖相还是咸化湖盆，其成熟演化生烃模式基本相似，有机质生烃演化总体符合 Tissot 等（1984）建立的经典生烃模式，即油气生成是在热力学作用下发生的化学反应，存在某一个主要的生油期，即生油高峰。

本节针对咸化湖盆烃源岩样品开展了封闭体系模拟实验，进一步论证咸化湖盆有机质在成熟阶段的生烃模式。选用的模拟样品 TOC 为 4.69%，$T_{max}$ 为 436℃，为低成熟样品，HI 为 699mg/g（HC/TOC）。对该样品进行干酪根提取，获得的干酪根样品 TOC 为 39.4%，$T_{max}$ 为 436℃，HI 达到 912mg/g（HC/TOC），为 I 型有机质。该模拟实验是在黄金管内完成的，实验流程详见本章第一节。应用前文所述的 Easy %$R_o$ 模型，将其换算为等效镜质组反射率 $R_{oE}$，模拟结果如图 4-31 所示。

在生烃过程中，咸化湖盆烃源岩成熟阶段的生烃模式与其他湖相烃源岩基本一致。主生油期对应于 $R_o$=0.7%～1.0%，最大生油量约占 HI 的 90%，达到 800mg/g（HC/TOC），说明不溶有机质的主要产物是液态烃。当 $R_o$ 大于 1.0% 时，液态烃开始发生二次裂解；当 $R_o$ 大于 1.7% 时，液态烃大量裂解消耗，剩余液态烃含量减少至 50mg/g（HC/TOC）以下。这一生烃模式与 Tissot 等（1984）建立的经典生油模式是基本一致的，$R_o$ 在 1.0% 左右为有机质裂解生油的高峰。

另外，通过生烃动力学模拟发现，柴西咸化湖盆烃源岩生油的活化能非常集中，主要在 50kcal/mol。在正常沉积速率下，烃源岩层段的升温速率为 2～10℃/Ma，则烃源岩大量转化成烃所对应的温度为 115～150℃（图 4-32）。按照地表温度 10℃、地温梯度 28℃/km 算，烃源岩大量生油的深度为 3750～5000m，这与当前油气勘探实践是基本吻合的，证实干酪根大量生油的阶段与其他类型烃源岩没有本质区别。

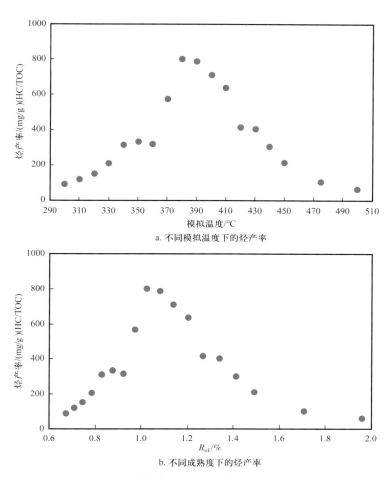

a. 不同模拟温度下的烃产率

b. 不同成熟度下的烃产率

图 4-31　咸化湖盆烃源岩干酪根产油率曲线

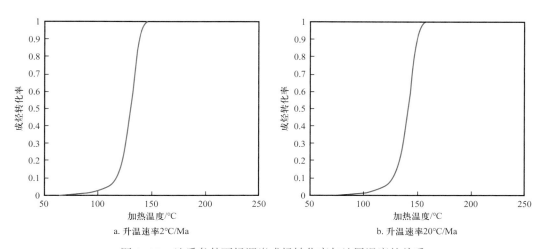

a. 升温速率2℃/Ma

b. 升温速率20℃/Ma

图 4-32　地质条件下烃源岩成烃转化率与地层温度的关系

## 五、咸化湖盆烃源岩生烃模式

综合黄第藩等（2003）的藻类生烃及本次开展的干酪根和可溶有机质黄金管生烃模拟实验，可将柴达木盆地咸化湖盆烃源岩生烃机制归纳为两个阶段：低成熟演化可溶有机质生油阶段、成熟演化不溶有机质晚期生烃阶段，其中早期生成的富含杂原子的可溶烃组分会发生二次裂解（图 4-33）。

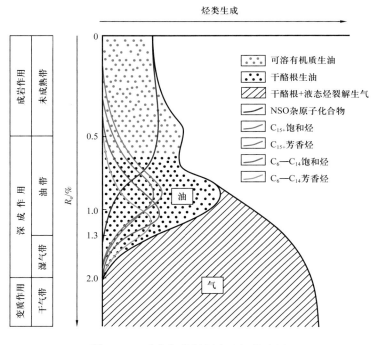

图 4-33　咸化湖盆烃源岩生烃模式图

可溶有机质生油阶段：大体对应于 $R_o$=0.2%～0.7% 的演化阶段，生油母质主要来自浮游生物体中的脂类化合物，在咸化缺氧环境中，这些脂类化合物得以保存下来，并没有键合入干酪根结构之中，可直接溶于有机溶剂，俗称为可溶有机质。在低成熟演化阶段，这类脂类化合物可直接转化为烃类，形成未成熟—低成熟油。但是，这类可溶有机质以非烃和沥青质为主，随着热演化程度的增加，$C_{15+}$ 饱和烃和芳香烃含量逐渐增多，但仍远低于非烃和沥青质含量；$C_6$—$C_{14}$ 饱和烃和芳香烃以及气态烃含量极低，几乎可以忽略不计。

可溶烃组分二次裂解阶段：这一阶段范围较宽，大体对应于 $R_o$=0.7%～1.7%。在较低的热演化阶段以生成富含 N、O、S 等杂原子的非烃 + 沥青质化合物为主，其次是 $C_{15}$ 以上的重质组分。这些杂原子化合物和重质组分在进一步受热过程中会发生二次裂解，形成轻质的 $C_6$—$C_{14}$ 饱和烃和芳香烃，同时还能进一步裂解成部分气态烃。随着成熟度的升高，轻质组分和气态烃含量逐渐增多，至 $R_o$ 大于 1.5% 以后生成物以气态烃为主。

不溶有机质生烃阶段：这仍然是咸化湖盆烃源岩生烃的主体。有机质经过矿化作用，形成干酪根，即不溶有机质，不溶有机质在热动力作用下裂解形成油气。这一演化模式与经典的油气生成模式基本一致，生油窗位于 $R_o$=0.7%～1.3%，生油高峰对应于 $R_o$=1.0%。$R_o$ 大于 1.0% 后干酪根产烃率大幅降低，且早期生成的液态烃开始发生二次裂解；$R_o$ 大于 1.3% 后生烃基本终止。

与传统的淡水湖相烃源岩生油模式相比，咸化湖盆早期保存的直接来自生物体的可溶有机质是重要的生烃来源，可溶有机质还可在后期受热过程中进一步裂解成轻质油。这一模式奠定了柴达木盆地相对较低有机质丰度烃源岩形成高丰度油气藏的理论基础，对于认识咸化湖盆有机质富集机制与生烃机理、评价咸化湖盆常规和非常规油气资源潜力具有一定的指导意义。

## 第四节　英雄岭页岩油资源潜力

构造演化与沉积分析表明，自始新世中期至中新世早期，柴西坳陷沉积中心整体表现为自西向东迁移的特征，下干柴沟组上段有效烃源岩分布面积约为 3650km²，最大厚度超过 1000m（图 4-34a）。尽管烃源岩 TOC 相对偏低（图 4-34b），但有机质相对富氢，单位有机碳生油潜力大，可在一定程度上弥补有机碳的不足。此外，咸化环境有利于来自生物体的可溶有机质保存，在低成熟演化阶段即可转化生烃进一步增加烃源岩的生油潜力。

根据前文所述的成因模式（图 4-33），结合烃源岩厚度（图 4-34a）、有机碳平均值（图 4-34b）及有机质成熟度，即可计算烃源岩的生油气潜力。结果表明：柴西坳陷以生油为主，得益于巨厚的烃源岩厚度和有机质高转化成烃效率，最大生油强度超过 $8000 \times 10^4$t/km²，柴西坳陷累计生油量可达 $1063 \times 10^8$t，为常规油气和页岩油提供了充足的油源（图 4-35a）。与此同时，在有机质成熟度高的地区还有一定数量的天然气生成，最大生气强度约为 $800 \times 10^4$m³/km²（图 4-35b），尽管难以形成纯气藏，但混有大量气体使得油藏具有较高的气油比，有利于油气的流动，对油气开采特别是页岩油的开发十分有利。

从图 4-35 还可以看出，目前进行页岩油勘探的干柴沟地区，生油强度高达 $2000 \times 10^4$～$5000 \times 10^4$t/km²，为该地区原地聚集的页岩油提供了充足的油源。尽管厚度大，但由于该地区断裂发育，可形成局部富集层段。与此同时，在干柴沟构造带的南侧，有机质成熟度更高，气油比更高，生气强度也达到 $100 \times 10^4$m³/km²，对轻质页岩油的形成十分有利。

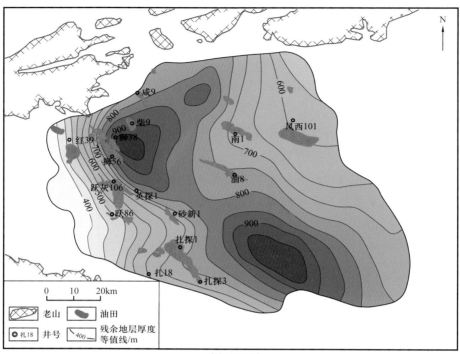

a. 残余地层厚度

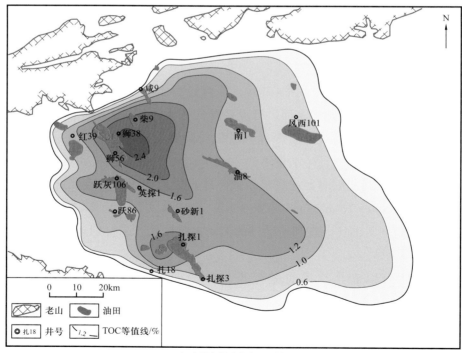

b. 实测有机质丰度TOC值

图 4-34　柴西坳陷下干柴沟组上段烃源岩残余地层厚度及有机质丰度等值线图

外边界为 TOC=0.5% 的等值线

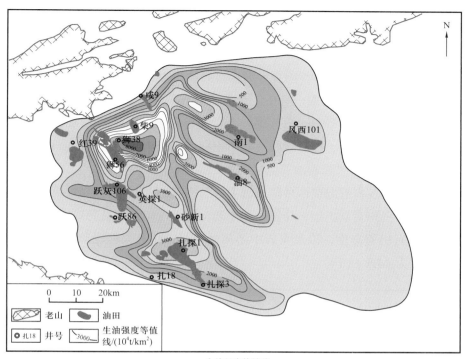

a. 生油强度等值线

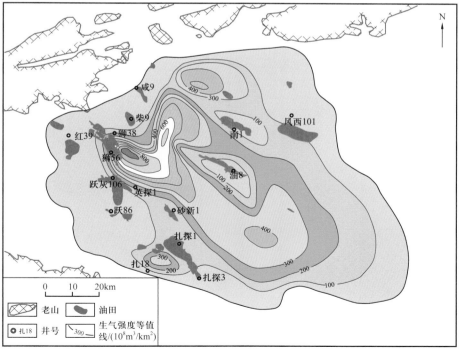

b. 生气强度等值线

图4-35　柴西坳陷下干柴沟组上段烃源岩生油气强度等值线图

下面结合生油强度和单井产量情况，分三个层次简要评价柴达木盆地页岩油资源潜力。

（1）干柴沟地区：干柴沟构造带目前井控已落实的页岩油面积约为 $42km^2$，生油强度为 $1000 \times 10^4 \sim 2000 \times 10^4 t/km^2$，预测页岩油地质储量约为 $3 \times 10^8 t$。

（2）英雄岭凹陷：对比英西—英中、柴深地区钻探成果，井控面积外勘探区面积近 $3000km^2$，其中，埋深小于 5500m 的英雄岭页岩油有利勘探面积约为 $800km^2$（图 4-36）。类比生油强度、游离烃含量、烃源岩厚度、面积和有机质丰度等参数，估算英雄岭凹陷埋藏深度小于 5500m 的有利区页岩油资源量约为 $21 \times 10^8 t$。

（3）柴西坳陷：在古近纪柴西坳陷表现为一个完整的湖盆，英雄岭、小梁山和扎哈泉三大次凹的构造及沉积背景相近，均发育下干柴沟组上段咸化湖盆有效烃源岩。类比烃源岩面积、厚度、有机质丰度，以及页岩中游离烃含量，估算柴西坳陷埋深小于 6000m 的页岩油资源量约为 $44.5 \times 10^8 t$。

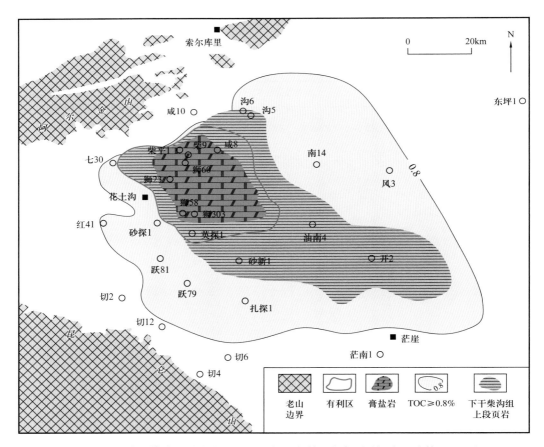

图 4-36　柴西坳陷下干柴沟组上段页岩油有利区分布图（据李国欣等，2022）

# 小　结

（1）贫碳富氢是柴达木盆地咸化湖盆烃源岩的重要特征，有机碳的高效成烃转化奠定了大规模油气聚集的主要物质基础，与咸化湖盆烃源岩形成环境和有机质生烃过程密切相关。尽管 TOC 仍然是咸化湖盆烃源岩有机质丰度的主要评价指标，但在页岩油潜力评价时其下限值应低于淡水盆地。

（2）柴达木盆地古近系烃源岩有机质丰度偏低的主要原因有四个方面：营养物质输入相对贫乏抑制了水生生物勃发、地层沉积速率过快稀释了单位岩石中的有机质含量、无机碳酸盐沉淀导致部分有机质被消耗、有机质较高成烃转化效率导致残留有机碳偏低。

（3）咸化强还原环境促进了有机质中的氢元素保存，形成富氢有机质，大幅提高了有机碳的成烃转化率。针对这类富氢有机质，因在生烃过程中有机碳会降低，在应用 TOC 评价有机质丰度时需根据成熟度对其进行恢复，恢复系数一般在 1.3～1.8 之间。

（4）英雄岭页岩表现为可溶性有机质与不溶有机质"两段式"生烃特征。可溶有机质主要继承于生物体，在咸化湖盆中得以保存，在低演化阶段生烃，形成富含 N、O、S 等杂原子的大分子化合物，并在后期二次裂解形成轻质组分；不溶有机质即干酪根生烃模式符合传统的 Tissot 模式，生油高峰对应 $R_o$ 在 1.0% 左右。

（5）应用新的油气生成模式，在烃源岩分布研究基础上，计算柴西坳陷页岩总生油量为 $1063 \times 10^8 t$。英雄岭凹陷页岩油勘探面积接近 $3000 km^2$，埋藏深度小于 5500m 的有利勘探面积约为 $800 km^2$，页岩油资源量为 $21 \times 10^8 t$。

# 第五章　英雄岭页岩油甜点评价标准与富集机制

全球非常规油气勘探实践表明，甜点是非常规油气优先开发的对象，也是效益开发的保障，因此甜点评价与优选已成为全球油气工业界和学术界关注的重点。甜点评价包括平面甜点区与纵向甜点段评价。前文已述及，相对较低的有机质丰度导致已有的页岩油甜点评价标准并不适用于英雄岭页岩油，如何优选关键参数开展英雄岭页岩油甜点评价难度很大。作为全球独具特色的巨厚山地式页岩油，英雄岭页岩油经历了复杂的构造演化过程，断裂及岩盐对英雄岭页岩油甜点富集产生重要影响，不同构造分区甜点空间分布规律具有显著差异。同时，下干柴沟组上段沉积厚度大于 1000m，如何优选纵向最优甜点段面临诸多挑战。

本章从英雄岭页岩油"四品质"评价出发，阐明甜点富集主控因素；参考典型陆相页岩油甜点评价标准，通过地质工程一体化研究，建立英雄岭页岩油平面甜点区与纵向甜点段评价标准；最后根据构造特征系统划分英雄岭页岩油发育的构造分区，提出不同构造分区甜点类型与分布模式。

## 第一节　英雄岭页岩油"四品质"评价

甜点富集是多因素综合作用的结果。北美海相页岩油研究表明，甜点主要发育于稳定宽缓的构造背景，富集控制因素包括区域性致密顶底板、脆性矿物含量高、裂缝网络普遍发育且密度大、岩石破裂压力梯度较低、热成熟度较高、总有机碳含量高、孔隙度和含油饱和度高、地层原油流动性好、地层压力系数高等特点（侯启军等，2018；胡素云等，2018；匡立春等，2021）。与北美海相页岩油相似，相对有利的烃源岩品质、储层品质、工程品质及较好的流体性质和地层压力是保证英雄岭页岩油甜点富集的重要因素。本节主要从烃源岩品质、储层品质、工程品质与流体品质等四个方面，对英雄岭页岩油甜点富集的主控因素进行说明。

### 一、烃源岩品质

烃源岩品质是页岩油评价的关键内容之一，评价内容包括有机质丰度、干酪根类型、热演化程度及生烃潜力。基于柴 2-4、柴 13、柴 908 等井 1010 件样品总有机碳含量统计，英雄岭凹陷下干柴沟组烃源岩 TOC 主体介于 0.13%～2.7%，平均值为 0.67%，其中 TOC 大于 1.0% 的样品占 31%。岩石热解生烃潜量（$S_1+S_2$）主要介于 0.13～29.9mg/g，平均值为 4.25mg/g（图 5-1）；干酪根镜鉴、$T_{max}$—HI 与干酪根元素分析表明，腐泥组含量超 76%，镜质组含量介于 5%～17%，类型指数（TI）介于 61～89，H/C 原子比一般为 1.4，O/C 原子比一般为 0.16，指示有机质类型以 Ⅰ—Ⅱ₁ 型为主。生烃物理模拟结果揭示，英雄岭凹陷咸化湖盆腐泥型烃源岩具有"两段式"生烃特点，即可溶有机质早期低成熟生烃、不溶有机质晚期成熟生烃，二者共同作用使得页岩具有极高的烃转化率和生烃强度。总体看，纵向上下干柴沟组上段发育七个有效烃源岩集中段，总厚度 600～680m，约占地层厚度的 56%，平面分布面积 1370km²，占比 91%，为英雄岭页岩油富集奠定了坚实的物质基础。

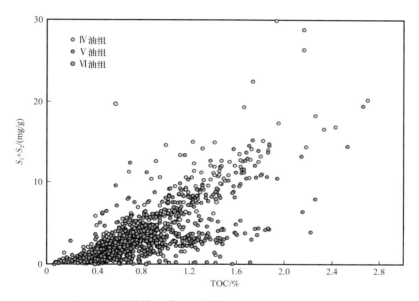

图 5-1　英雄岭凹陷下干柴沟组 $S_1+S_2$ 与 TOC 交会图

## 二、储层品质

储层品质是页岩油评价的核心内容，影响并决定了页岩油的资源潜力，评价内容包括岩相类型、厚度、孔隙度及基质渗透率。下干柴沟组上段发育纹层状灰云岩、纹层状云灰岩、纹层状黏土质页岩、薄层状灰云岩、薄层状云灰岩与薄层状泥岩 6 种岩相；以薄层状灰云岩、纹层状云灰岩、纹层状黏土质页岩为主，每种岩相累计厚度达 200m 以上。主要发育长英质纹层、白云石纹层、方解石纹层及黏土矿物纹层，方解石纹层厚度略大于白云石纹层，黏土矿物纹层主要发育在黏土质页岩中，整体比例小于 10%。孔隙以白云石晶间孔、方解石晶间孔为主，见伊/蒙混层矿物粒内孔，纹层状岩相中微裂缝发育（图 5-2）。薄层状灰云岩孔隙度最高，孔隙度大于 3% 的占比 60%，孔隙度大于 5% 的占比超过 40%；纹层状灰云岩渗透率最大，渗透率大于 0.1mD 的占比 45%。因此，薄层状灰云岩和纹层状灰云岩为最佳岩相组合，在三个甜点段的厚度占比超 60%，为英雄岭页岩油富集提供了充足的储集空间。

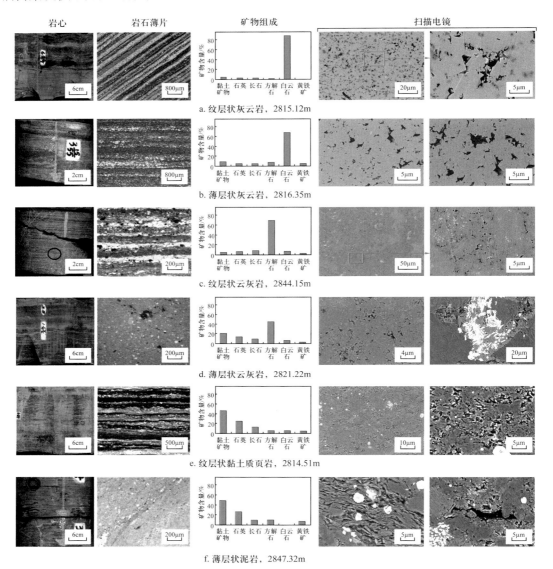

图 5-2　英雄岭页岩油典型岩相岩心、薄片、矿物组成、电镜照片

## 三、工程品质

工程品质是影响页岩油有效开发的重要因素，决定了开发工艺的优选，评价内容包括岩石脆性、可压性，重点评价裂缝扩展能力。英雄岭页岩油储层矿物成分和结构决定岩石力学性质特有的塑性和脆性。通常，低黏土矿物含量、高脆性矿物含量的泥页岩容易产

生裂缝，有较强的造缝能力，有利于开展大型体积压裂。Jarvie（2012，2014）通过矿物岩石学建立了计算页岩脆性指数（BI）的方程，用来判定泥页岩的可压性，即石英和钙质含量越高，脆性越大。英雄岭页岩油储层具有碳酸盐矿物含量高、黏土矿物含量低的特征。其中，纹层状灰云岩与薄层状灰云岩中白云石含量占比超70%，黏土矿物含量小于5%（图5-2a、b）；纹层状云灰岩与薄层状云灰岩方解石含量占比超50%，黏土矿物含量小于20%（图5-2c、d）；纹层状黏土质页岩与薄层状泥岩黏土矿物含量比其他四类页岩岩相高，介于20%~40%，且这两类岩相总体占比较小，因此英雄岭页岩油储层具有相对较好的脆性特征。岩石力学实验表明，杨氏模量介于36~48GPa，泊松比介于0.23~0.25。同时，英雄岭页岩油有利岩相普遍发育纹层构造，有利于储层改造，为复杂缝网的形成奠定了基础。

### 四、流体品质

流体品质是决定页岩油流动产出能力的重要因素，评价内容包括原油性质、含油饱和度指数（OSI）、可动油饱和度、地层压力系数及气油比。英雄岭页岩油原油密度为0.8098~0.8656g/cm³，黏度为4.8~22.4mPa·s，含蜡量为3.93%~7.81%。国内外大量研究及勘探实践证实，超越效应越明显（OSI越大），烃类可流动的概率越高（Jarvie，2012，2014）。下干柴沟组上段烃源岩OSI介于100~1000mg/g，平均值为124.8mg/g，整体超越效应明显，可动流体占比较大。现场密闭取心核磁共振结果表明，含油饱和度为40%~65%，其中可动油饱和度为30%~56%，薄层状灰云岩与纹层状灰云岩可动油饱和度接近50%。地层压力系数介于1.3~1.8，气油比介于50~300m³/m³。因此，相对较高的可动油比例、相对较高的地层压力与气油比为英雄岭页岩油产出提供了较为充足的动力。从柴平1井和柴平2井生产实践看，开井时井口压力分别达到31.8MPa和42MPa，为英雄岭页岩油初期高产、长期稳产提供了动力保障。

## 第二节　英雄岭页岩油甜点富集机制与模式

### 一、英雄岭页岩油甜点富集机制

页岩油甜点富集涵盖了生油、储油与聚油全过程，是石油在细粒沉积体系中逐渐富集的结果。由于页岩油主要赋存空间为微纳米级别孔隙与裂缝，因此限域空间条件下油气水多相流体的相互作用是导致页岩油甜点富集差异的关键。前文研究可知，英雄岭页岩油不同类型岩相的生油能力与储油能力具有差异，表明英雄岭页岩油甜点富集机制主要受岩相组合的影响。本节将从微距运移和原位滞留两种机制出发，说明英雄岭页岩油的甜点富集机制。

### 1. 微距运移

微距运移是英雄岭页岩油主要的甜点富集机制。纹层状云灰岩是最优的烃源岩岩相，薄层状灰云岩是最佳的储层岩相。在二者频繁互层的组合中，石油自纹层状云灰岩向薄层状灰云岩运移，并在薄层状灰云岩中富集，形成高含油性且可动性强的甜点（见图1-8）。

### 2. 原位滞留

原位滞留是英雄岭页岩油富集的重要机制。作为英雄岭页岩油最重要的两类烃源岩，纹层状灰云岩与纹层状黏土质页岩是原位滞留的主体。有机质纹层中生成的石油原位滞留在黏土矿物纹层及碳酸盐纹层的孔隙中，形成甜点（见图1-8）。

## 二、英雄岭页岩油层系构造变形特征与分区

英雄岭凹陷及其周缘地区受东昆仑和阿尔金两大走滑断裂带影响，力学机制上以挤压变形为主，伴生走滑调整；在新生代早期为走滑伸展应力背景（孙兆元，1989；王桂宏等，2004），新生代中—晚期，受喜马拉雅运动第二幕和第三幕的控制，盆地受到来自北东—南西向的挤压（Zhang et al.，2004；Yu et al.，2014）。受阿尔金断裂左旋走滑和盆地晚期近南北向挤压应力场共同影响，构造带内部构造样式复杂，呈反"S"构造形态，且具有走向分段、垂向分层的构造变形特征（隋立伟等，2014；张永庶等，2018）。发育盐相关型、滑脱型、纵弯褶皱式和花状等构造样式，并形成了空间差异显著的复合形变组合（图5-3）。根据构造变形特征，英雄岭页岩油层系总体上可以分为四个构造区。

### 1. 构造稳定区

以英雄岭凹陷干柴沟区块为代表，具有构造平缓、结构简单的特点。整体上为一宽缓背斜构造，主体区断层不发育，地层倾角小于5°，地层地震剖面同相轴连续、标志层清晰、构造样式简单。该区储层受构造作用影响不明显，储集空间以基质孔为主，构造成因的破碎带、角砾化孔/洞和裂缝系统发育较弱。

### 2. 断裂变形区

在英雄岭凹陷广泛发育，包括干柴沟区块构造主体区外围和英西地区。地层中—高陡，倾角普遍大于15°，局部发育断裂和变形构造，但发育程度较低。尽管该类地区地层受构造作用影响而发育破裂和形变，但整体受构造影响较小，对储层特征影响有限，取心资料表明储集空间仍以基质孔为主，在构造微裂缝沟通下形成裂缝—孔隙型储层。

### 3. 断裂破碎区

主要与英雄岭凹陷断裂系统伴生，包括英西局部和英中地区。受断裂破碎影响显著，地层倾角多变，地震反射特征表明其地层连续性较差，受压扭应力场作用，区内断裂构造

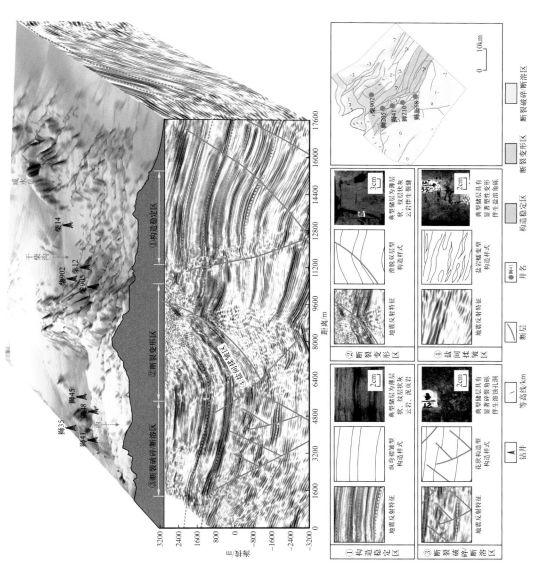

图 5-3 柴达木盆地英雄岭页岩油分布区不同构造样式及典型储层特征

样式以花状为主。由于该类地区地层受构造作用影响强烈，破裂和形变发育，局部破碎严重并导致角砾化，可形成高效的角砾间孔／洞；同时，由于裂缝系统极其发育，可形成裂缝—角砾间孔／洞型储层，进而控制高产。

### 4. 盐间揉皱区

主要与盐岩层伴生，发育于英西、英中与干柴沟地区的盐间。受压扭性构造运动和盐岩层塑性调整的共同影响，发生强烈塑性变形，地震反射表现为中强反射的杂乱状特征。由于该类地区地层受盐岩层蠕变影响强烈，塑性形变发育，局部形成虚脱空间，发育较大尺度孔／洞系统，可形成具备高产能力的孔／洞型储层。

## 三、不同构造变形区页岩油甜点富集模式

柴达木盆地英雄岭页岩油受区内构造变形影响，具有多种甜点富集模式，研究和勘探证实，盆地内页岩油在不同构造区甜点富集模式和主控因素差异较大，主要可划分为四类（图 5-4），具体如下。

### 1. 层控型

主要发育于构造稳定区，甜点富集受地层纵、横向展布规律控制明显，甜点呈稳定的成层分布，储集空间主要为白云石晶间孔、溶蚀孔和粒间孔等基质孔隙，其富集模式多为原位滞留型，通常发育多套纵向甜点。

### 2. 层控、缝控复合型

主要发育于断裂变形区，甜点富集受地层展布和裂缝发育程度共同控制，可发育多套甜点，但倾角较大或埋藏较深，该类甜点的储集空间主要包括基质孔隙与微裂缝系统，其富集模式多为原位滞留与微距运移复合型。

### 3. 断控型

发育于断裂破碎／断溶区，甜点富集主要受控于断裂系统发育程度，其甜点与断裂带伴生发育，受断层输导和角砾间孔／洞共同控制，该类甜点富集模式有别于原位滞留型和微距运移型，通常为短距运移型，但仍属于源内石油资源。可发育多套甜点，断溶体／破碎带储层物性较基质孔型储层好。

### 4. 盐控型

发育于盐间揉皱区，甜点富集主要发育于英雄岭凹陷的盐间，受盐岩层塑性变形的影响，其储层通常为盐岩层包裹的滑脱角砾储集体，整体储层物性较好。其富集模式与断控型类似，油气运移、富集过程显著。由于其运移距离较短，因此仍属于源内石油资源。

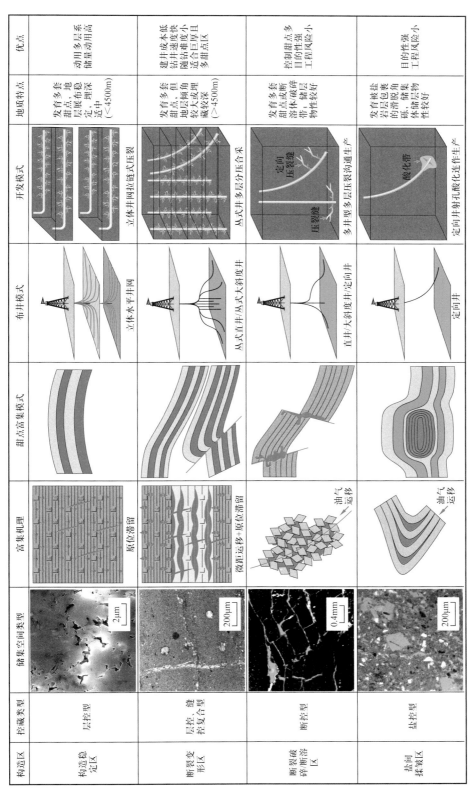

| 构造区 | 控藏类型 | 储集空间类型 | 富集机理 | 甜点富集模式 | 布井模式 | 开发模式 | 地质特点 | 优点 |
|---|---|---|---|---|---|---|---|---|
| 构造稳定区 | 层控型 | | 原位滞留 | | 立体水平井网 | 立体井网拉链式压裂 | 发育多套甜点，地层展布稳定；埋深适中(<4500m) | 动用多层系，储量动用高 |
| 断裂变形区 | 层控、缝控复合型 | | 微距运移-原位滞留 | | 丛式直井/丛式大斜度井 | 丛式井多层分压合采 | 发育多套甜点，但地层倾角较大或埋藏深(>4500m) | 建井成本低，钻井速度快，随钻维持；适合巨厚多甜点区 |
| 断裂破碎/断溶区 | 断控型 | | 油气运移 | | 直井/大斜度井/定向井 | 多井型多层压裂沟通生产 | 发育多套断溶体破碎带，储层物性较好 | 控制甜点多目的性强，工程风险小 |
| 盐间拆离区 | 盐控型 | | 油气运移 | | 定向井 | 定向井射孔酸化连作生产 | 发育被盐岩包裹的滑脱角砾，储集体储层物性较好 | 目的性强，工程风险小 |

图 5-4　柴达木盆地英雄岭页岩油富集模式与开发模式

# 第三节　英雄岭页岩油甜点评价标准与分布

## 一、全球典型页岩油甜点评价标准

对于非常规油气而言，甜点的评价参数众多，调研发现，前人选用的参数指标多达50余个（胡文瑞，2017；赵文智等，2020）。目前，国内外对页岩储层甜点评价主要包含四个方面的参数，分别是（1）烃源岩品质：TOC、$R_o$、游离烃含量等；（2）储层品质：厚度、孔隙度、渗透率、含油饱和度等；（3）工程品质：埋藏深度、黏土矿物含量、泊松比、杨氏模量、破裂压力、水平应力差等；（4）流体品质：地层压力系数、流体密度、流体黏度、气油比等。下面分别从北美海相与中国陆相重点探区甜点评价标准进行说明。

### 1. 北美海相页岩油甜点评价标准

北美主要页岩油公司高度关注甜点评价，综合壳牌与马拉松石油公司的研究资料，他们提出北美海相页岩油甜点评价关键参数包括：现今 TOC 大于 2%，恢复 TOC 大于2.5%，HI 大于 400mg/g（HC/TOC）；厚度大于 25m，理想值大于 50m；整体处于生油窗—凝析气窗，理想值 $R_o$ 大于 1.0%；页岩段具气显示和测试产量；平均孔隙度大于 6%；硅/钙质等脆性矿物含量大于 45%；蒙皂石等黏土矿物含量低；现今埋深小于 4100m；发育天然裂缝；地层超压。

与此同时，伴随开发的不断深入，经济评价也成为甜点评价的重要内容，特别是2014—2018 年间，全球油价断崖式下跌且持续低位徘徊。图 5-5 显示北美不同地区页岩油平衡价格差异。以 Eagle Ford 页岩油为例，得克萨斯州 Dewitt 郡的平衡价格仅为 23 美元/bbl，而得克萨斯州 Dimmit 郡的平衡价格最高，达到 58 美元/bbl，二者相差 1.5 倍（张焕芝等，2015；汪天凯等，2017；胡素云等，2018；EIA，2019），因此，石油公司应优先开发桶油成本较低的区带。北美四个主要页岩油区带的统计结果显示，在确保 10%内部收益率的前提下，二叠盆地 Wolfcamp 页岩油的最低门限成本为 22 美元/bbl，Eagle Ford 页岩油为 25 美元/bbl，Bakken 页岩油和 Niobrara 页岩油的最低临界成本为 38～40 美元/bbl。强化经济评价，优选经济甜点，已成为全球非常规油气效益开发的关键。

### 2. 中国陆相页岩油甜点评价标准

页岩油甜点评价应包括平面甜点区与纵向甜点段评价（侯启军等，2018；赵文智等，2023），其中，甜点区是指在平面上成熟优质烃源岩分布范围内，具有工业价值的非常规油气高产富集区；甜点段是指在剖面上源储共生的黑色页岩层系内，人工改造可形成工业价值的非常规油气高产层段（孙龙德等，2019；朱如凯等，2019）。中国陆相页岩油的形成与分布具有独特的区域属性，不同产区页岩油甜点评价标准具有较大的差异。本节分别介绍中国主要陆相页岩油产区甜点评价标准。

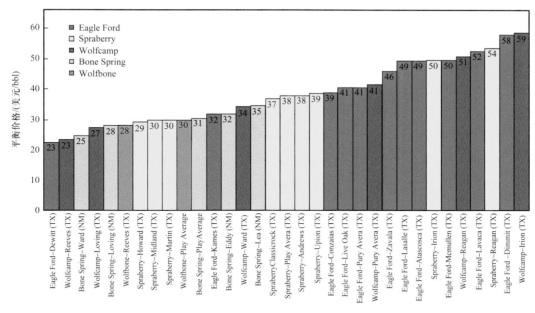

图5-5　美国不同地区非常规石油经济成本对比图（据胡素云等，2018）

1）大庆油田古龙页岩油

古龙页岩油发育在松辽盆地白垩系青山口组，属于大型坳陷湖盆沉积，岩相以纹层状富有机质页岩为主，局部发育少量粉细砂岩与碳酸盐岩，黏土矿物含量高、地层压力系数高。在进行甜点评价时，优先开发的纵向甜点段标准包括$S_1 \geq 6mg/g$、可动孔隙度$\geq 4.5\%$（核磁共振大于8ms）、总孔隙度$\geq 8\%$；优先动用的平面甜点区标准包括$R_o \geq 1.2\%$、压力系数$\geq 1.4$、一类层厚度占比$\geq 60\%$（孙龙德等，2021；何文渊，2022）。

2）长庆油田庆城页岩油

庆城页岩油分布于鄂尔多斯盆地上三叠统延长组7段，属于大型坳陷湖盆沉积，岩相以纹层状富有机质页岩、块状粉细砂岩为主，地层压力小。在进行甜点评价时，重点从烃源岩品质、源储组合、储油能力、渗流能力和可压性等五个方面进行评价。优先动用的甜点区/段关键参数包括：页岩厚度$\geq 15m$，发育多期叠置厚层型源储组合，储层厚度$\geq 10m$，孔隙度$\geq 8\%$，含油饱和度$\geq 55\%$，地面原油黏度$<3mPa \cdot s$，气油比$>100m^3/t$，岩石脆性指数$\geq 45\%$，最小水平主应力差$<30MPa$（付金华等，2015；杨华等，2016）。

3）新疆油田吉木萨尔页岩油

吉木萨尔页岩油分布于准噶尔盆地吉木萨尔凹陷二叠系芦草沟组，属于咸化湖盆混积沉积体系，岩相以云屑砂岩、砂屑云岩为主，原油黏度高，地层压力大。在进行甜点评价时，重点从原油黏度、可动油储量丰度和一类油层厚度等三个方面进行评价。优先动用的甜点区/段关键参数包括：地层原油黏度<30mPa·s，一类油层厚度≥1.5m，可动油储量丰度≥25×10⁴t/km²，地质储量丰度≥35×10⁴t/km²（支东明等，2019；Pollastro et al.，2012）。

**4）胜利油田济阳页岩油**

济阳页岩油分布于渤海湾盆地古近系沙河街组，属于断陷型湖盆沉积，岩相以纹层状富有机质页岩、灰质页岩、泥灰岩为主。在进行甜点区评价时，关键参数包括：TOC>2.0%，$R_o$>0.7%，资源丰度>100×10⁴t/km²。在进行甜点段评价时，关键参数包括：岩相以富有机质纹层状灰质页岩为主，含砂质与灰质夹层，$S_1$>2mg/g，$S_1$/TOC>100mg/g，基质孔隙度>5%，压力系数>1.4；地应力各向异性<1.2，可压性指数>0.36（刘景东等，2014；胡素云等，2022；黎茂稳等，2022）。

## 二、英雄岭页岩油甜点评价标准

### 1. 关键参数优选

前文已述及，英雄岭页岩油属于全球独具特色的巨厚山地式陆相页岩油，甜点评价应与地质特征紧密结合。英雄岭页岩油地层具有有机质丰度相对较低（TOC主体小于1.0%）、页岩油地层厚度大（>1200m）、碳酸盐矿物含量相对较高（白云石与方解石含量超60%）、纹层构造较发育、较高的地层压力系数以及相对较好的流体性质等特征，因此英雄岭页岩油甜点评价与其他区带页岩油甜点评价具有明显差异。本部分主要从"四品质"评价角度对英雄岭页岩油甜点评价的关键参数进行说明。

**1）烃源岩品质**

烃源岩品质是甜点评价的基础，主要是生烃能力的评价，重点包括烃源岩有机质丰度及滞留烃含量。针对英雄岭页岩油，本节优选总有机碳含量TOC和岩石热解游离烃含量$S_1$等评价参数，对烃源岩品质进行分析。

**2）储层品质**

储层品质是甜点评价的重点，主要包括储油能力与含油能力的评价。针对英雄岭页岩油，本节以一类层厚度占比、层/纹比、总孔隙度和含油饱和度为评价参数，从储油能力和含油能力两个方面对储层品质进行分析。

**3）工程品质**

相比常规油气勘探而言，工程品质对于页岩油甜点评价更为重要。针对"巨厚山地式"英雄岭页岩油，优选埋藏深度、构造改造强度及可压性指数对工程品质进行评价。

**4）流体品质**

流体品质是甜点评价的重要内容之一。总体来看，英雄岭页岩油原油品质较好，因此本节重点优选气油比参数作为流体品质的关键参数。

### 2. 关键参数取值依据

#### 1）岩石热解游离烃含量 $S_1$

岩石热解游离烃含量 $S_1$ 是评价页岩油含油性的关键，因此确定 $S_1$ 的有效界限是进行英雄岭页岩油甜点评价的基础。柴平 3 井岩屑录井 $S_1$ 介于 0.0004～1.22mg/g，平均值为 0.58mg/g；柴平 1 井与柴平 4 井岩屑录井 $S_1$ 主体介于 0.65～7.91mg/g，平均值为 2.9～3.73mg/g。从生产数据看，柴平 3 井峰值产量为 12.65t/d，目前日产量仅 1.26t，属于低产井；柴平 1 井和柴平 4 井均属于高产井，其中柴平 1 井峰值产量为 93.03t/d，295 天累计产石油超万吨，柴平 4 井峰值产量为 38.9t/d，稳产期日产油超 20t。因此，从生产特征出发，本节将英雄岭页岩油一类甜点 $S_1$ 的下限确定为 3mg/g。

#### 2）总有机碳含量 TOC

根据英雄岭页岩油典型井 TOC 与 $S_1$ 散点图，确定甜点的 TOC 下限标准。从图 5-6 可以看出，当 $S_1$ 为 3mg/g 时，对应的 TOC 为 0.4%；当 TOC 小于 0.4% 时，$S_1$ 处于稳定低值段，生成的油量尚不能满足页岩原位滞留的需要；当 TOC 介于 0.4%～0.8% 时，$S_1$ 呈逐渐上升趋势；当 TOC 大于 0.8% 时，$S_1$ 处于稳定高值段，所生成的油量总体上满足页岩原位滞留的需要。基于此，将英雄岭页岩油 TOC 评价的下限标准和优质烃源岩标准分别定于 TOC=0.4% 和 TOC=0.8%。

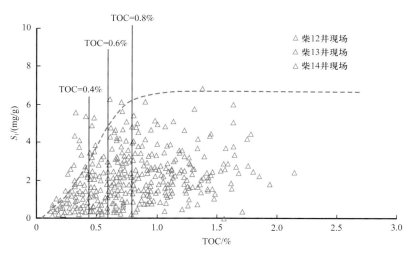

图 5-6 英雄岭页岩油烃源岩 TOC 与 $S_1$ 关系图

#### 3）孔隙度与含油饱和度

不同岩相总孔隙度、含油饱和度与 $S_1$ 分析结果表明，对于纹层状黏土质页岩、纹层状云灰岩和薄层状灰云岩，当含油饱和度大于 50% 时，$S_1$ 主体大于 3mg/g；当含油饱和度介于 40%～50% 时，$S_1$ 介于 1～2mg/g；当含油饱和度小于 40% 时，$S_1$ 小于 1mg/g（图 5-7a）。因此，将英雄岭页岩油含油饱和度下限确定为 50%。含油饱和度与孔隙度散点图表明，含油饱和度 50% 对应的总孔隙度下限为 3%（图 5-7b）。

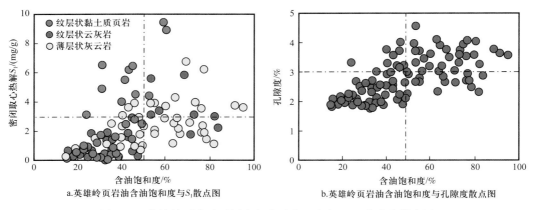

a.英雄岭页岩油含油饱和度与$S_1$散点图          b.英雄岭页岩油含油饱和度与孔隙度散点图

图 5-7　英雄岭页岩油不同岩相含油饱和度与 $S_1$、孔隙度散点图

4）层/纹比

纹层构造发育是英雄岭页岩油储层的典型特征，对页岩油的赋存、富集与可动性评价具有重要影响。因此，本节提出利用层/纹比开展英雄岭页岩油甜点评价。层/纹比是指单位厚度内薄层状灰云岩与纹层状云灰岩的厚度比例。图 5-8 是试油产量与层/纹比交会图，其中试油产量是指直井试油时获得的最大稳定产量，分别为大于 10t/d、2～10t/d、小于 2t/d。可以看出，层/纹比与石油产量呈抛物线型关系，在层/纹比为 1.5 处对应的试油产量最高。

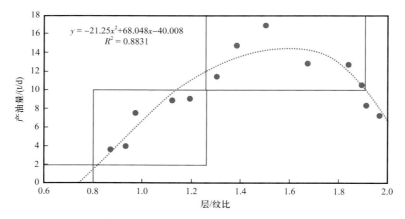

图 5-8　英雄岭页岩油储层层/纹比与产油量关系散点图

5）可压性指数 $F_1$

可压性指数（$F_1$）是表征岩石在水力压裂条件下可被压裂形成复杂裂缝能力的参数，其计算公式如下：

$$F_I=aB_{I1}+bK_{h1}+cK_{a1} \qquad (5-1)$$

$$B_{I1}=\frac{B_I-B_{Imin}}{B_{Imax}-B_{Imin}}\times100\% \qquad (5-2)$$

$$K_{h1}=\frac{K_{hmax}-K_h}{K_{hmax}-K_{hmin}}\times100\% \qquad (5-3)$$

$$K_{a1}=\frac{K_a-K_{amin}}{K_{amax}-K_{amin}}\times100\% \qquad (5-4)$$

式中，$B_I$ 为脆性指数，各脆性矿物含量之和；$B_{Imax}$、$B_{Imin}$ 分别为最大、最小脆性指数；$K_h$ 为水平应力差异系数；$K_{hmax}$、$K_{hmin}$ 分别为最大、最小水平应力差异系数；$K_a$ 为微裂缝发育指数，代表统计意义上的损伤量；$K_{amax}$、$K_{amin}$ 分别为最大、最小微裂缝发育指数；$F_I$ 为可压性指数；$B_{I1}$ 为归一化脆性指数；$K_{h1}$ 为归一化水平应力差异系数；$K_{a1}$ 为归一化微裂缝发育指数；$a$、$b$、$c$ 分别取值 0.3、0.23、0.47。

$$B_I=X_{qul}+X_{dol}+X_{cal}+X_{fel}+X_{pyr} \qquad (5-5)$$

式中，$X_{qul}$ 为储层中石英质量分数；$X_{dol}$ 为储层中白云石质量分数；$X_{cal}$ 为储层中方解石质量分数；$X_{fel}$ 为储层中长石质量分数；$X_{pyr}$ 为储层中黄铁矿质量分数。

$$K_h=\frac{\sigma_H-\sigma_h}{\sigma_h} \qquad (5-6)$$

式中，$\sigma_H$ 为最大水平主应力，MPa；$\sigma_h$ 为最小水平主应力，MPa。

$$K_a=\frac{2(1-2\nu_0)}{(2-\nu_0)h}\frac{K_0}{K}-1 \qquad (5-7)$$

$$h=\frac{16(1-\nu_0^2)}{9(1+\nu_0)/2} \qquad (5-8)$$

式中，$K_0$ 为储层最大体积模量；$K$ 为体积模量；$\nu_0$ 为泊松比。

基于脆性指数、水平应力差异系数、微裂缝发育指数等参数，建立工程可压性评价指数，结合现场认识，建立英雄岭页岩油可压性分类评价标准（表 5-1），该评价标准主要包含页岩基质脆性指数、水平应力差异系数、天然微裂缝发育指数和可压性指数。当可压性指数大于 0.5 时为一类可压区域，当可压性指数在 0.45～0.5 之间时为二类可压区域，当可压性指数小于 0.45 时为三类可压区域。

### 3. 纵向甜点段评价标准

基于英雄岭页岩油岩心分析、试油试采综合分析，从地质工程一体化的角度，建立英雄岭页岩油甜点段评价标准，主要参数包括游离烃含量 $S_1$、孔隙度、含油饱和度、层/纹比 TOC 及可压性指数，具体标准见表 5-2。

表 5-1　英雄岭页岩油可压性评价标准

| 可压性分类 | 一类 | 二类 | 三类 |
|---|---|---|---|
| 基质脆性指数（$B_{I1}$） | ≥0.6 | 0.4～0.6 | <0.4 |
| 水平应力差异系数（$K_{h1}$） | ≥0.7 | 0.3～0.7 | <0.3 |
| 微裂缝发育指数（$K_{al}$） | ≥0.25 | 0.1～0.25 | <0.1 |
| 可压性指数（$F_1$） | ≥0.5 | 0.45～0.5 | <0.45 |

表 5-2　英雄岭页岩油甜点段评价标准

| 参数 | 一类 | 二类 | 三类 |
|---|---|---|---|
| $S_1$/（mg/g） | >3 | 1～3 | <1 |
| 孔隙度/% | >5 | 3～5 | <3 |
| 含油饱和度/% | >50 | 40～50 | <40 |
| 层/纹比 | 1.5～1.7 | 0.8～1.5 | <0.8 |
| TOC/% | 0.8～1.5 | 0.6～0.8 | 0.4～0.6 |
| 可压性指数 | >0.55 | 0.45～0.55 | <0.45 |

### 4. 平面甜点区评价标准

与甜点段评价有所不同，甜点区评价更多强调富有机质岩相平面分布、构造改造及可压性等方面。英雄岭页岩油甜点区评价参数包括 TOC、$R_o$、构造改造强度、一类层厚度占比、埋藏深度、可压性指数与气油比，具体参数见表 5-3。

表 5-3　英雄岭页岩油甜点区评价标准

| 参数 | 一类 | 二类 | 三类 |
|---|---|---|---|
| TOC/% | >0.8 | 0.6～0.8 | 0.4～0.6 |
| Ro/% | >0.9 | 0.7～0.9 | <0.7 |
| 构造改造强度 | 弱 | 中等 | 强 |
| 一类层厚度占比/% | >50 | 30～50 | <30 |
| 埋藏深度/m | <3500 | 3500～4500 | >4500 |
| 可压性指数 | >0.55 | 0.45～0.55 | <0.45 |
| 气油比 | >100 | 50～100 | <50 |

## 三、不同类型页岩油甜点富集区平面展布

目前，柴西坳陷英雄岭页岩油主要勘探区为英雄岭凹陷，主要包括英西、英中、干柴沟和柴深构造带局部，区内页岩油有利发育面积约 800km²，四类富集模式甜点区分布见图 1-3。

### 1. 构造稳定区

主要发育于干柴沟地区，面积约 110km²。该区构造稳定，地层埋深一般小于 4500m，断裂不发育，地层展布稳定，连续性好，页岩油甜点纵向稳定发育多套甜点层，该类富集区页岩油资源量约 $5 \times 10^8$t。

### 2. 断裂变形区

该类甜点富集区在区内发育最为广泛，面积约 590km²，页岩油资源量约 $12 \times 10^8$t。该区发育多套纵向甜点层，但构造变形强烈，地层受褶皱和断层影响，平面变化较剧烈，整体埋深较构造稳定区大。

### 3. 断裂破碎 / 断溶区

该类甜点富集区主要发育于构造变形最为强烈的英中地区，面积约 100km²，资源量约 $2.5 \times 10^8$t。受断裂构造破碎和沿断裂岩溶作用控制，该类区主要发育源内孔 / 洞—缝型油藏，局部富集高产。

### 4. 盐间揉皱区

该类甜点富集层与盐岩共生，平面与盐岩层发育面积叠合，约 700km²，资源量约 $1.5 \times 10^8$t。受盐岩层塑性形变控制，该类甜点发育区在局部形成高孔高渗的孔 / 洞型油藏。

## 四、页岩油甜点段纵向展布

英雄岭页岩油纵向岩相变化快，多岩相频繁互层叠置。综合甜点段评价标准，最佳岩相组合为薄层状灰云岩与纹层状云灰岩组合。其中，薄层状灰云岩是储层品质最佳的岩相，白云石粒间孔发育，孔隙度大于 3% 的占比 60%，孔隙度大于 5% 的占比超 40%；纹层状云灰岩是烃源岩品质最佳的岩相，TOC 大于 0.8% 的占比超 50%。总体来看，薄层状灰云岩与纹层状云灰岩单层组合厚度为 3~5m，在柴 2-4 井中，最佳岩相组合厚度占地层总厚度比例达 40%（图 5-9），为纵向上油气规模动用与水平靶层优选奠定了基础。

# 小　结

（1）英雄岭页岩油甜点富集的关键因素包括：咸化湖盆低有机质丰度页岩的"两段式"持续高效生烃；巨厚混积体系中的薄层状灰云岩与纹层状云灰岩形成有利岩相组合；

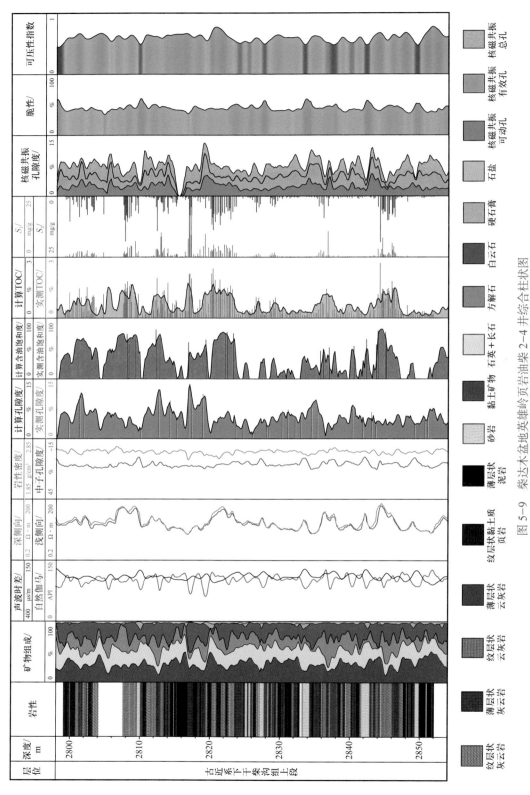

图 5-9　柴达木盆地英雄岭页岩油柴 2-4 井综合柱状图

高碳酸盐矿物含量与低黏土矿物含量有利于储层改造；高地层压力、高气油比以及良好的原油品质有利于页岩油采出。

（2）英雄岭页岩油甜点段的评价核心参数包括游离烃含量$S_1$、孔隙度、含油饱和度；关键参数包括层/纹比及TOC；一般参数包括可压性指数。甜点区的评价核心参数包括TOC、$R_o$及构造改造强度；关键参数包括一类层厚度占比与埋藏深度；一般参数包括可压性指数与气油比。

（3）英雄岭凹陷发育层控型、层控—缝控复合型、断控型和盐控型四类甜点富集模式，对应可划分为构造稳定区、断裂变形区、断裂破碎/断溶区和盐间揉皱区四类页岩油甜点富集区。

# 第六章　英雄岭页岩油可动性与可动用性评价

我国陆相页岩油资源量丰富，但面临着开发动用难度高、开发技术适应性差等问题，正如前几章介绍，英雄岭页岩油具有独特性，不能简单套用其他页岩油区块的成功经验，特别是相对较高的含水饱和度、相对较高的地层压力及相对较高的地层水矿化度，致使其动用机理复杂，规模开发面临诸多挑战。本章从页岩油微观可动性及宏观可动用性的内涵和逻辑关系探讨出发，开展系统的可动性及可动用性评价研究，厘清英雄岭页岩油的高效动用机理，从而探索形成适合英雄岭页岩油的开发技术对策。

## 第一节　页岩油可动性及可动用性内涵与影响因素

### 一、页岩油可动性及可动用性的内涵

本章提出的可动性与可动用性是定义不同、内涵不同、层次不同的两个概念。页岩油可动性评价是指地层原始状态下石油在储集空间中赋存状态和启动能力的微观静态表征，强调微纳米孔缝系统内石油的原位状态刻画及组分定量评价，主要受微纳米限域场内流固耦合作用力控制；页岩油可动用性评价是在页岩油微观可动性评价的基础上，对页岩层系内石油可采性与产出能力的宏观动态评价，重点关注通过不同人工开发方式促使油气产出的可动用能力，主要受原始地层动力条件、宏观裂缝体系人工可改造性与微纳米限域场跨尺度流场动力学控制。

目前国内研究主要集中在页岩油可动性评价，重点关注差异成岩作用与沉积作用下不同孔喉系统的流体可动性（唐红娇等，2021；沈瑞等，2022），主要是储集空间内流体微观赋存状态和流动能力，是一种偏静态的地质评价，具体包括储集空间物性评价、微观孔隙发育特征及连通性评价、热解地球化学分析等微观电子学成像法和地球化学分析法，准确识别和判断页岩油微纳米储集空间中流体的赋存状态及流动能力。

页岩油的开发与常规油具有本质差异，需要借助体积改造技术来形成人造油藏，仅依靠可动性评价显然无法描述在大规模水力压裂等工程措施后的综合产出能力。形成复杂人造油藏后的原油产出能力除了受到原始储层中赋存状态和流动能力的制约，还存在两大关键因素的影响：一是人造油藏的裂缝复杂程度，缝网越复杂、与油藏基质的接触

面积越大，原油的产出通道越多、传质距离越短，产出能力越强；二是大量压裂液进入人造油藏之后与地层流体及储层岩石间的复杂物理化学作用，比如毛细管力作用（葛洪魁等，2021）、化学渗透压作用（Dutta R et al.，2014）、$CO_2$ 增能增渗作用等（王子强等，2022），压裂液渗吸进入孔隙网络中产生的增能和换油作用可能成为原油产出的关键动力，传统上依靠地层的流动能力来评估原油产出能力的认识需要进一步完善。此外，开发时的工作条件与可动性评价的实验条件具有明显差异，比如抽提—热解的物理化学条件和高速离心的驱动压力梯度，因此通过可动性评价得到页岩油流动能力更倾向于一种极限或最大可能情况。

页岩油微观赋存状态及流固耦合作用机理是影响可动性的重要因素，也是地层原始状态下页岩油在微观限域空间内静态启动能力的一种表达。地层动力条件和人工可改造性是影响页岩油可动用性的重要因素，是人工改造后页岩油在宏观油藏尺度下动态可采出能力的一种表达。二者的定义、内涵、关注尺度和影响范围均不同，但二者又存在很强的关联性：可动性决定着页岩油原始状态下的流动能力，可描述为地层条件下微纳米孔缝系统内赋存的石油含量及具备产出条件的石油总量；可动用性决定着页岩油开发条件下的可采出能力，可描述为一个页岩油开发单元全生命周期内，基质微观多尺度孔缝系统向压裂形成的宏观多尺度裂缝的传质传压能力和现实可采出量。因此，可动性是可动用性的基础，并在一定程度上影响着可动用性，而地层温压条件、储集空间大小、孔缝连通情况、矿物组成、原油性质等参数又同时影响着可动性与可动用性。提出基于可动性评价、考虑到人工改造影响的可动用性评价是本章的重要创新点，决定着缝网流动能力和油藏供给能力的匹配关系，与开发模式紧密相关，也为产能潜力评价与预测、提高采收率和压裂及提高采收率工作介质优选等奠定基础。

因此，可动性与可动用性均是影响页岩油高效开发的关键评价指标，必须开展综合评价研究。总体来说，页岩油可动用性强调的是在开发条件下的原油产出能力，其内在控制因素主要包括孔隙结构、原油赋存状态、润湿性、储层和流体的非均质性、岩石组构等，外在控制因素主要包括人工改造缝网形成能力、油藏流体—工作介质—岩石相互作用，其中人工改造缝网形成能力为页岩油的产出提供流动通道，油藏流体—工作介质—岩石相互作用对页岩油的产出提供外部的动力。因此，需要在深入掌握原始地层状态内在控制因素的基础上，通过人工改造外部控制因素的优化与调整来提高页岩油可动用性，从而提出相应的技术对策。

## 二、页岩油可动用性影响因素

在可动性评价的基础上，页岩油的可动用性需要从页岩油流动能力的角度开展系统的研究，比如在压差、毛细管力、化学渗透压等作用下的页岩油产出能力及其规律，在储层改造过程中压裂液、人工诱导裂缝及开发阶段注入介质等作用下的页岩油产出能力等。页岩油可动用性评价受以下五个方面的影响。

### 1. 页岩油动态赋存状态

传统的可动性评价以静态赋存评价为主，对不同赋存状态的定量评价和动态转换规律的研究不足，对有水相存在或介入的油—岩动态作用研究较少（金之钧等，2021）。在地质历史演化过程中，页岩油多组分烃—水体系与岩石复杂矿物和有机质、表面、孔隙结构及物理化学性质的耦合演化，以及不同烃分子的差异吸附、解吸、扩散、重力分异和分子间作用力产生的累积效应，造成现今状态下不同岩性不同孔隙中页岩油的性质差异，以及不同岩性不同孔隙结构中的微观润湿性变化和不同的油水分布，这就是一种动态赋存过程（鲜成钢等，2023）。

在页岩油的开发过程中，页岩油的流动规律受到油—水—岩石之间的相互作用控制，掌握页岩油的动态赋存状态，才能够更加深入地掌握压差驱动下的渗流行为，进而明确水（压裂液）、气（如 $CO_2$）、溶剂或表面活性剂等工作介质介入后的传质和微观驱油效率。另外，常规赋存状态评价方法难以评价其动态赋存状态，比如接触角法润湿性测试，其测量尺度相对页岩油孔隙大得多，反映的是平均润湿性或宏观润湿性，因此需要开展深入的孔隙级别微观润湿性评价，了解页岩组构特征对动态赋存的影响，进而深化页岩油可动用性及其控制因素的评价。

### 2. 不同驱动能量条件下的可动油饱和度

不同类型陆相页岩油，由于源储配置关系和聚集方式不同，含油饱和度和可动油饱和度也有差异。目前实验室主要采用自发渗吸、温压条件下强化渗吸、离心机方法、压差驱动、注气吞吐等方式来评价可动油饱和度，这些方法能够评价不同驱动能量条件下的可动油饱和度（王子强等，2019；张奎等，2021）。如何将室内实验评价与人工渗流体在油藏时间尺度实际能达到的驱动能量关联起来，从而对全生命周期开发提供有效的指导是下一步需要继续深化研究的重要内容之一。

### 3. 注入介质提高页岩油可动用性的能力

在页岩油全生命周期开发过程中，可采用的工作介质主要包括滑溜水、表面活性剂液体、$CO_2$、烃类气体等，驱油介质需能够进入孔隙、提高孔隙流体能量、增强石油流动性（葛洪魁等，2021）。以吉木萨尔芦草沟组页岩油为例，由于含有较高的胶质、沥青质等极性组分，滑溜水与石油存在一定程度的相互作用，低界面张力的表面活性剂可以强化这种相互作用，从而强化储层渗吸吸液能力，并具有改变石油流动能力的可能性；同时，吉木萨尔页岩油有较强的自乳化能力，基质孔隙尺度是否乳化及其影响还有待研究。

气体渗透能力强、压缩系数高，气体介质进入孔隙的能力、增能能力和降黏能力都强于液体介质。混相条件下石油溶解、体积膨胀、黏度大幅度降低，从而大幅度提升流动能力。气体的选择主要考虑与石油的混相能力、气源、经济性与安全性等因素，常用提高采收率气体包括 $CO_2$、烃类气体、$N_2$、减氧空气等（李一波等，2021）。

### 4. 压裂改造的规模与油藏的暴露面积

压裂改造的规模与油藏的暴露面积成正相关关系。通过提高改造规模、增大暴露面积，能够减少石油产出的阻力，同时可将能量和提高采收率介质输送至储层深部，并进入基质孔隙来提高采收率。对于老井，后期的注入存在沿裂缝窜通、二次吸液的限制，往往效率低、效果差；而对于新井，可在压裂环节通过压裂形成的裂缝网络，将具有提采功能的介质作为前置液输送至储层深部，并作为初次接触介质，强化进入基质，大幅度提高提采介质进入储层及基质的程度，发挥提采介质效能。

体积改造形成更加复杂的裂缝网络可以大幅度提高暴露面积，页岩油储层致密、孔隙连通性差，微观尺度裂缝连通性对石油的可动用性影响显著。以松辽盆地青山口组页岩为例，聚焦离子束扫描电镜图像显示其孔隙直径普遍小于20nm，大于5nm的喉道极少，孔喉配位数普遍小于0.1，石油可动用性极差（金旭等，2019）。压裂过程中，水力裂缝传递应力，引起周围基质剪胀，使得基质中形成纳米至微米尺度微观诱导裂缝，能够有效沟通页岩基质中的纳米级孔隙系统，提高孔隙连通性，改善页岩基质中石油向水力裂缝渗流的能力（Shen et al.，2016），从而提高石油可动用性。

### 5. 密集切割均衡波及程度

石油可动用性的提高需要均衡波及与有效动用，这就要求人工裂缝尽可能均匀分布且密度较高。目前页岩体积压裂已由水平井分段多簇压裂，升级为密集切割体积压裂，裂缝的密度和支撑强度都大幅度提高，裂缝的均匀度（均衡布缝）和防窜成为影响波及体积的重要因素（谢建勇等，2021）。

除了储层非均质性外，井间干扰已成为均衡布缝的重要影响因素。小井距高强度压裂条件下，井间的干扰概率大幅度上升，人工（支撑）裂缝诱导应力使得邻井应力场发生变化，与此同时，老井生产引起的地层压力递减转化为低应力区，对邻近新井裂缝具有强吸引作用，加剧了裂缝的非均匀分布和井间窜通，进而影响均衡波及（葛洪魁等，2021）。

总体来讲，页岩油可动用性是其全生命周期生产的核心，决定了页岩油开发单元的开发效果，也决定了如何针对不同开发时期选择针对性的开发方式，是制定合理开发模式的依据。本节提出了页岩油可动用性的内涵以及其与传统可动性的关联，首先系统总结了国内外关于页岩油可动性主控因素的研究成果，并将其分为宏观主控因素和微观主控因素两大类。着重对页岩油的可动用性影响因素进行了系统梳理，从页岩油全生命周期开发的角度，提出页岩油动态赋存、不同驱动能量条件下可动油饱和度、注入介质提高页岩油可动用性的能力、压裂改造规模与暴露面积、密集切割均衡波及程度等几个关键要素是提高页岩油全生命周期可动用性的关键。

英雄岭页岩油巨厚页岩层系高频变化叠置，发育多种类型岩相组合，石油性质及相态存在差异，不同赋存状态的石油，在晶间孔、层理缝等多尺度空间中可动用性控制机理复杂。英雄岭页岩油可动用性及其规律有待深入探索，需要在加强传统静态可动性评价的基础之上，综合考虑岩相高频变化、石油动态赋存规律复杂、高云质含量、高盐等特征，系统开展可动用性的评价，建立适合英雄岭页岩油的可动用性综合评价方法体系和技术流程，指导英雄岭页岩油开发甜点优选。本章重点以构造稳定区孔隙型页岩层为研究对象，综合利用有机地球化学、激光共聚焦显微镜、场发射扫描电镜、氮气吸附、核磁共振、润湿性评价及分子动力学模拟等先进技术手段，充分结合生产实践，重点研究英雄岭页岩油微观静态赋存状态及可动性；在阐明可动性的基础上，针对不同岩相开展缝网形成能力和渗吸驱油能力评价研究，结合核磁共振等技术手段，揭示页岩油可动用性及其主控因素，最终提出提高可动用性的针对性对策。

## 三、英雄岭页岩油可动用性研究的独特性

英雄岭页岩油作为全球独具特色的巨厚山地式页岩油，根据其构造特征可以分为四个区，包括构造稳定区、断裂变形区、断裂破碎区及盐间揉皱区。其中，构造稳定区孔缝系统相对单一，油气主要赋存于微纳米级别的白云石晶间孔与微裂缝中，呈游离态和吸附态，为层控型富集模式；与构造稳定区相比，其余三类页岩油分布区受构造变形及断裂作用影响显著，储集空间除晶间孔与微裂缝外，可见较大尺度的溶孔、溶洞，富集模式有明显的差异。目前英雄岭页岩油勘探主要集中在干柴沟等构造稳定区，因此，本章重点以构造稳定区页岩油为例，开展可动性与可动用性研究。

英雄岭页岩油具有低有机质丰度页岩高效生烃、巨厚—高频互层细粒沉积及强改造差异富集等独特性，使得其可动性及可动用性研究具有显著独特性。主要表现在三个方面：

（1）英雄岭页岩具备碳酸盐含量高、黏土矿物含量低、有机质含量低的特征，纵向上的非均质性使得地层条件下微纳米孔缝系统内赋存的石油量差异较大，同时岩石整体呈现偏水润湿的特征，具备依靠毛细管力来实现渗吸排油的潜力，低有机质丰度的特征使得生烃的排水作用较弱，英雄岭页岩油主要在小孔赋存的原生水矿物度远高于其他页岩油（一般在 $20 \times 10^4 \text{mg/L}$ 以上），具有较高的化学渗透压和强离子交换能力，能进一步加强英雄岭页岩油渗吸排油的能力。

（2）英雄岭页岩油巨厚—高频互层细粒沉积的特征使得其垂向岩相组构复杂且变化频繁，岩相及旋回的变化对裂缝扩展和利用流体与岩石的相互作用提高页岩油的动用具有重

要的影响。垂向上多种岩相互层且纹层发育，原油赋存受到岩相控制（图6-1）。岩相组合和源储配置关系对垂向甜点段有关键影响，不同岩相由于物性差异影响石油的可动性。从连续划痕实验可以看出，纵向上力学性质变化频繁，岩相与纹层发育特征共同控制其力学性质（图6-2），并对水力裂缝的纵向扩展产生重要影响。

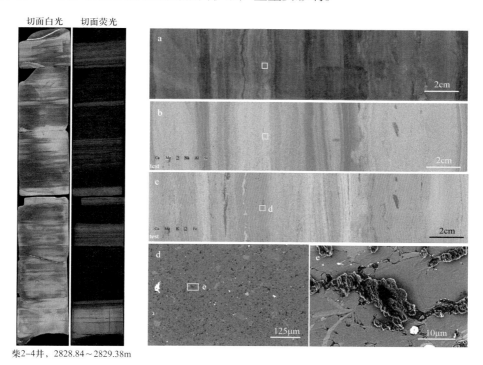

柴2-4井，2828.84~2829.38m

图6-1　柴达木盆地英雄岭页岩岩心扫描—XRF元素扫描—场发射扫描电镜照片

a—岩心扫描照片，见薄层状灰云岩与纹层状云灰岩互层发育；b、c—图a对应的XRF元素扫描照片；d—场发射扫描
电镜照片，见原油渗出；e—原油渗出局部放大，位置见图d；柴2-4井，下干柴沟组上段

（3）英雄岭页岩油经历了青藏高原隆升挤压作用，岩性以碳酸盐岩为主，形成了一种具有特色的高应力、高压力差、高灰云质含量、强非均质性的页岩油地层，在采用以水力压裂为主的动用手段后，显示出裂缝起裂难度高、裂缝复杂度偏低、缝网保持能力差的特征，人造油藏的裂缝复杂程度偏低且长期保持能力差，因此页岩油的动用难度大。

## 四、陆相页岩油可动用性研究的意义

我国陆相页岩油主体勘探开发技术已经接近或者达到北美的主流水平。以古龙页岩油（贾承造等，2012；何文渊，2022）、吉木萨尔页岩油（王林生等，2022）、庆城页岩油（付金华等，2020）为例，目前水平井体积改造技术参数均已达到北美主流水平。但由于与海相页岩油相比，陆相页岩油具有显著的独特性、多样性、差异性和复杂性（李阳等，2022；鲜成钢等，2023），目前高效开发面临几大关键难题，包括：单井产量偏低、预测采收率偏低、整体开发效益较差、规模上产风险较高等。我国陆相页岩油主要发育于中—新生代湖盆背景，埋藏深度较大，沉积构造背景较不稳定，沉积环境变化较为剧烈，横向非均质性强，纵向上薄层/互层较多，页岩油层系热演化程度、矿物组成、烃类流体性质、地层能量和应力状态等特征差异大且变化快，相同技术在不同盆地的应用效果差异显著，对工程技术的适应性提出了更高的要求。

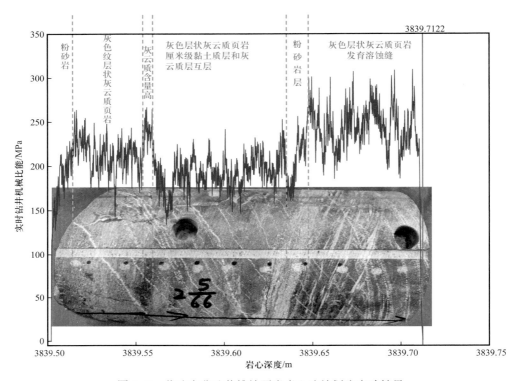

图 6-2　柴达木盆地英雄岭页岩岩心连续划痕实验结果

　　开展页岩油微观静态可动性和宏观动态可动用性研究，评价以大规模体积压裂为主的工程技术作用下的页岩油综合产出能力，准确掌握页岩油开发潜力和主控因素，提出提高开发效果的综合性对策。相关工作可进一步深入剖析制约页岩油效益开发的关键科学问题，并揭示我国陆相页岩油的动用能力和开发潜力。

# 第二节　英雄岭页岩油微观赋存状态

## 一、英雄岭页岩油组分特征

　　英雄岭页岩油原油密度介于 0.78～0.86g/cm³，平均为 0.83g/cm³。原油族组分分析结果表明，饱和烃含量为 55.96%～63.16%，平均含量为 59.29%；芳香烃含量为 9.58%～

12.91%，平均含量为 11.91%；胶质含量为 5.59%～14.24%，平均含量为 10.78%；沥青质含量为 4.79%～12.30%，平均含量为 7.80%（图 6-3）。总体来看，英雄岭页岩油原油品质相对较好，饱和烃与芳香烃含量超 70%。

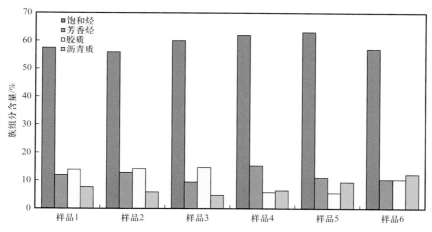

图 6-3 柴平 1 井生产原油族组分含量分布直方图

根据极性强弱，可将英雄岭页岩油组分分为弱极性和极性两类。其中，极性烃类主要为非烃和沥青质，较易吸附在孔隙壁部，流动难度大。弱极性烃主要为饱和烃和芳香烃，其中饱和烃只有碳碳单键和碳氢键，分子模拟结果表明，弱极性烃受控于孔隙表面吸附位数，在多组分竞争吸附效应下，在孔隙表面的吸附量较少，主要以游离状态分布在孔隙中心，是页岩油中可动烃的主要部分；而极性烃类具有较强的吸附能力，普遍分布在孔隙壁部，形成吸附层，这些吸附层的厚度和层数随着极性烃类的含量增加而增加，吸附量越大，页岩油流动性及开发效果越差。

微纳米孔喉系统中原油赋存状态多样，其中，孔隙内重质及极性强的烃类组分大多以吸附态为主，基本不可动；轻质、分子量小、极性弱的烃类组分主要呈游离态，易流动。总体来看，随着极性增强，原油在微纳米孔隙中的流动难度逐渐增大，因此，不同类型与组分的烃类在孔隙内赋存与差异聚集直接影响页岩油的微观可动性。

## 二、英雄岭页岩油赋存状态实验方法

目前针对页岩储层内烃类聚集的研究方法可分为定量评价法和成像观测法。定量评价法包括多溶剂连续分级抽提法、多温阶热释法和核磁共振技术等（蒋启贵等，2016；李志明等，2018；刘显阳等，2021），其中针对不同粒度页岩样品开展不同极性有机溶剂组合的分步抽提，可有效区分游离态、吸附—互溶态和吸附态等不同赋存状态的组分含量，再配合氮气吸附和核磁共振对不同有机溶剂抽提后的样品进行孔隙结构测试，可有效测定不同组分在页岩孔隙中的分布。成像观测法主要包括环境场发射扫描电镜、激光共聚焦显微镜和纳米 CT，其中环境场发射扫描电镜具有最高分辨率，在观测过程中使用了低真空，尽管电子束轰击会造成易挥发流体散失，但可在较高分辨率下对烃类进行观测，对研究烃类赋存的孔隙空间具有较好的指示意义。纳米 CT 利用碘化钾、氯化锰等溶剂进行浸泡，可将油与孔隙水进行部分区分（王明磊等，2015），但缺点是不能区分不同组分的烃类。激光共聚焦显微镜根据荧光波长可对亚微米级以上孔隙中的烃类进行区分，但分辨率较低，无法表征纳米级孔隙中的烃类分布，仅能表征微米级以上的烃类流体分布。

基于已有实验分析方法的优缺点，本节利用激光共聚焦显微镜和环境扫描电镜对不同岩相不同纹层内的烃类差异分布进行研究。激光共聚焦显微镜采用波长为 488nm 的激光对样品进行扫描，其中轻质组分会产生 490～600nm 波长范围的荧光信号（刘文斌等，2003），重质组分会产生 600～800nm 波长范围的荧光信号（李纯泉等，2004）。通过在20℃、100℃、150℃、200℃、250℃、300℃下采集含油量、轻质组分、重质组分三维数据，进行数字化分离与提取，定量确定含油总量和 5 个温度区间（20～100℃、100～150℃、150～200℃、200～250℃、250～300℃）原油组分含量。

## 三、英雄岭页岩油微观赋存特征

### 1. 纹层间烃类分布特征

英雄岭页岩油储层广泛发育方解石纹层、白云石纹层、长英质纹层与黏土矿物纹层，不同岩相发育不同的纹层组合。不同纹层内石油赋存状态直接影响不同岩相含油性和可动用性评价。

在激光共聚焦扫描图像中，纹层状云灰岩呈黏土矿物纹层和方解石纹层高频互层的特征，可见明显的轻重分异现象（图 6-4a）。在方解石纹层中，以轻质组分为主，几乎不含重质组分；在黏土矿物纹层中，以重质组分为主，基本不含轻质组分。总体来看，纹层状云灰岩内轻质组分占 10.13%，重质组分占 9.31%，二者的比例受控于黏土矿物纹层与方解石纹层的分布和发育比例。纹层状黏土质页岩具有黏土矿物纹层和长英质纹层高频互层的特征，轻重组分分异不明显（图 6-4b）；黏土矿物纹层内轻组分与重组分共生发育，且重质组分略高于轻质组分，仅在长英质矿物纹层发育部位见少量轻质组分，几乎不含重质组分，总体而言，纹层状黏土质页岩中轻质组分占 6.39%，重质组分占 7.83%。在薄层状灰云岩中，样品含油性好，手标本观察可见明显的油气显示，部分达到油斑甚至油浸级别，在激光共聚焦显微镜下可见轻质组分和重质组分共生发育，且基本富集在同一部位（图 6-4c），烃类激光响应信号强度大，明显高于纹层状云灰岩和纹层状黏土质页岩。总体上，薄层状灰云岩内轻质组分占 22.17%，重质组分占 32.63%。在砂岩样品中，烃类信号强度最弱，明显低于薄层状灰云岩、纹层状云灰岩和纹层状黏土质页岩，表现出轻重并存的特征（图 6-4d），轻质组分仅占 2.31%，重质组分仅占 2.52%。

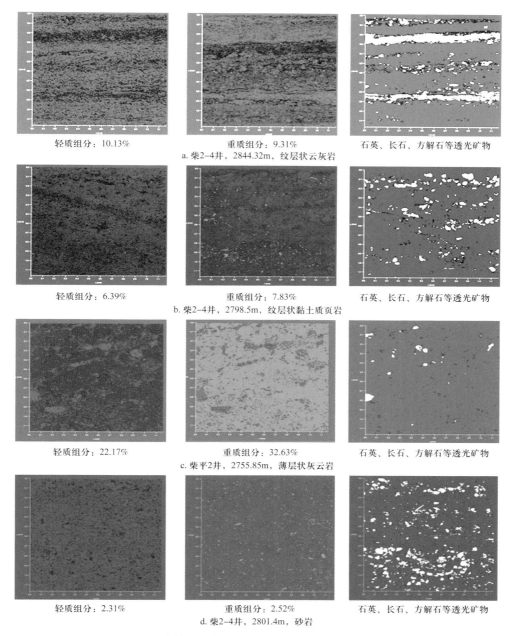

轻质组分：10.13% 　　重质组分：9.31% 　　石英、长石、方解石等透光矿物

a. 柴2-4井，2844.32m，纹层状云灰岩

轻质组分：6.39% 　　重质组分：7.83% 　　石英、长石、方解石等透光矿物

b. 柴2-4井，2798.5m，纹层状黏土质页岩

轻质组分：22.17% 　　重质组分：32.63% 　　石英、长石、方解石等透光矿物

c. 柴平2井，2755.85m，薄层状灰云岩

轻质组分：2.31% 　　重质组分：2.52% 　　石英、长石、方解石等透光矿物

d. 柴2-4井，2801.4m，砂岩

图 6-4　英雄岭凹陷下干柴沟组不同岩相激光共聚焦图

激光共聚焦显微镜与气相色谱标定结果表明，原油轻质组分的主要成分为热解气（$<n-C_{12}$）、汽油（$n-C_{10}—n-C_{16}$）和部分煤油（$n-C_{11}—n-C_{19}$），原油重质组分主要为部分煤油（$n-C_{11}—n-C_{19}$）、柴油（$n-C_{14}—n-C_{22}$）、重油（$n-C_{16}—n-C_{26}$）。

## 2. 微观孔隙内烃类赋存特征

在环境扫描电镜下，英雄岭页岩油不同岩相内石油赋存状态具有差异。在纹层状云灰岩中，黏土矿物纹层和方解石纹层表现出不同的含油性特征，在黏土矿物纹层中，可见固体干酪根（图 6-5a—c），在干酪根边缘可见石油顺着孔隙向周围黏土矿物晶间孔充注运移的现象，充满度较高，可达 80%；在方解石纹层中，可见少量石油充注粒内孔隙，但充满度较低；在方解石纹层与黏土矿物纹层接触部位，可见重质组分沿着黏土矿物纹层向方解石纹层运移的通道（图 6-5d—f）。在纹层状黏土质页岩中，黏土矿物纹层中可见少量固体干酪根，部分黏土矿物晶间孔被原油充注，充满度可达 80%（图 6-5g）；在黏土矿物纹层所包围的长英质纹层中，可见粒间孔和粒内溶蚀孔中充注重质组分，充满度略低（图 6-5h—i）。在薄层状灰云岩中可见明显的油晕和油花冒出（图 6-5j—l），含油性明显优于前两类岩相，重质组分富集也与激光共聚焦结果基本一致。

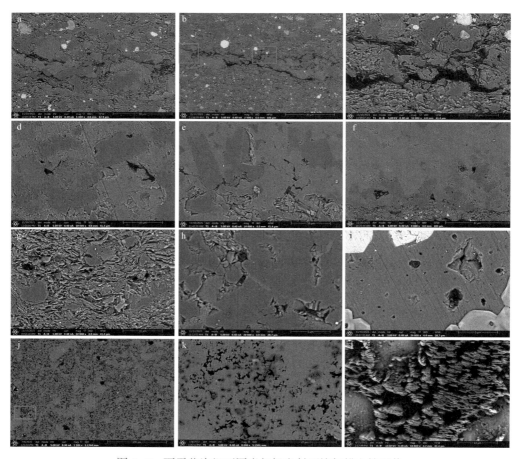

图 6-5　下干柴沟组不同岩相场发射环境扫描电镜图像

a—f—柴 2-4 井，2844.32m，纹层状云灰岩；g—i—柴 2-4 井，2798.5m，纹层状黏土质页岩；j—k—柴 2-4 井，2848.9m，薄层状灰云岩；l—柴 908 井，2772.92m，薄层状灰云岩

## 第三节　英雄岭页岩油可动性评价与主控因素

### 一、英雄岭页岩油可动性评价方法

前文已对目前陆相页岩油赋存状态评价方法进行了阐述。综合考虑不同方法的优缺点，结合英雄岭页岩油地质特征，本节采用三种方法对可动性和可动油量开展评价研究。

在可动油赋存有效孔径方面，采用低温氮气吸附与序列洗油结合的方法开展研究。考虑到不同极性流体的差异，序列洗油的溶剂，选择了正己烷和二氯甲烷。已有研究表明，正己烷可抽提出绝大部分弱极性烃类，二氯甲烷可抽提出绝大部分极性烃类。通过对比原始样品、正己烷洗油后样品、二氯甲烷洗油后样品氮气吸附结果的差异性，分析代表性岩相可动油赋存的有效孔径。需要说明的是，低温氮气吸附测定有效孔径的分布范围是2～256nm，因此，该方法重点针对小于256nm的孔隙内可动油赋存差异性开展分析研究。

在可动油含量方面，采用两种方法开展研究。第一种方法是 $S_1$ 含量法，优选柴平6井冷冻密闭取心样品，在井场开展现场分步热解分析，最大限度降低由于轻烃散失对可动油量准确评价的影响。在分步热解时，不同温度代表了不同烃类，图6-6展示了现场实时分步热解分析与传统实验室热解分析的差异，其中可动烃含量由 $S_g$、$S_o$ 和 $S_1$ 共同构成。第二种方法是二维核磁共振与序列洗油联用，确定不同极性烃类的含量。其中，序列洗油选择的有机溶剂是正己烷与二氯甲烷。

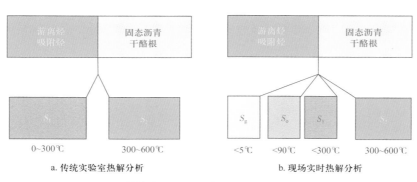

　　　a. 传统实验室热解分析　　　　　　　b. 现场实时热解分析

图6-6　传统实验室热解与现场分步热解分析对比

### 二、英雄岭页岩油可动油定量评价

#### 1. 英雄岭页岩油可动油有效孔径

不同岩相可动油赋存的有效孔隙空间具有差异（图6-7）。在洗油前，纹层状云灰岩孔隙量（此处用比孔容代替，以下相同）是最小的，仅为 0.0579cm³/g，薄层状灰云岩的孔隙量是最大的，达 0.13cm³/g；在正己烷抽提后，纹层状云灰岩在大于 32nm 的孔隙出现明显的孔隙增量，表明弱极性烃主要赋存在大于 32nm 的孔隙中，而在小于 32nm 的孔隙中含量较少。与之对应的热解参数表明，$S_1$ 由 2mg/g 减少为 0.33mg/g，$S_2$ 由 6.77mg/g 减少为 4.67mg/g，表明热解参数中 83.5% 的 $S_1$ 和 31% 的 $S_2$ 为弱极性烃。纹层状黏土质页岩表现与纹层状云灰岩相反，正己烷抽提后，孔隙增量主要分布在小于 32nm 的孔隙中，表明纹层状黏土质页岩中弱极性烃主要分布在小于 32nm 的孔隙中，热解参数 $S_1$ 由 1.79mg/g 减少为 0.96mg/g，$S_2$ 由 6.88mg/g 减少为 6.76mg/g，表明热解参数中 46.4% 的 $S_1$ 和 1.7% 的 $S_2$ 为弱极性烃，明显少于纹层状云灰岩。在含油性较好的薄层状灰云岩中，洗油后小于 128nm 的孔隙几乎没有孔隙增量，大量孔隙增量出现在大于 128nm 的孔隙中，而对应的热解参数中，$S_1$ 由 0.66mg/g 减少为 0.56mg/g，$S_2$ 由 2.18mg/g 减少为 1.23mg/g，表明热解参数中 15.2% 的 $S_1$ 和 43.6% 的 $S_2$ 为弱极性烃，$S_1$ 的减少量小于纹层状云灰岩，主要原因是薄层状灰云岩在放置过程中会发生大量轻烃散失，造成测定的 $S_1$ 较低。对于含油性较差的薄层状灰云岩，洗油后几乎无孔隙增量，$S_1$ 由 0.32mg/g 减少为 0.3mg/g，$S_2$ 保持 1.11mg/g 没有变化，表明热解参数中 6.3% 的 $S_1$ 为弱极性烃，含油性较差。

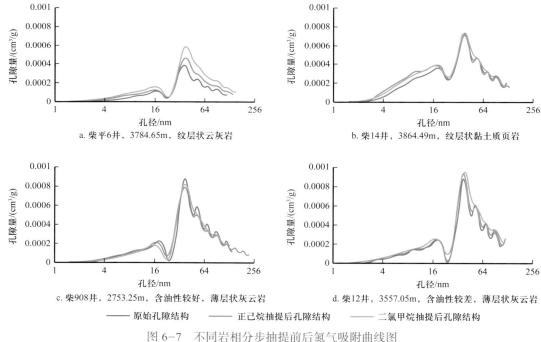

图 6-7　不同岩相分步抽提前后氮气吸附曲线图

在二氯甲烷抽提后，纹层状云灰岩中大于 32nm 的孔隙增量进一步增加，小于 32nm 的孔隙空间几乎不增加，热解参数 $S_1$ 由 0.33mg/g 减少为 0.27mg/g，$S_2$ 由 4.67mg/g 减少为 4.11mg/g，表明热解参数中 3% 的 $S_1$ 和 8.3% 的 $S_2$ 为极性烃。纹层状黏土质页岩小于

32nm 的孔隙空间几乎没有增量，在大于 32nm 的孔隙空间中略有增量，表明极性烃类主要分布在大于 32nm 的孔隙，热解参数 $S_1$ 由 0.96mg/g 减少为 0.33mg/g，$S_2$ 由 6.76mg/g 减少为 5.62mg/g，表明热解参数中 35.2% 的 $S_1$ 和 16.6% 的 $S_2$ 为极性烃，81.7% 的 $S_2$ 为不可动的有机质。在含油性较好的薄层状灰云岩中，二氯甲烷抽提后几乎未见孔隙增加，但 57.6% 的 $S_1$ 和 20.2% 的 $S_2$ 消失了，表明薄层状灰云岩孔隙较大，含有极性烃的孔隙已经超过氮气吸附的测试量程。在含油性较差的薄层状灰云岩中，二氯甲烷抽提后只有在大于 32nm 的孔隙中略有增量，总体 $S_1$ 和 $S_2$ 均不高，25% 的 $S_1$ 和 32.4% 的 $S_2$ 消失了，表明含油性较差的薄层状灰云岩中只有少量的极性烃赋存在大于 32nm 的孔隙中。

### 2. 英雄岭页岩油可动油量

#### 1）现场热解测定含油量

由于英雄岭页岩油原油性质较好，轻烃含量高，且地层压力大，导致在岩心采样过程中极易发生轻烃散失。通过二维核磁共振对新鲜样品进行连续长时间核磁共振信号测量，可以清晰地观察到样品存在明显的轻烃散失现象，总信号在不断降低（图 6-8）。信号变化与储层物性具有相关性，纹层状灰云岩孔隙度为 6.06%，22 个小时轻烃散失量就达到 10% 以上（图 6-8a、b）；当薄层状灰云岩孔隙度增加到 8.44% 时，22 个小时轻烃散失量

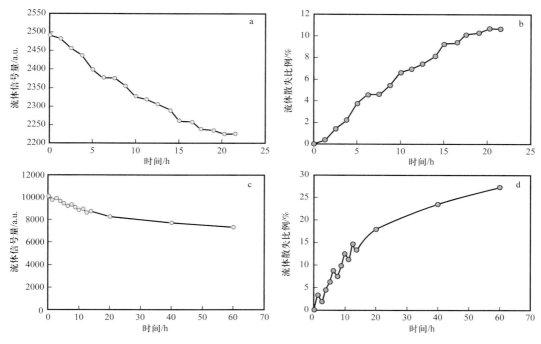

图 6-8 不同放置时间核磁共振信号变化

a、b—柴平 6 井，2789.44m，纹层状灰云岩随时间变化流体散失比例，孔隙度 =6.06%；c、d—柴平 6 井，2789.44m，薄层状灰云岩随时间变化流体散失比例，孔隙度 =8.44%

达到近 20%，60 个小时的轻烃散失量达到 28%（图 6-8c、d），且仍未进入稳定阶段，后期依旧在散失。因此，在测定英雄岭页岩油可动油含量时，尽可能地避免岩心样品长时间暴露导致烃类散失。

现场分步热解可有效降低轻烃散失的影响。柴平 6 井实测结果表明，英雄岭页岩油可动烃含量主体介于 2~10mg/g。其中，热解温度介于 90~300℃的可动烃含量最高，占可动烃比例超 70%。气态烃类含量（$S_g$）相对较低，主体小于 2mg/g，但该类烃类流动性较好；$S_o$ 含量中等，介于 $S_g$ 和 $S_l$ 之间，主体含量小于 2.5mg/g（图 6-9）。

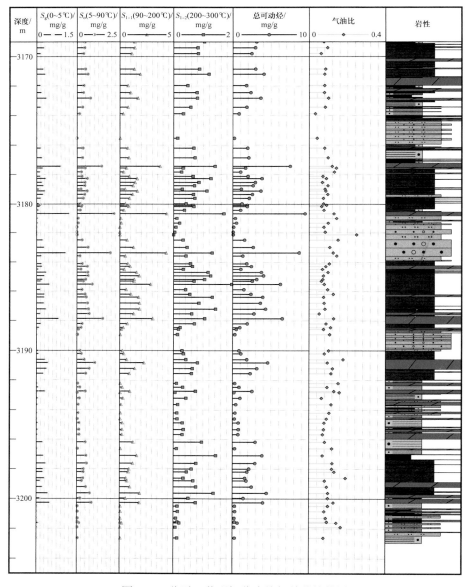

图 6-9　柴平 6 井现场分步热解单井柱状图

通过对比不同岩相可动烃含量，发现不同岩相可动烃含量也呈现明显差异。其中，薄层状灰云岩可动烃含量最高，主体大于 5mg/g；纹层状云灰岩可动烃含量与纹层状灰云岩基本相当，主体介于 2～5mg/g；纹层状黏土质页岩可动烃含量相对较低，主体小于 2mg/g（图 6-9）。

2）核磁共振测定含油量

不同岩相可动油含量具有差异。基于二维核磁共振的典型样品含油量测试结果如图 6-10 所示。

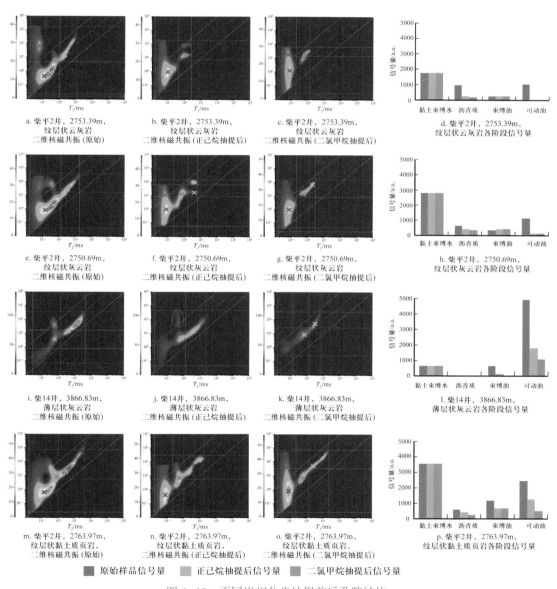

图 6-10　不同岩相分步抽提前后孔隙结构

对于纹层状云灰岩，利用正己烷抽提即可将可动油全部抽提干净，同时近一半的沥青质被抽提，表明该类岩相以弱极性烃类为主，仅有少量极性烃（图6-10a—d）。对于纹层状灰云岩，核磁共振分析表明总体可动油信号量所占比例较高，超过80%，在正己烷抽提后，信号量减少一半，利用二氯甲烷抽提后，信号量进一步减少至原有信号量的十分之一，表明在纹层状灰云岩中，可动油有一半为弱极性烃，一半为极性烃，还有部分无法抽提出来的烃类残留（图6-10e—h）。对于薄层状灰云岩，束缚油信号量相对较低，在正己烷抽提后，核磁共振信号量降低一半，在二氯甲烷抽提后，基本没有信号量，表明束缚油中弱极性烃和极性烃各占一半（图6-10i—l）。对于纹层状黏土质页岩，可动油信号量与纹层状云灰岩相近，在正己烷抽提后，核磁共振信号量减少一半，二氯甲烷抽提后，核磁共振信号量略有减少，保留了原信号量的三分之一；束缚油和沥青质的信号量在正己烷抽提后只有少量减少，二氯甲烷抽提后，核磁共振信号量基本没有变化，表明纹层状黏土质页岩中弱极性烃类含量相对较少，相对可动的极性烃类更少，含有大量不可动的烃类（图6-10m—p）。

综上所述，纹层状云灰岩总可动油含量略低，但基本全为弱极性烃类，可动性好；薄层状灰云岩总可动油含量最高，虽然只有一半弱极性烃，但由于其孔隙大，孔隙连通性好，部分极性烃类也可以有效流动；纹层状黏土质页岩弱极性烃含量少，含有大量不可动烃。

## 三、英雄岭页岩油可动性影响因素

### 1. 源储组合

原油微观赋存状态表征与分析结果表明，英雄岭页岩油地层发育毫米级至厘米级的源储组合关系。不同于相对均一的细粒沉积体系，英雄岭页岩油细粒沉积体系纵向上形成源储高频互层，在地质历史时期就可促进原油在富有机质层中生成后开始向贫有机质储层中运移，在运移的过程中，极性较弱的饱和烃和轻质烃类会优先进入储层之中，极性较强的芳香烃、非烃和重质的沥青质会滞留在烃源岩之中。

通过对英雄岭页岩油源储组合开展氯仿沥青"A"族组分分离，显示在烃源岩中普遍具有较低的饱和烃含量及较高的芳香烃、非烃和沥青质含量，而邻近的储层中饱和烃含量普遍高于邻近烃源岩，芳香烃、非烃和沥青质的含量普遍低于邻近烃源岩（图6-11），直接证实了英雄岭页岩油发生了不同尺度的烃类运移。该类地质历史开始发生的烃类运移，在色层效应下，完成了可动烃的富集，为后期页岩油开发提供了基础。

### 2. 孔隙结构

英雄岭页岩油地层发育薄层状灰云岩，其孔径介于百纳米至微米尺度，单层厚度较

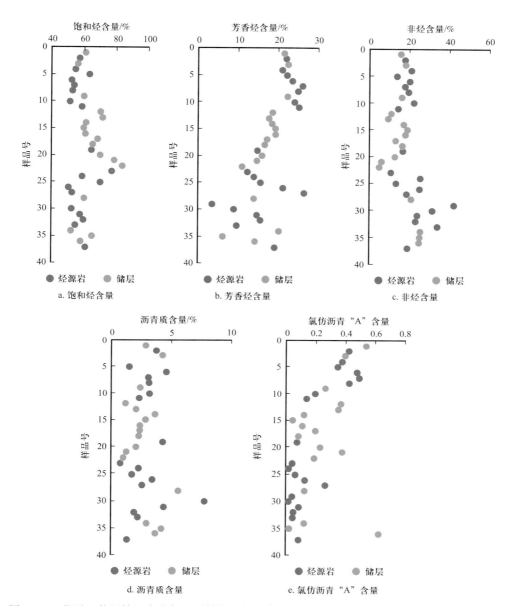

图 6-11　柴平 6 井源储组合内邻近源储饱和烃、芳香烃、非烃、沥青质和氯仿沥青"A"含量

小，普遍小于 50cm，最小厚度仅为 10cm，但出现频率较高，总厚度占整套地层的 25% 左右。从扫描电镜可以清晰地看到薄层状灰云岩发育大量白云石晶间孔（图 6-12a）。尽管小于 200nm 的孔隙数量最多，占 55.4%，但孔隙所占的总面积较小，仅为 5.4%；大于 3μm 的孔隙虽然数量仅占 0.1%，但面积占比达到 15%，且大于 1μm 的孔隙中含油性变差，小于 1μm 的孔隙中可见大量油晕（图 6-12b）。通过现场核磁共振测试分析，可以明确在地层条件下大孔中是存在流体的，自岩心取到地表后，随着放置时间的增加，流体信

号不断减弱，而且呈现主峰从大孔向小孔明显偏移的特征，直到 42 小时后，主峰从 8ms
降低到了 3.5ms（图 6-12c）。总流体信号量从 7457a.u. 降低到了 4242a.u.，降幅达到 43%
（图 6-12d）。通过对比现场密闭热解可动烃和放置一段时间后的热解 $S_1$，可以清晰地看到
薄层状灰云岩原始的可动烃含量为放置一段时间后热解 $S_1$ 的 0.52～180 倍（平均为 10.17
倍），部分样品的密闭热解可动烃为 8.94mg/g，但放置一段时间后热解 $S_1$ 仅为 0.14mg/g
（图 6-13），显示薄层状灰云岩大孔中的烃类散失十分严重，而小孔中的烃类散失相对较
弱，也侧面体现出大孔中原油具有较好的可动性。

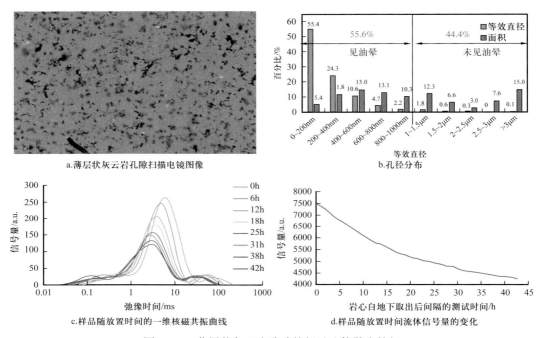

图 6-12　薄层状灰云岩孔隙特征及流体散失特征

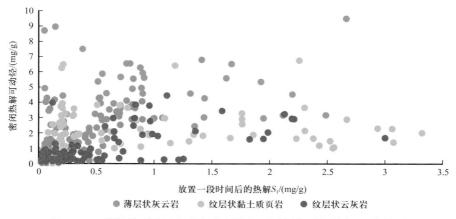

图 6-13　英雄岭页岩油各岩相密闭热解可动烃与现场热解 $S_1$ 的关系

在对英雄岭页岩油储层开展离心与核磁共振分析实验时，岩心核磁共振 $T_2$ 分布图显示，324、325 样品 $T_2$ 谱为单峰型，319、Q17 样品呈双峰型，Q20、Q21 样品呈凹字型；单峰型样品孔隙结构均匀，$T_2$ 值越高说明储集空间孔径越大；双峰型较高的 $T_2$ 值储集空间识别为裂缝，较低的 $T_2$ 值储集空间识别为小孔；凹字型样品储集空间为孔缝集合体，储集空间孔径分布最广；319 样品 $T_2$ 平均值最小，说明孔隙空间最小；Q17、325 样品 $T_2$ 平均值较大，说明孔径较大（图 6-14、表 6-1）。

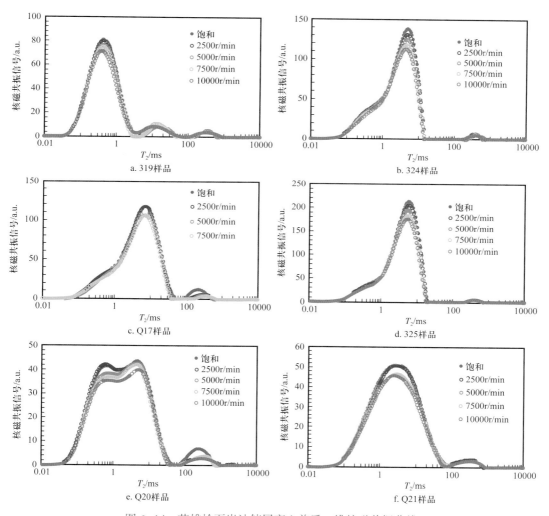

图 6-14　英雄岭页岩油储层离心前后一维核磁共振曲线

一维核磁共振实验结果证明：随着压力梯度升高，孔径对英雄岭页岩油可动性的影响更加明显。随离心力（转速）增大，原油动用效率呈对数模式增长，动用效率增长幅度逐渐降低，体现了大孔易动先动、小孔难动后动的特征。

表 6-1  英雄岭页岩油储层离心 + 核磁共振实验数据

| 样品 | 岩相 | 深度 /m | 核磁共振信号 /a.u. | | | | |
|------|------|---------|------|------|------|------|------|
| | | | 饱和 | 2500r/min | 5000r/min | 7500r/min | 10000r/min |
| 319 | 薄层状灰云岩 | 2817.73 | 2934.625 | 2839.096 | 2711.514 | 2619.641 | 2564.699 |
| 324 | 薄层状灰云岩 | 2819.94 | 4812.567 | 4612.799 | 4408.227 | 4157.557 | 4048.703 |
| Q17 | 纹层状黏土质页岩 | 2820.99 | 5044.542 | 4808.024 | 4515.771 | 4321.173 | 样品碎裂 |
| 325 | 纹层状黏土质页岩 | 2821 | 6864.615 | 6571.114 | 6229.036 | 5920.197 | 5723.61 |
| Q20 | 纹层状黏土质页岩 | 2821.09 | 2927.78 | 2816.104 | 2696.963 | 2583.493 | 2520.011 |
| Q21 | 纹层状黏土质页岩 | 2821.23 | 2959.369 | 2843.555 | 2714.783 | 2601.99 | 2561.018 |

# 第四节  英雄岭页岩油可动用性评价与主控因素

## 一、页岩油可动用性评价方法

页岩油静态可动性评价重点关注原始条件下流体赋存、源储组合、孔隙结构等对流体流动能力的影响，页岩油可动用性评价是在页岩油微观可动性评价的基础上，对页岩层系内石油可采出能力的宏观动态评价，重点关注通过不同人工开发方式提升油气产出的可动用能力。英雄岭页岩油采用大规模水力压裂后衰竭开采的方式，不同组构岩相的渗吸能力、油藏流体—工作介质—岩石相互作用提高流体动用的能力、页岩储层的缝网形成能力等是影响页岩油可动用性的关键因素。本节围绕以上三个主要因素开展相关的实验设计及研究。

（1）渗吸能力评价实验：渗吸是提高页岩油可动用性的重要方式，通过测试不同岩相岩石随着时间变化的吸水量，明确主要岩相吸液能力，从而得到利用渗吸来提高页岩油可动用性的潜力。

（2）渗吸驱油实验：联合渗吸驱油实验与核磁共振测试，通过重水代替去离子水来屏蔽水信号，获取原油含量信息；通过反演获得不同岩相在不同流体作用下的渗吸驱油规律，获取入井流体对原油动用的综合影响，明确入井流体表面力学、化学性质、离子含量和矿化度等对原油可动用性的影响。

（3）缝网形成能力评价实验：通过岩石力学破裂实验结合成像手段，对不同岩相破裂特征开展评价，明确不同岩相岩石在水力压裂条件下形成复杂缝网的能力，评价其可改造性。

## 二、不同岩相的可动用性评价

本节针对英雄岭页岩油地层开展渗吸能力、渗吸驱油、缝网形成能力的综合评价，从外来流体进入地层的能力、外来流体的排油能力和复杂裂缝形成能力等三个主要因素研究英雄岭页岩油不同岩相的可动用性。

### 1. 渗吸能力评价

渗吸能力反映外来流体进入岩石内部孔隙—微裂隙空间的能力。使用多类渗吸液开展自发渗吸实验（图6-15），主要采取的液体类型有去离子水、自来水、地层水、地层水与去离子水的1∶1的配比液、0.5%防膨剂、1%KCl的自来水，实验前后岩心整体产状无变化，说明岩心敏感性弱，同时纹层状岩心展现了更强的吸水能力，其渗吸容量往往超过1，也就是超过了岩心孔隙体积，反映出裂隙控制作用下的渗吸规律，以及纹层在渗吸及渗吸驱油实验中的重要作用。

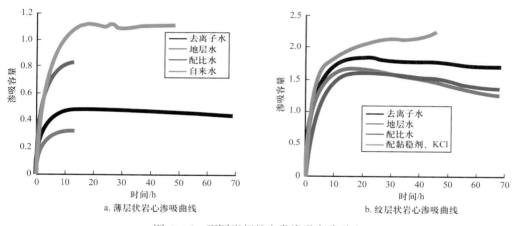

图6-15 不同岩相的自发渗吸实验对比

### 2. 渗吸驱油能力评价

通过不同岩相典型样品渗吸驱油的最终采收率可以看出，纹层状云灰岩的渗吸效率高于薄层状灰云岩，其初始的渗吸速度也高于薄层状灰云岩（图6-16）。核磁共振 $T_2$ 图谱分析可以看出，在渗吸驱油过程中可以看到纹层状岩心与薄层状岩心的微观孔隙动用差异性，其中薄层状样品大孔渗吸驱油比例达80%，薄层状岩心小孔渗吸驱油比例达17%，且仅析出小孔油量的6%，而纹层状岩相渗吸动用的主要孔隙是小孔隙中的原油，纹层状云灰岩与薄层状灰云岩的渗吸 $T_2$ 谱主要差别为小孔隙中的油量不同（图6-17）。

### 3. 缝网形成能力评价

通过单轴压缩曲线对不同类型岩石的力学特性开展评价（图6-18）。纹层状云灰岩的

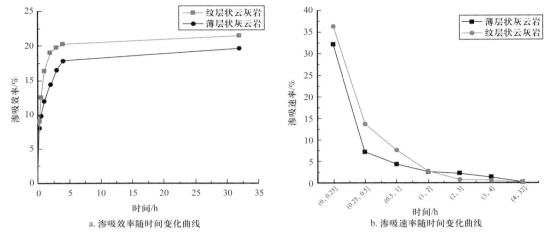

a. 渗吸效率随时间变化曲线

b. 渗吸速率随时间变化曲线

图 6-16　不同岩性渗吸效率及渗吸速率对比图

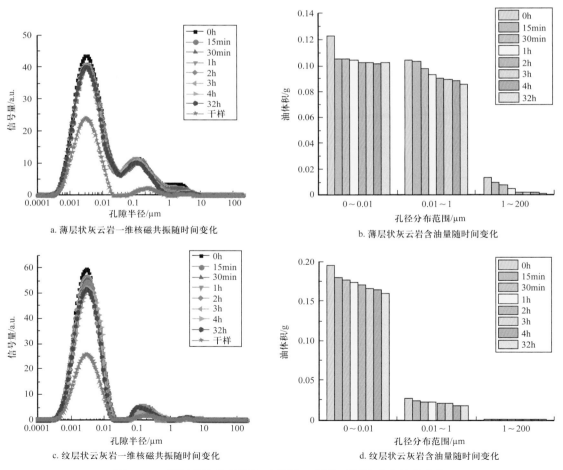

a. 薄层状灰云岩一维核磁共振随时间变化

b. 薄层状灰云岩含油量随时间变化

c. 纹层状云灰岩一维核磁共振随时间变化

d. 纹层状云灰岩含油量随时间变化

图 6-17　不同岩性渗吸驱油过程的 $T_2$ 谱及不同孔隙含油量变化

单轴抗压强度为 98.1MPa，薄层状灰云岩为 125.8MPa，纹层状黏土质页岩为 96.97MPa。从岩性上来看，云灰质岩相的抗压强度高于黏土质岩相；从构造上来看，薄层状岩相的抗压强度高于纹层状岩相。通过应力应变曲线峰后应力跌落情况对岩石的破裂过程开展评价，纹层状岩相在达到峰值强度后应力跌落缓慢，且应力应变曲线出现波动，说明纹层状岩相在破裂过程中仍能沟通更多的层理面，而薄层状岩相在达到峰值强度后应力迅速跌落，形成简单主缝。

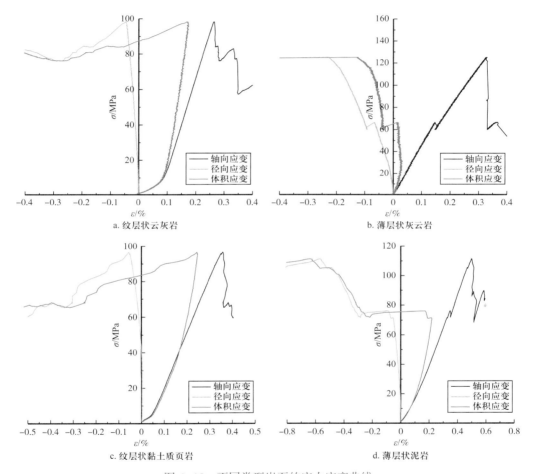

图 6-18　不同类型岩石的应力应变曲线

通过对单轴压缩实验后岩石端面的破裂特征拍照（图 6-19），分析不同类型岩石的破裂特征。纹层状灰云岩在端面开启多个层理面，且部分层理面相互沟通，形成复杂裂缝；薄层状灰云岩在端面边缘形成了一条主裂缝，端面其他部分未见明显破裂；纹层状黏土质页岩端面有一条主裂缝，在主裂缝周围的层理面开启程度较高；薄层状泥岩在岩石端面边缘产生破裂，主裂缝形态及层理开启的裂缝不明显。从构造上来看，相较于薄层状岩相，纹层状岩相更易开启层理形成复杂缝；从矿物组分来看，相较于黏土质页岩，云灰岩具有更高的承压能力，在破裂过程中破裂过程区更长，更容易导致开启的层理面相互沟通形成复杂缝。从 CT 结果也可以看出纹层状页岩具有相对更高的缝网复杂程度（图 6-20）。

图 6-19　不同类型岩石的破裂特征

a—纹层状云灰岩；b—薄层状灰云岩；c—纹层状黏土质页岩；d—薄层状泥岩

a. 纹层状云灰岩破裂后的CT扫描结果　　　　　　b. 薄层状灰云岩破裂后的CT扫描结果

图 6-20　不同类型岩石破裂特征 CT 扫描图

以上研究表明纹层状岩相的缝网形成能力强于薄层状岩相，灰云岩及云灰岩的缝网形成能力强于黏土质岩相。为进一步分析不同类型岩石储层的可改造能力和宏观可动用性，通过 CT 扫描重构对英雄岭凹陷不同类型岩石改造前的内部结构进行表征（图 6-21）。从构造上来看，薄层状灰云岩局部存在大孔隙，薄层状泥岩则存在一个较厚的层理面，纹层状云灰岩的层理面数量较多，但厚度较小。大孔隙和厚层理面使薄层状灰云岩显现出较好的物理性质，在岩石受到应力作用而产生破裂的过程中，裂缝沿着薄层状岩石的层理弱面扩展，形成一条主缝；纹层状云灰岩的层理面分布较为均匀，岩石在受力破坏时裂缝扩展过程中能够沟通更多的层理面，从而形成复杂的裂缝网络。纹层的存在使得岩石与流体有更大的接触面积，因此纹层状岩相的自发渗吸较高、渗吸驱油效果更好，同时纹层状岩相也更易压裂且更易形成复杂的裂缝网络，与油藏基质的接触面积更大，原油的产出通道更多、传质距离更短，因此从体积压裂角度，纹层状岩相具有更强的可动用性。

### 三、不同流体作用下的可动用性评价

对于咸化湖盆页岩油，不同离子含量的液体对界面张力、油水流度比、盐溶作用和胶结物溶解等产生重要影响，英雄岭凹陷地层水矿化度高，本节拟通过渗吸驱油实验研究不同盐度流体对可动用性的综合影响。

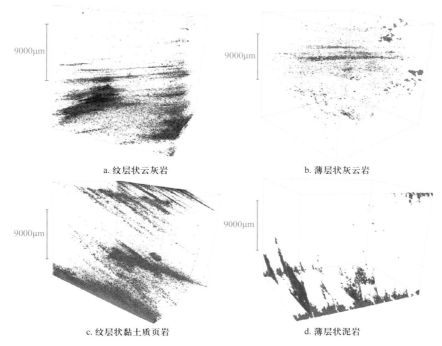

a. 纹层状云灰岩　　　　　　　　　　　　b. 薄层状灰云岩

c. 纹层状黏土质页岩　　　　　　　　　　d. 薄层状泥岩

图 6-21　不同类型岩相三维 CT 扫描重构结果

　　通过配比不同矿化度的试液后对岩心进行饱油、渗吸，明确矿化度对岩心渗吸效率的影响，分别采用 5%、20% 比例的地层矿化度重水配滑溜水，岩心的渗吸核磁共振 $T_2$ 图谱如图 6-22、图 6-23 所示，实验发现，矿化度对英雄岭页岩油岩心的渗吸效果具有显著的影响，5% 矿化度的滑溜水峰值变化较快，渗吸驱油速度更快，且渗吸驱油效率更高（图 6-24、图 6-25），低矿化度对岩样的驱油效率有促进作用，这是英雄岭页岩油提高可动用性的一个优势，但高矿化度会抑制岩心的驱油效率。由于地层水具有超高的矿化度，具备利用返排水配制压裂液的可行性，在一定程度上保持较低矿化度水对驱油效率促进作用的同时，降低淡水用量，节省成本。

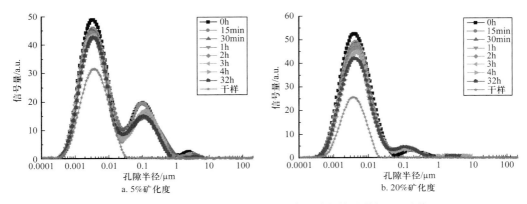

a. 5% 矿化度　　　　　　　　　　　　　b. 20% 矿化度

图 6-22　纹层状云灰岩不同矿化度水驱油的核磁共振 $T_2$ 图谱

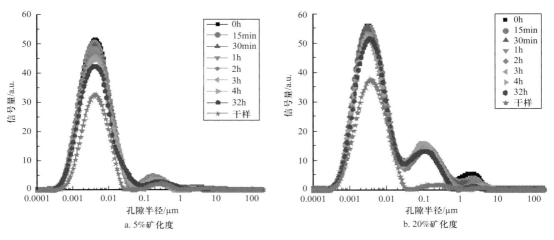

图6-23 薄层状灰云岩不同矿化度水驱油的核磁共振 $T_2$ 图谱

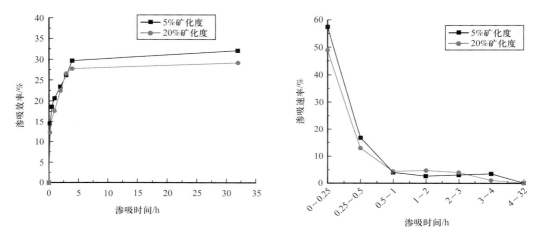

图6-24 纹层状云灰岩不同矿化度水驱油渗吸效率及速率对比

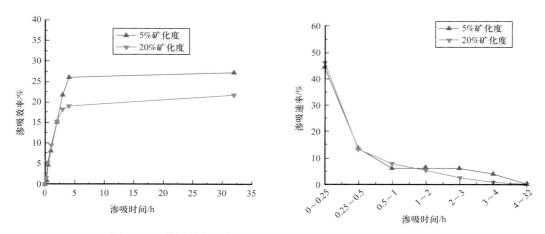

图6-25 薄层状灰云岩不同矿化度水驱油渗吸效率及速率对比

利用 5%、10%、15% 浓度的 HCl 试液对纹层状黏土质页岩进行浸润，通过核磁共振 $T_2$ 图谱明确酸性液体对渗吸效果的影响以及对孔隙结构的改变。酸液对中大孔的改造效果较好，通过核磁共振图谱计算，可以得到酸碱液对孔隙改造的效果，如图 6-26 所示。酸

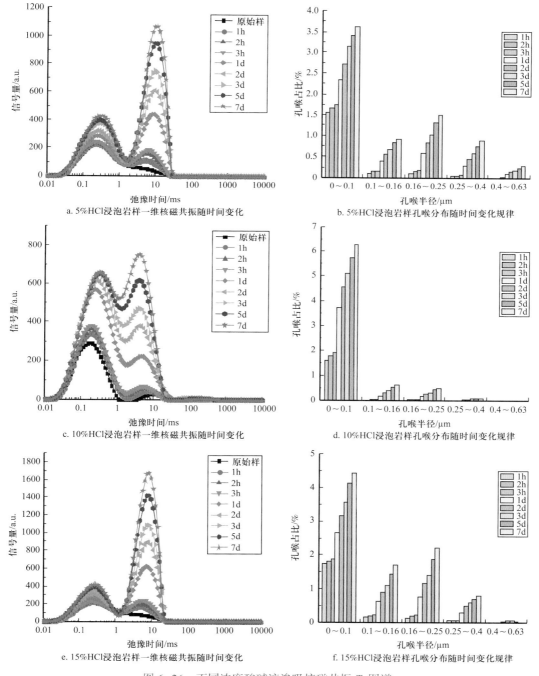

a. 5%HCl 浸泡岩样一维核磁共振随时间变化

b. 5%HCl 浸泡岩样孔喉分布随时间变化规律

c. 10%HCl 浸泡岩样一维核磁共振随时间变化

d. 10%HCl 浸泡岩样孔喉分布随时间变化规律

e. 15%HCl 浸泡岩样一维核磁共振随时间变化

f. 15%HCl 浸泡岩样孔喉分布随时间变化规律

图 6-26　不同浓度酸碱液渗吸核磁共振 $T_2$ 图谱

性液体都会增大岩心的孔隙度（图6-27），分析认为酸液溶蚀作用可进一步提高基质物性，从而提高原油的可动用性。

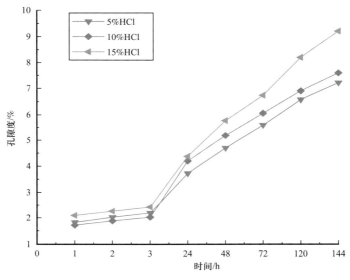

图6-27　酸性液体对孔隙度的影响效果

## 四、宏观可动用性影响因素

基于英雄岭凹陷不同类型岩石的微观可动性分析结果，相对于纹层状岩相，薄层状灰云岩孔隙中的油动用较高；基于不同岩相宏观可动用性分析结果，纹层状岩相的渗吸效率及速率大于薄层状岩相；基于不同类型岩石裂缝形成能力评价，纹层状岩相强于薄层状岩相，云灰岩的脆性较好且能够在岩石达到峰值强度后持续沟通层理产生复杂裂缝。

综合以上结果，汇总不同类型岩相性质评价如表6-2所示。英雄岭页岩油的可动用性受到微观可动性、裂缝形成能力、孔隙连通性、纹层发育程度与流体性质的综合控制，由于英雄岭页岩油原油性质总体较好、黏度较低，且随着埋深增加原油黏度进一步降低、气油比增加，因此在可动用性评价中可以不考虑原油性质的影响。除去流体性质因素，初步建立基于可动用性的储层等级划分标准，将英雄岭凹陷不同类型岩相的可动用性级别划分为三类，薄层状灰云岩为一类，纹层状云灰岩为二类，纹层状黏土质页岩为三类。

表6-2　不同类型岩石性质评价及储层分类

| 岩相类型 | 裂缝形成能力 | 孔隙连通性 | 微观可动性 | 纹层发育程度 | 宏观可动用性综合评估 | 储层等级 |
|---|---|---|---|---|---|---|
| 薄层状灰云岩 | 好 | 中等 | 中等 | 好 | 好 | 一 |
| 纹层状云灰岩 | 中等 | 好 | 好 | 差 | 中等 | 二 |
| 纹层状黏土质页岩 | 差 | 中等 | 差 | 好 | 差 | 三 |

## 第五节 英雄岭页岩油提高可动用性方法

### 一、着陆层位优化保证裂缝系统供油能力

水平井着陆层位对体积改造效果具有重要控制作用，在体积改造过程中，射孔炮眼附近的改造效果最好，随着远离射孔层位和水力能量快速衰减，缝网改造效果会减弱。英雄岭页岩混积、高频旋回的特征要求做好着陆层位的优化，以保障主要供油层位的改造效果。

以英雄岭页岩典型的纹层状云灰岩与薄层状灰云岩源储组合为例，两种岩相特点鲜明：（1）从富集模式看，纹层状云灰岩的 TOC 含量高，生烃能力较强，烃类主要是以滞留模式富集，薄层状灰云岩的 TOC 含量低，生烃能力较弱，烃类主要是来自纹层状云灰岩的微运移模式富集；（2）从可改造性看，两类岩相整体脆性矿物含量基本一致，其中纹层状岩石的岩石强度更低、破裂压力更低、更易形成复杂裂缝网络；（3）从外来流体渗吸驱油能力看，纹层状云灰岩的吸水能力更强、渗吸驱油潜力更强。

基于本章第四节不同岩相可动用性分类评价，综合上述多因素综合评估，着陆层位应设计在纹层状云灰岩以强化改造强度，充分利用纹层状云灰岩含油饱和度高、缝网形成能力较强、渗吸驱油潜力更好的优势，实现压后含水快速下降和快速见油，从而提升裂缝系统供油能力，对长期稳产具有重要保障。

上述分析在现场实践中得到了验证。以柴平 1 井为例，该井轨迹实钻第 13～21 段为纹层状岩相（图 6-28）。基于全井段示踪剂监测及压后产液剖面测试结果，纹层状岩相的

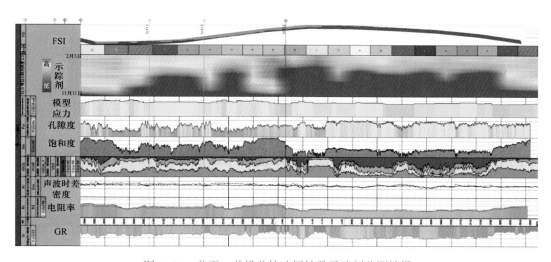

图 6-28　柴平 1 井沿井轨迹属性及示踪剂监测结果

示踪剂见剂时间短，改造效果好于薄层状岩相，段产油量较高，待薄层状岩相全部启动后，整体的含水率上升并逐步稳定。因此，纹层状岩相具备形成更复杂缝网的能力，有利于压后含水饱和度快速降低和产油量快速提升，证实了着陆层位优选对于提高页岩油可动用性的重要作用。

同时，直井分压合试井柴 908 井的分布式光纤测试进一步验证了该结论。柴 908 井采取 8 层分压合试的测试方法，从 3mm 油嘴的产液剖面测试结果来看（图 6-29），虽然以纹层状云灰岩为主的Ⅳ层和Ⅶ层的物性要差于Ⅷ层薄层状灰云岩，但压后产液贡献却与Ⅴ薄层状灰云岩基本一致，说明该类岩相的可改造能力强，综合考虑含油饱和度和渗吸驱油潜力，推断Ⅳ层、Ⅶ层和Ⅴ层都是主要的产油贡献段。

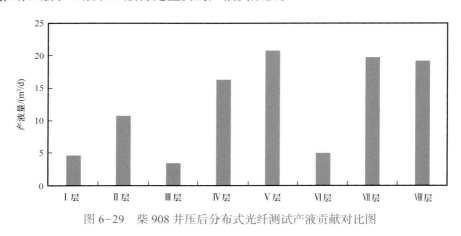

图 6-29　柴 908 井压后分布式光纤测试产液贡献对比图

## 二、缝网主动控制技术提升改造体积

从岩石脆性、岩石组构发育及其强非均质性（包括天然裂隙和弱面）和地应力等三个决定复杂缝网形成能力的基础控制因素来看：（1）英雄岭页岩油地层具有黏土矿物含量低、岩石基质脆性较好的特征，杨氏模量为 28～39GPa；（2）纵向上不同岩相高频叠置，层面发育，组构复杂，非均质性强，发育一定程度的天然裂缝；（3）整体表现为高应力和高施工压力，水平主应力差为 12～18MPa，现场施工破裂压力梯度为 0.0226～0.0295MPa/m。因此，英雄岭页岩油地层具有形成复杂缝网的基本条件，高水平主应力差抑制了缝网带宽，高应力和高破裂压力梯度增加了形成复杂缝网的工程难度。

除了上述特征，英雄岭页岩油地层可改造性具备以下几个特点：（1）混积特征显著，纵向上薄层状与纹层状岩相（层理 3000～5000 条/m）复杂叠置，纵向上裂缝穿层难度大；（2）薄层状和纹层状岩相的岩石破裂性质差异较大，根据本章第四节给出的岩石力学评价结果看，纹层状云灰岩与纹层状黏土质页岩的微观弱面更加发育，其破裂压力更低，形成的裂缝更加复杂；（3）地层孔隙压力较高，英雄岭页岩油储层压力系数为

1.88～1.96，属于异常高压系统，压裂过程中更易发生剪切破坏，在复杂组构及强非均质性条件下，有利于增加缝网复杂度。

针对以上特点，本节提出缝网主动控制技术来实现体积改造，缝网主动控制技术的核心内涵是基于页岩油地层体积改造思路，在造缝、扩网、有效支撑三个方面，围绕不同类型岩相的力学特征制定针对性对策，通过主动的人工控制来形成复杂裂缝网络并实现裂缝长期有效。如图6-30所示，纹层状岩相更易受纹层和层理控制，其裂缝更加复杂，但是压裂施工曲线显示破裂压力不明显，纵向上穿层难度大，需要在前置液体中加入冻胶强化造缝效果。薄层状岩相受层理控制较弱，施工过程破裂压力明显，在排量和施工压力允许条件下，全程滑溜水便可实现复杂裂缝改造。两种岩相均可采用变载荷的工艺方法，比如脉冲压裂或变黏度段塞，来提高缝网复杂程度。

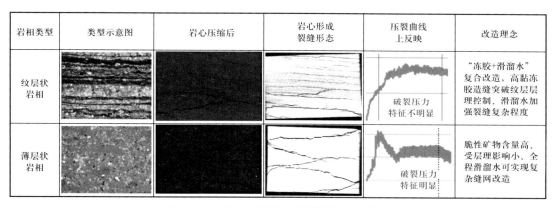

图6-30　英雄岭页岩油不同岩相改造理念

由于不同类型岩相在改造范围内频繁交互，纵向改造范围内会钻遇多种不同岩相，采用"冻胶＋滑溜水"复合改造技术是最佳选择，可按照"三段式"理念设计：（1）前置冻胶或者高黏液体造主缝，形成的优势通道让液体和支撑剂向地层深部运移；（2）中段采用大规模低黏液体携带小粒径石英砂来增大改造体积，充分利用弱面发育和低黏造体积缝，发挥小粒径支撑剂打磨近井区、远端支撑和封堵作用，增大远场体积缝的改造效果；（3）最后采用高黏液体连续携砂保证支撑效果，克服地层高应力条件下裂缝容易闭合失效的问题。

## 三、压裂液添加剂优选与压后适度焖井提高渗吸驱油效果

采用三种不同类型的表面活性剂开展岩心驱油实验，核磁共振$T_2$谱法能准确评价不同表面活性剂（表6-3）对岩心驱油效率的影响，结合现场实际能够进一步明确表面活性剂驱油作用机理以及产生的相关影响。

表 6-3　表面活性剂的类型及特征统计表

| 名称 | 分子式 | 作用 |
|---|---|---|
| AES | | 耐盐洗油能力强 |
| SDBS | | 超低界面张力 |
| CTAB | | 润湿性调节 |

本节利用核磁共振成像分析研究了 0.1% 滑溜水、0.1% 滑溜水 +0.01% 不同种类驱油剂对渗吸驱油的影响，驱替效果如表 6-4 所示。

表 6-4　不同驱油剂驱油效率

| 时间 / h | 滑溜水原样渗吸效率 / % | AES 渗吸效率 / % | SDBS 渗吸效率 / % | CTAB 渗吸效率 / % |
|---|---|---|---|---|
| 0 | 0 | 0 | 0 | 0 |
| 2 | 4.259 | 4.39 | 6.85 | 4.79 |
| 4 | 12.83 | 12.25 | 14.2 | 12.83 |
| 6 | 11.80 | 12.43 | 16.00 | 13.08 |
| 24 | 12.53 | 13.60 | 16.57 | 13.39 |
| 36 | 12.22 | 13.94 | 16.81 | 13.72 |
| 48 | 12.91 | 15.26 | 20.94 | 14.20 |
| 50 | 14.11 | 16.31 | 21.74 | 15.44 |
| 72 | 17.40 | 17.06 | 23.19 | 17.38 |
| 144 | 17.37 | 18.14 | 24.81 | 19.31 |
| 216 | 17.38 | 20.99 | 25.71 | 25.46 |
| 624 | 18.94 | 22.61 | 25.60 | 25.92 |

如表 6-4 至表 6-6 所示，渗吸驱油 26 天后滑溜水、不同种类驱油剂的渗吸驱油效率均大于 20%，基本在 9 天左右达到渗吸平衡点，从不同孔隙在采油过程中的贡献程度可以

得出，两性表面活性剂（CTAB）≈阴—非离子表面活性剂（AES）>阴离子表面活性剂（SDBS），但是 SDBS 表面活性剂在小孔中的渗吸效率较好。

表 6-5　渗吸采油占自身含油量的比例

| 孔径分布范围 / μm | 渗吸采油占自身含油量的比例 /% | | | |
|---|---|---|---|---|
| | 滑溜水原样 | AES 表面活性剂 | SDBS 表面活性剂 | CTAB 表面活性剂 |
| 0~0.001 | 5.43 | 7.81 | 37.52 | 12.32 |
| 0.001~0.1 | 30.17 | 32.78 | 5.83 | 40.14 |
| 0.1~20 | 10.25 | 12.12 | 9.47 | 12.20 |

表 6-6　不同孔隙在驱油过程中的贡献程度

| 孔径分布范围 /μm | 贡献程度 /% | | | |
|---|---|---|---|---|
| | 滑溜水原样 | AES 表面活性剂 | SDBS 表面活性剂 | CTAB 表面活性剂 |
| 0~0.001 | 24.04 | 31.95 | 70.18 | 53.18 |
| 0.001~0.1 | 34.34 | 34.06 | 40.14 | 30.42 |
| 0.1~20 | 92.37 | 95.13 | 37.11 | 98.52 |

从表 6-5 和表 6-6 可以看出，SDBS 对小孔隙渗吸驱油效果较好，滑溜水、AES、CTAB 对中孔隙渗吸驱油效果较好。如图 6-31 至图 6-33 所示为三块岩心的饱油样核磁共振成像图谱以及驱油 9 天后的核磁共振成像图谱，可见可动油在重水配驱油剂破胶液作用下的动态过程，经过表面活性剂渗吸驱油后，微观孔隙原油能够得到有效动用。

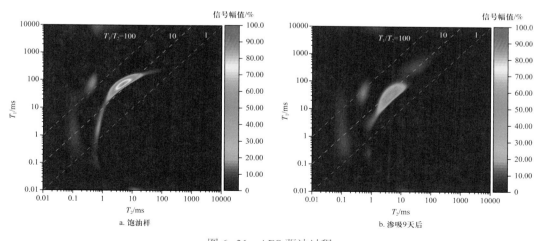

图 6-31　AES 驱油过程

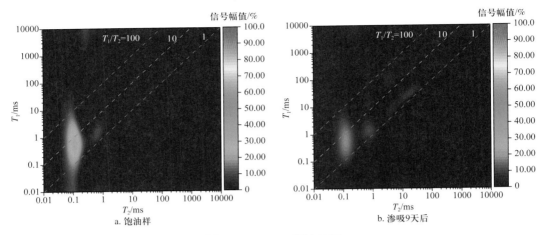

图 6-32　SDBS 驱油过程

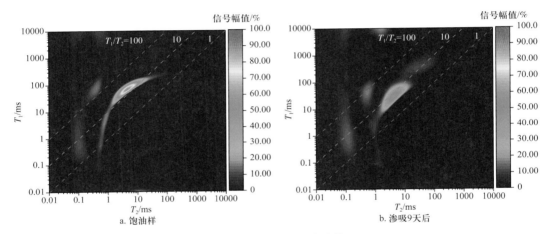

图 6-33　CTAB 驱油过程

　　压后焖井在页岩油地层体积改造后广泛应用。通常情况下认为压后适当关井有利于压后近裂缝地带的压力向地层深部扩散，实现增能保压目的，同时也可高压促进压裂液进入基质，促进渗吸驱油作用，实现压后快速见油、含水快速下降的目的。

　　以薄层状灰云岩与纹层状云灰岩为例，开展了地层条件下压裂液与岩相原位水—岩反应模拟（图 6-34）。结果表明压裂液对岩石具有溶蚀增渗作用，压前压后的孔隙度虽然基本没有变化，但渗透率得到较大幅度提升。通过扫描电镜微观观察，随着压裂液与岩石作用时间的增长，可明显看到溶蚀现象，主要是方解石矿物与压裂液作用后容易形成溶蚀，且实验过程中液体中的 $Ca^{2+}$ 与 $Mg^{2+}$ 稳步增长，$Ca^{2+}$ 浓度更高，证实了方解石的溶蚀现象。需要注意的是，当反应时间超过 20 天后，在样品表面出现了新生矿物沉淀充填作用，对孔隙结构造成破坏。

　　因此，从提高英雄岭页岩油可动用性的角度，适当采取压后焖井提高基质的流动能力，对长期原油稳产产生积极影响，基于原位条件下的水—岩反应来看，10～20 天为较为合理的焖井时间。

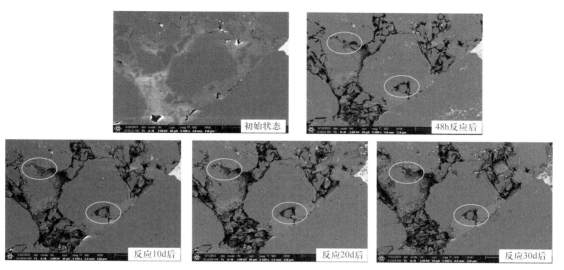

图 6-34　不同压裂液作用时间下英雄岭页岩油储层孔隙结构变化扫描电镜图

# 小　结

（1）系统阐明了微观静态可动性与宏观动态可动用性的内涵和逻辑关系：页岩油可动性评价是指地层原始状态下石油在储集空间中赋存状态和启动能力的微观静态表征，强调微纳米孔缝系统内石油的原位状态刻画及组分定量评价，主要受微纳米限域场内流固耦合作用力控制；页岩油可动用性评价是在页岩油微观可动性评价的基础上，对页岩层系内石油可采性与产出能力的宏观动态评价，重点关注通过不同人工开发方式促使油气产出的可动用能力，主要受原始地层动力条件、宏观裂缝体系人工可改造性与微纳米限域场跨尺度流场动力学控制。

（2）激光共聚焦实验结果揭示，纹层状云灰岩中黏土质纹层重质烃类富集，碳酸盐纹层中轻烃富集，碳酸盐纹层可动性较好，但比例较低，薄层状灰云岩中重质和轻质烃类均较为富集，孔隙结构较好，利于烃类渗流，纹层状黏土质页岩中黏土质纹层重质烃富集，长英质纹层胶结严重几乎无烃类，总体可动性较差，砂岩整体胶结严重，也无生烃能力，只含有少量轻烃。

（3）序列洗油联合氮气吸附和二维核磁共振显示纹层状云灰岩弱极性烃比例最高，主要为可动油，分布在大于 32nm 孔隙中；薄层状灰云岩中弱极性烃比例占到 70% 以上，主要为可动油，分布在大于 128nm 孔隙中；纹层状黏土质页岩弱极性烃比例小于 40%，部分为束缚油和可动油，在所有孔隙中均有分布，但比例极小。

（4）英雄岭页岩油微观可动性主要受控于源储组合与孔隙结构。其中纹层状云灰岩和薄层状灰云岩组成的优质源储组合利于原油向优质储层的高效充注，控制了可动烃的富集，而其他岩相组合充注效率较低，难以形成页岩油可动烃的有效运聚。薄层状灰云岩发育尺寸大、连通好的晶间孔，为原油在其中的渗流提供了优质的通道。英雄岭页岩油原油品质相对较好，饱和烃与芳香烃含量超 70%，气油比增大可适当降低原油黏度，为原油启动和可动性提供了弹性能量。

（5）渗吸能力、渗吸驱油能力和缝网形成能力综合评价显示，英雄岭页岩油宏观可动用性主控因素包括岩相类型控制下流体性质、油水界面性质和可改造性等，整体上薄层状灰云岩和纹层状云灰岩两种主体岩相均具备利用压裂液和储层相互作用提高页岩油可动用性的条件。

（6）不同流体性质下的可动用性实验显示，低矿化度压裂液有利于提高渗吸驱油效果，地层高盐特性使得注入流体矿化度在对页岩油渗吸驱油效果的影响相对较小的情况下有一定的调整空间，具备利用返排液压裂的条件；酸性压裂液能通过改善基质流动能力提高可动用性；耐盐的纳米表面活性剂作为压裂液添加剂能有效提高原油可动用性。上述研究为英雄岭页岩油优势靶体优选和开发技术策略提供理论支撑和实施依据。

# 第七章　英雄岭页岩油高效开发技术

实现页岩油高效开发，是推动页岩油产业健康发展的核心。英雄岭页岩油作为全球独具特色的巨厚山地式页岩油，具有贫碳富氢高效生烃、巨厚—高频互层细粒沉积、强改造差异富集等独特性，薄互层发育、岩石组构多尺度非均质性强、微观渗流机制复杂，储层改造材料和工艺技术的适应性差异大，限制了体积压裂效果，增加了提高单井产量和预测最终累计产量（EUR）难度。英雄岭页岩油自 2021 年开始探索，目前仍处于勘探开发的初期阶段，主体勘探开发技术尚未定型，传统的油气勘探开发与管理模式难以满足页岩油等非常规油气勘探开发的需求。特别是在国际油价波状起伏背景下，相对高成本、高投入页岩油项目的规模效益开发正在面临一系列重大挑战。本章主要介绍了英雄岭页岩油效益开发面临的挑战，并对目前英雄岭页岩油已经形成的高效开发关键技术和技术成效进行说明，以期让读者更深入地了解高原地区页岩油开发的技术发展方向。

## 第一节　英雄岭页岩油效益开发面临的挑战

我国陆相页岩油效益开发面临着一系列挑战（杜金虎等，2019；李国欣等，2020；孙龙德等，2021；赵文智等，2023），主要包括技术、成本、管理和理念四个方面（图 7-1），

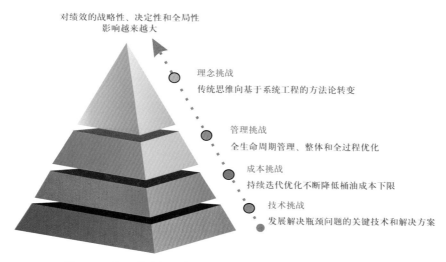

图 7-1　我国非常规油气效益开发"挑战金字塔"的四个层次

对于英雄岭页岩油而言，同样面临上述四方面挑战。本节结合英雄岭页岩油实际情况，从上述四个方面出发，论述英雄岭页岩油面临的挑战。

## 一、技术挑战

我国以陆相为主的页岩油资源效益开发普遍面临的技术挑战包括（李国欣等，2020；贾承造，2020；金之钧等，2021；高德利，2021；赵金洲等，2021；路保平，2021；Gherabati et al.，2017）：（1）基础地质认识不足，平面上的甜点区与纵向上的甜点段分级评价标准规范困难；（2）水平井钻井难度显著提升，表现为优质储层钻遇率低、钻井周期长、工程成本高，制约了大井丛平台立体开发模式的应用和推广；（3）岩相特征与岩石组构多尺度非均质性和微观渗流机制复杂，储层改造材料和工艺技术的适应性差异大，较大程度上限制了体积压裂效果，提高单井产量和预测最终累计产量（EUR）难度大；（4）薄互层发育、强非均质性导致储层高分辨率、高精度建模难度大，基于混合井型或多层水平井立体开发的精准布井、产能预测及多元协同优化不确定性高，开发方案及部署策略的适应性差异大；（5）数据基础和工程经验相对薄弱，多学科数据存在"孤岛"现象，设备装备智能化程度不高，地下井网系统、地上井场及集输系统、远程作业及决策系统的集成共享技术有待提升。

英雄岭页岩油因其独特性还面临更加艰巨的技术挑战，具体包括（李国欣等，2022，2023）：（1）地质方面，页岩层系内构造变形复杂，不同构造样式控制下的富集模式多变，多旋回高频叠置的巨厚沉积横向和纵向非均质性极强，优势岩相组合变化快，平面上的甜点区和纵向上的甜点段评价挑战性强，开发层系划分、层系组合优化、井型选择和各层系水平井段"铂金靶体"判别难度高。（2）工程方面，挤压变形为主伴生走滑改造的构造背景，以及现今活跃的青藏高原隆升挤压状态的影响，使英雄岭页岩油地层孔隙压力系数高、应力梯度高、两向水平应力差大，孔隙压力和应力场复杂多变；巨厚的高频变化沉积特点使不同甜点段、不同箱体在不同深度的页岩油流体性质具有较强的差异，页岩油流体相态行为及岩石和流体相互作用机理复杂；咸化湖盆沉积环境使地层水矿化度可达 $25 \times 10^4$ mg/L 以上，对生产产生长期的影响。

总体来看，英雄岭页岩油勘探开发主体技术和工艺体系在应对不同富集模式、不同箱体的适应性方面仍存在较大挑战，工程风险和难度高。因此，在页岩油甜点类型与富集模式的系统研究基础上，建立针对性布井方式，建立高效的开发模式，是实现英雄岭页岩油规模动用与效益开发的技术关键。

## 二、成本挑战

页岩油气地质特性决定了需要持续钻井以维持产能，在全生命周期勘探开发工作中需要持续投入大量的资源、人力、技术和资金。因此，只有持续降低桶油成本、不断突破成本极限，才能增强项目抗风险能力和盈利能力。现阶段我国非常规油气开发桶油成本较高，与规模效益开发要求还有很大差距。根据国内有关公司报道，在相近钻井深度和水平段长度条件下，国内页岩油钻井周期和单井建井投资远超北美（刘合等，2020；Defeu et al.，2019）。

英雄岭页岩油面临着更加严峻的成本挑战，主要体现在：（1）柴达木盆地的社会依托差，在生产现场，尚未形成相对完善的市场竞争机制；（2）英雄岭凹陷处于高原高寒地带，全年平均气温 $-2 \sim 12℃$，每年 11 月至第二年 3 月现场施工难度极大，整体施工周期短；（3）氧气浓度仅为东部平原地区的 70%，造成以柴油为主要动力的机器效率不足，再加上相对缺水的环境，在很大程度上影响了现场大规模压裂施工；（4）地表崎岖，井场选址和井场准备存在一定困难，道路、供水等基础设施建设工程量大、使用成本高。以柴平 1 井为例，现场压裂用水约 $4 \times 10^4 m^3$，仅运输成本高达 150 万元。

### 三、管理挑战

以资产项目为基本单元实施全生命周期管理，是国际油公司经过长期实践证明的有效管理模式，也是非常规油气资源效益动用最有效的组织模式。这种模式特别重视开展系统性前期研究，用充足的时间和资金投入产生较大的价值影响，为整个资产项目价值链优化奠定基础。目前，我国非常规油气开发项目仍然采用传统的学科专业接力式管理，不同阶段、流程和环节之间存在着衔接不畅甚至脱节的问题，及时输入机制、动态反馈机制和适时调整机制不完善，各个学科实现交叉融合难度大，各专业子系统的局部最优化并不能保证整个系统的全局最优化，尚未实现全生命周期管理，已经不适应非常规油气工业快速反应、及时调整、整体优化的要求。

英雄岭页岩油是青海油田第一个大规模勘探开发的页岩油气资源，在资产项目价值管理、多学科协同、多环节协同方面面临着诸多挑战，在英雄岭页岩油特有的技术挑战和成本挑战大背景下，缺乏相应的借鉴。因此，管理创新对于英雄岭页岩油能够成功效益开发具有重要的意义。

### 四、理念挑战

与常规油气资源相比，非常规油气资源虽然是一种相对低品位、劣质化的资源（孙龙德等，2019），但是绝不能简单等同于低采收率和低效益。国外的实践表明，非常规油气完全可以获得高采收率（李国欣等，2020；Gherabati et al.，2017；Boswell et al.，2020）；北美通过持续降低桶油成本，实现了强震荡油价下非常规油气的规模效益开发（Sochovka et al.，2021）。在我国，相当多非常规油气开发项目在进行油田层面的方案编制甚至总部层面的顶层设计时，将其等同于"低采收率、低效益"，缺省设定 10% 以下的采收率，以及在一定油价下较低收益率甚至负收益率，拘泥于还原论层层分解、条块分割方式和传统思维定式，限制了自我发展和创新空间。

英雄岭页岩油面临着理念上的重大挑战，特别是柴达木盆地前期页岩油气资源开发的探索较少，传统开发理念指导下的产建规模、采收率、经济效益等多方面的核算均无法实现效益开发，如何突破理念上的束缚成为其能否效益开发的核心问题。以国内最新开展的玛131小井距试验区为例，在突破了传统意义上"拉大井距、避免井间干扰"的理念后，设置了100～150m的井距，主动利用井间干扰，立体井网的采收率得到大幅度提高，预测超过25%，突破了传统认识，也体现了理念上的突破对于非常规油气资源效益开发的意义。

总体而言，在页岩油气效益开发面临的四个层次挑战中，技术挑战是现状、成本挑战是表象、管理挑战是症结、理念挑战是核心。只有解决理念问题，才能理顺管理症结，才能坚持成本底线思维，开展全流程优化，进而突破完全成本高的表象。因此，必须以创新的理念为引领，以管理变革为突破口辅之关键抓手以推动管理革命，加速我国非常规油气规模效益开发，保障国内油气供给，服务国家能源安全战略，适应"碳达峰""碳中和"国家战略新要求。

## 第二节　英雄岭页岩油高效开发关键技术与成效

紧密围绕英雄岭页岩油高效开发面临的技术挑战，笔者和研究团队在英雄岭页岩油富集机制与可动用性研究的基础之上，着力探索能够解决英雄岭页岩油效益开发的关键技术难题，形成了英雄岭页岩油地质工程一体化配套技术体系。主要的技术序列包括甜点区/段评价与预测技术、优快钻完井技术、水力压裂缝网主动控制技术、地质工程一体化建模技术、布井方位优化技术等，并针对不同构造单元开发模式提出建议，甜点综合评价准确率、导向精度、水平井钻井周期、体积改造效果等大幅度提升，在地质工程一体化模型的基础上，加强了以上关键工程技术的专业化协作，为解决制约英雄岭页岩油效益勘探开发面临的技术难题提供支撑。

### 一、甜点区/段评价与预测技术

利用地质、测井和地震新技术融合（图7-2），在水平井开发条件下，考虑压裂后沟通储层的整体潜力，基于三维模型开展潜在改造地层窗口内的资源潜力评估，包括烃源岩品质、储层品质、工程品质和流体品质等"四品质"综合评价。通过不同的移动窗口求和评估潜在改造地层窗口内的资源潜力，在潜力箱体内考虑工程品质选择着陆点，有效提高了英雄岭页岩油纵向甜点评价准确率。目前，英雄岭页岩油甜点综合评价准确率达80%以上，比传统技术提高30%。

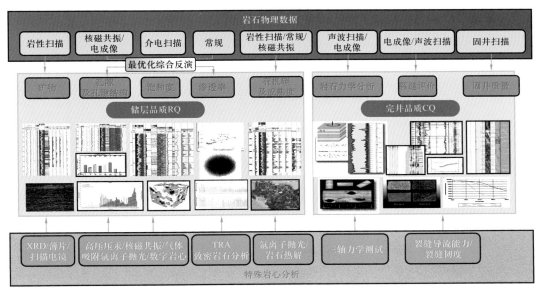

图 7-2　英雄岭页岩油甜点岩石物理综合评价流程图

## 二、基于一体化模型的导向和优快钻完井技术

基于一体化模型形成了用于水平井轨迹确定的一维旋回判别法、二维导向剖面拟合法和三维趋势约束法，实现井轨迹正确钻遇目的层，水平井导向精度控制在 1m 以内。通过创新平台井井眼轨迹设计方法、创建井工厂作业模式、攻克水平段一趟钻钻井关键技术，实现水平井钻井周期降低 50%。

基于地质工程一体化模型的导向方法，完成大平台优快钻井的创新发展，通过"人员 + 动力设备 + 循环设备"共享、钻井液重复利用、重浆集中储备、钻机平移等形成井工厂作业模式，实现钻井液重复利用 30%、节约用地 $2.8 \times 10^4 m^2$；通过高效钻头优选（AT505VS）、高效提速工具（ATC+ 直螺杆）、参数强化（钻压 12～13t，转速 120r/min、排量 30L/s）等措施建立以"高效钻头 + 有机盐钻井液 + 旋转导向提速"为主的页岩油提速技术模板，在英页 1H 平台的 3 口井实现水平段一趟钻，并将水平井井身结构由常规四层安全优化为普遍常规三层、主体区二层，实现钻井成本降低 20% 以上、机械钻速提高 89.2% 的突破（图 7-3）。

## 三、基于地质工程一体化模型的水力压裂缝网主动控制技术

基于英雄岭页岩油可动性和可动用性的研究成果，针对英雄岭凹陷高应力梯度、高应力差、高灰云质含量储层改造难度大、缝网简单的问题，研发形成以"缝网主动控制技术造复杂缝网、充分打碎地层、建立页岩油流动通道""压裂液添加耐盐表面活性剂提高渗吸驱油效果""平台井立体压裂实现缝网改造"等为主体的体积改造技术，实现水平井井控储量从不足 $20 \times 10^4 t$ 到 $45 \times 10^4 t$ 的提升，较常规技术提高一倍以上。综合应用取得如下应用实效：

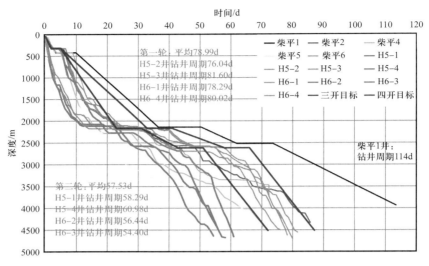

图 7-3　英雄岭页岩油周期学习曲线

## 1. 应用"三段式"缝网改造方案实现"抑近扩远"

优化裂缝延伸和保持井筒完整性效果，实现了远场干扰，利用"新老"裂缝远场相互作用，提高了缝网复杂程度（图 7-4）。以柴平 1 井为例，2021 年开展缝网控制技术试验后，于 2021 年 11 月 18 日投产，295 天累计产油 10023.5t，气油比在 60～300m³/m³ 之间，相对较低且变化平缓，该井水平段长 997.33m，预测 EUR 接近 $3.2 \times 10^4$t。

a. 柴平1井第8段微震监测结果　　　　　　　b. 柴平1井第8、9段微震监测结果

图 7-4　柴平 1 井微地震事件

在上述改造理念的指导下，针对埋深更大的中、下甜点开展试验，通过局部参数优化以适应埋深增大后改造难度更大的问题，取得了较好的应用效果，柴平 2 井投产 300 天累计产原油 6650.61t，柴平 5 井投产 219 天累计产原油 2578.53t（图 7-5）。

## 2. 通过合理井距优化实现立体开发平台缝网全覆盖

通过一次井网实现储量动用及采收率的最大化。对柴平 1 井开展生产动态和基于解析模型的生产历史拟合，获有效裂缝半长为 95～100m，根据流动物质平衡分析，估算控制储量为 $44.38 \times 10^4$～$49.44 \times 10^4$m³（图 7-6）。结合三维地质模型、地质力学模型和实际压

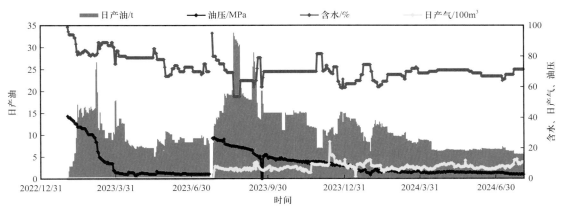

图 7-5 柴平 5 井生产曲线

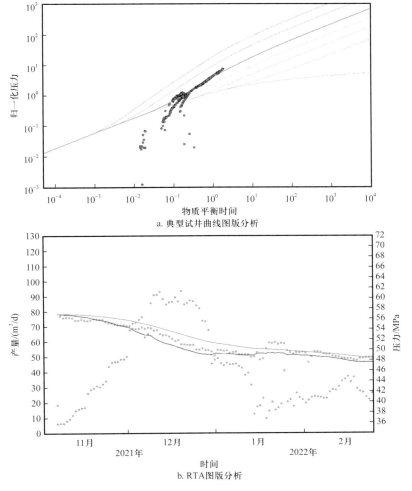

a. 典型试井曲线图版分析

b. RTA图版分析

图 7-6 柴平 1 井 RTA 动态分析评价结果

裂施工曲线对柴平 1 井压裂裂缝形态进行模拟拟合，考虑施工曲线（ISIP 点）、微地震长度和高度分布，以 RTA（压力不稳定分析）动态裂缝半长作为校准，得出平均支撑裂缝长度为 165.8m，平均支撑裂缝高度为 27.5m，平均支撑裂缝面积为 32555.6m³，平均裂缝导流能力为 260.1mD·m。

上述开发动态评价法对合理井距给出了建议，为立体开发的合理井距提供了指导，在实现缝网全覆盖和储量充分动用的基础上，兼顾裂缝非均匀扩展，后续采用利用地质工程一体化模型，开展裂缝扩展和应力场耦合模拟（图 7-7、图 7-8），确定最佳的立体压裂方案，对平台井整体压裂中立体布缝、应力干扰、施工顺序、产能预测等内容耦合模拟，明确一次井网、立体改造、主动干扰等方法有利于提高整体动用效果。

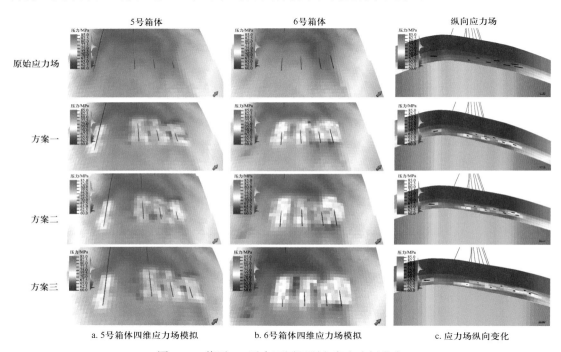

图 7-7　英页 1H 平台不同压裂方案应力场分布

在以上理念的指导下，针对英页 2H 平台井距、压裂规模、排采制度等开展一体化综合评价，系统优化了英页 2H 平台方案设计，定型了三类参数：（1）双层布井模式，W 型双层水平井部署，井距为 500m，水平段长 1500m；（2）体积压裂工艺，采用多簇射孔密布缝＋可溶球座硬封隔＋适宜规模避干扰，将电驱压裂引入英雄岭页岩油现场施工；（3）合理排采制度，通过地质工程一体化实验，优化最佳焖井时间为 15 天，并制定了 3～3.5mm 工作制度控压返排。英页 2H 平台压裂前 15 天对柴平 2 井、柴平 4 井关井蓄能，通过蚂蚁体分析避射天然裂缝发育段 5 个，首次实现了全程监控的同步拉链式压裂，有效提升改造效果、施工效率，避免施工恶性干扰（图 7-9）。通过全方位参数和施工过

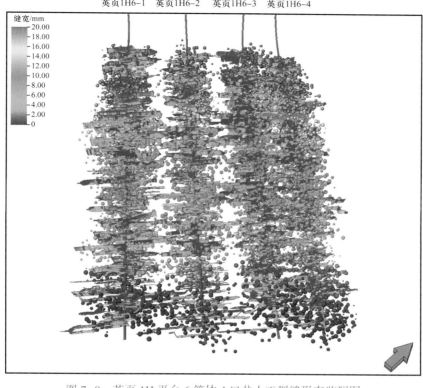

图 7-8　英页 1H 平台 6 箱体 4 口井人工裂缝形态监测图

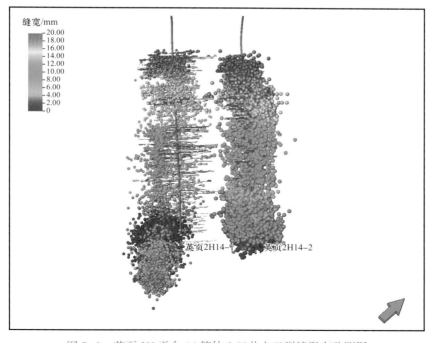

图 7-9　英页 2H 平台 14 箱体 2 口井人工裂缝形态监测图

程优化，英页 2H 平台 4 口井投产后快速见油，273 天累计产油 1.44×10⁴t，初步达产。

**3. 通过合理选层及一体化改造规模优化等方法进行可行性分析，确定适合英雄岭凹陷巨厚储层的多层动用工艺技术对策**

整体实施思路如下：（1）通过试验直井多层分压合试新工艺，为不同构造单元页岩油高效开发提供技术支持；（2）在勘探阶段同时兼顾试油目的（多层压裂及定产），采取注入示踪剂等手段评价单层产能贡献；（3）利用分层合试工艺，大幅度缩短巨厚储层试油周期，确定以"限压不限排量、逆复合造长缝，控近扩远"为改造技术思路，加快页岩油勘探开发进程。

英雄岭页岩油区块已经完成 3 口井的直井多层动用试验，以柴 14 井为例，针对二类层进行系统试油，4 个层组进行直井分压合试，3mm 油嘴日产油 35.74m³，日产气 3067m³，油压 43MPa；在 2mm 油嘴试采情况下，日产油 17.4m³，日产气 1502m³，油压 17MPa，43 天累计产油 936.3m³，累计产气 6.65×10⁴m³，返排率为 63.3%（图 7-10）。

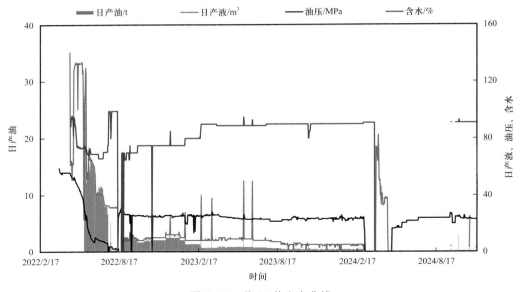

图 7-10　柴 14 井生产曲线

通过以上研究，根据地应力差大、灰云质矿物含量高、杨氏模量高等特点和效益开发目标，对标国内体积压裂 2.0 版本，形成英雄岭凹陷特色的体积压裂技术（表 7-1）。上述技术共应用实施 15 井次 /295 段，进一步落实了"上、中、下"三个甜点段的"甜度"。平台井单作业面压裂效率由 1.5 段 /d 提升至 3 段 /d，压裂时间缩短 34 天，单井压裂费用较柴平 1 井下降 19.2%。

表 7-1  英雄岭页岩油水平井体积压裂工艺参数对比表

| 项目 | 体积改造 2.0 | 英雄岭页岩油探井体积压裂技术<br>（密切割） | 英雄岭页岩油平台井体积压裂技术<br>初步探索 |
|---|---|---|---|
| 段长 /m | 60~80 | 45~50 | 60~80 |
| 单段簇数 | 6~11 | 6 | 6~10 |
| 簇间距 /m | 5~10 | 5.5~6.5 | 6~9 |
| 加砂强度 / ( t/m ) | ≥3.2 | 5.2~5.7 | 5.0~5.5 |
| 用液强度 / ( m³/m ) | 25~30 | 34~39 | 28~35 |
| 暂堵转向 | 加 | 不加 | 部分实验 |
| 支撑剂类型 | 石英砂 | 石英砂 90% | 石英砂 90% |
| 压裂液类型 | 免配变黏压裂液 | 变黏滑溜水 + 冻胶复合压裂液体系 | 变黏滑溜水 + 冻胶复合压裂液体系 |

## 四、地质工程一体化建模技术

针对英雄岭页岩油地层巨厚、强改造的特征，三维构造建模时使用地震解释层位为趋势控制，结合井点分层校正，建立网格覆盖垂向上 23 个箱体共 60 个层面的构造模型。基于现有的测井评价成果、成像解释，统计裂缝方位、密度的空间展布特点、单井地质力学解释，形成三维 DFN 裂缝建模，建立岩性和物性属性参数模型与三维地质力学参数属性体，模拟三维地应力场。

建立模型之后，通过导眼井在空间上对模型进行约束，在井控程度较低区域随着钻井进度不断迭代更新以提升精度，建立英雄岭页岩油地质工程一体化平台，模型纵向网格分辨率达 0.25m，形成了三维地震模型、三维构造模型、三维属性模型、三维地质力学模型等（图 7-11）。结合已实施井完成三维人造缝网的建模，综合属性预测精度提高 4 倍以上，有效指导英雄岭页岩油立体布井、钻井导向和高效改造。

## 五、布井方位优化方法

地应力方位、天然裂缝角度与布井方位间的关系是目前页岩油布井方式研究的重点。常规压裂主要以地应力方位来进行布井方位优化，英雄岭页岩油践行了非常规储层体积改造裂缝受地应力和天然裂缝综合控制的理念，布井方位既考虑了不同构造样式下对资源动用效率的最大化，也兼顾了对改造效果的影响，现场试验取得初步效果。

依托 18 口井成像裂缝解释，英雄岭页岩油地层天然裂缝发育特征见图 7-12，显示高阻缝和高导缝均有发育，其中高导缝方位主要是北东 45°~60°，通过成像识别裂缝和应力方位的井间对比，确定当前最大主应力方位在北偏东 15°~30°之间，诱导缝反映的应力主体方位为北北东走向，主频在 15° 左右（图 7-13），与现今青藏高原远场主应力方位一致。

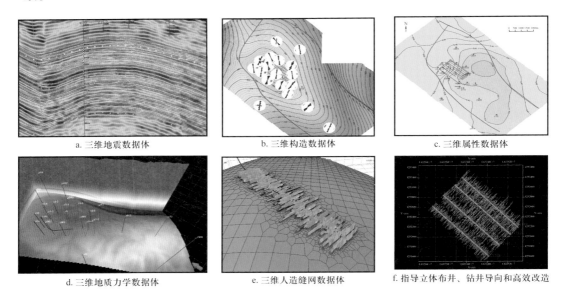

图 7-11　英雄岭页岩油地质工程一体化建模示意图

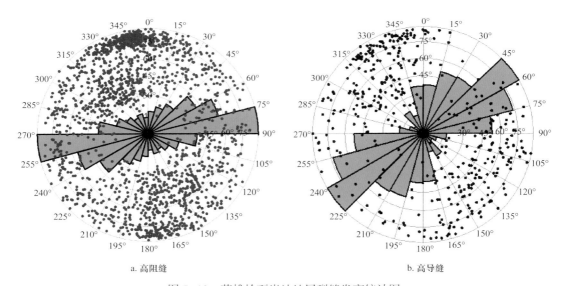

图 7-12　英雄岭页岩油地层裂缝发育统计图

以英页 2H14-2 井为例，水平井方位为 131°，与主应力夹角在 64° 左右（按照主频 15° 计算），与高导缝夹角为 86°（按照主频 45° 计算）。基于现场井下微地震监测结果（图 7-14），采取主动控制压裂技术，裂缝延伸未出现明显的应力方向控制，井筒两侧裂缝带基本与井筒方向垂直。该井投产 30 天，采用 3.5mm 油嘴生产，井口压力稳定在 40MPa，日产液

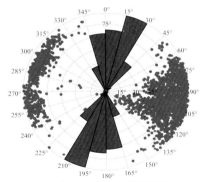

a. 研究区18口井的诱导缝方位图

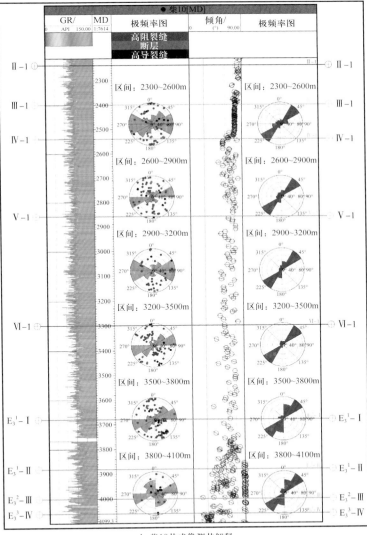

b. 柴10井成像测井解释

图 7-13　英雄岭页岩油地层诱导缝方位解释图

113m³，产液和压力的关系显示该布井方式下改造效果并未受到影响，为后续开发方案中以构造方向布井、提高资源动用率理念的实施奠定基础。

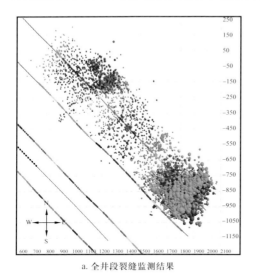 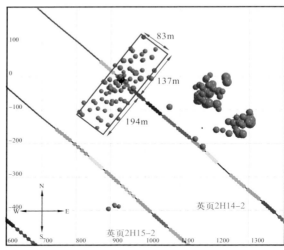

a. 全井段裂缝监测结果                    b. 第22段裂缝监测结果

图 7-14    英页 2H14-2 井微裂缝监测成果俯视图

## 六、英雄岭页岩油开发模式探索

针对英雄岭页岩油效益开发面临的挑战，通过对英雄岭页岩油的不同甜点模式进行梳理，深化甜点富集机制的认识，并探索针对性、差异化的开发模式，目前针对构造稳定区、断裂变形区、断裂破碎／断溶区、盐间揉皱区的四种主要甜点富集模式探索了不同的开发方式，主要包括不同的布井方式、改造方式和开发模式（图7-15），为英雄岭页岩油下一步的开发方式优选提供一定的参考。

### 1.构造稳定区：立体水平井网—拉链式压裂模式

构造稳定区地层倾角变化较小，横向发育稳定，为长水平井布置打下了基础，加之英雄岭页岩油在纵向上发育多个甜点段，干柴沟地区下干柴沟组上段已勘探评价了上（4~6箱体）、中（14~16箱体）、下（19~21箱体）3个甜点集中段，厚度约600m。构造稳定区具备在单平台上布置多层系立体井网的条件。利用多层系布井对多套甜点层同时动用，配合拉链式压裂充分打碎地层，可大幅度提高储量的动用率；一体化统筹、专业化协同、规模化作业的集团化钻完井可充分优化资源配置、大幅度降低成本，并通过全生命周期管理模式实现规模效益开发。与玛湖致密砾岩油藏、吉木萨尔页岩油、庆城页岩油等立体开发试验相比，纵向上巨厚储层特点使得英雄岭页岩油的立体水平井网开发模式独具特色，可布置8~10层立体井网。巨厚储层立体开发方案优化是英雄岭页岩油藏高效开发的关键。在充分学习其他盆地成功经验的基础上，建立了一套适合巨厚储层的立体开发优化方

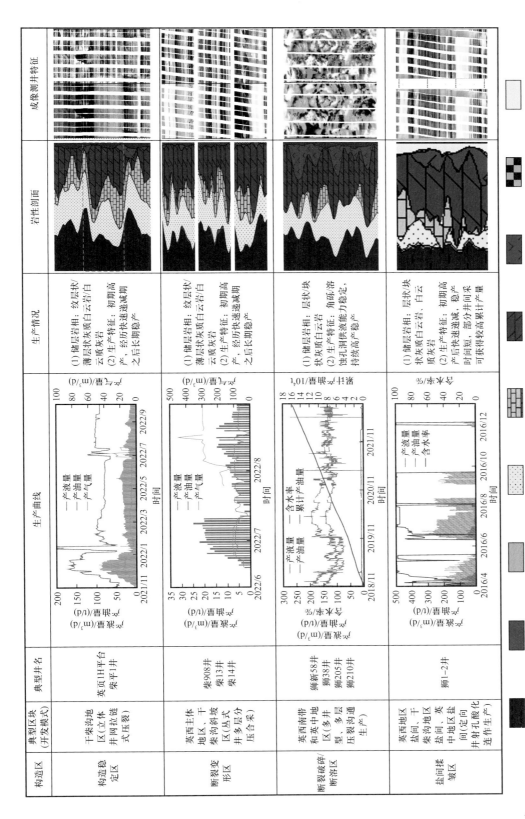

图7-15 柴达木盆地英雄岭页岩油不同类型甜点开发情况

法，包括靶体优选、合理井距设置、水平段长优化、空间应力场利用等。

基于实验地质、测井综合甜点评价，明确了有利源储组合是英雄岭页岩油高产稳产的关键，明确了纹层状云灰岩与薄层状灰云岩组合为最优甜点段。构造稳定区的靶体在横向上分布稳定，借助随钻地质导向技术已实现在1~3m的靶体内穿行。针对英雄岭页岩油地层高地层压力梯度、高应力梯度、高水平应力差、高灰云质含量的特点，采取以"密切割＋限流射孔＋大排量＋高强度连续加砂"为核心的体积压裂工艺技术，形成较为复杂的网络裂缝系统，构建人工渗流系统，提高单井产量。柴平1井水平段长997.33m，分21段124簇压裂，施工排量18m³/min，总液量34677m³，总砂量3301m³，首年的累计产油量超过11000t，累计产气量超过200×10⁴m³。

英雄岭页岩油立体开发试验平台——英页3H平台已全部完钻，井距优化为主体井距500~600m、对比试验井距200m，水平段长优化为1500m，采用应力主动控制与正向干扰的理念，克服两向水平应力差大、体积缝形成难度大的问题，通过平台立体同步压裂的作业方式和平台井的井间主动干扰，利用诱导应力场减少平台内部的水平主应力差，从而提高缝网的复杂程度，并通过同步作业使得平台内部应力均匀上升，实现空间应力干扰的整体利用，降低应力不均匀带来的套管完整性问题。英雄岭页岩油3个开发试验平台的两层系立体开发试验为后续多层系立体开发的实施打下了重要基础。

### 2. 断裂变形区：丛式直井/大斜度井—多层分压合采模式

断裂变形区的地层倾角大（大于15°），埋藏较深（＞4500m），横向非均质性强，长水平井的钻井风险大、成本高，难以满足水平井立体井网的部署条件，因此无法简单套用立体水平井网—拉链式压裂模式。得益于巨厚沉积的特点，英雄岭页岩油具备直井/大斜度井多层动用的条件。因此，英雄岭页岩油可充分利用直井/定向井建井成本低、钻井速度快、随钻难度小的优势，通过直井/定向井在纵向上同时动用多个甜点层，实现资源规模、效益动用。经过探索，针对断裂变形区，已初步形成了一套巨厚储层分压合试的方法，并初步形成具有特色的丛式直井/大斜度井—多层分压合采模式。

英西主体地区及干柴沟斜坡区均处于断裂变形区，纵向上发育多套甜点，但其地层倾角较大，埋深多大于4500m，目前已在3口井中实施了直井多层分压合采试验。以柴14井为例，该井部署在干柴沟地区的构造低部位，采取直井体积改造，针对4个埋深约为4500m的层段开展了分压合采，采用高比例低黏度滑溜水压裂液体系造缝，入井液量为5753m³，砂量为377m³，压裂后的峰值原油产量为30.57t/d，生产120天的累计产油量为1261.4t，累计产气量为8.62×10⁴m³。直井多层分压合采试验的成功实施促进了丛式直井/大斜度井—多层分压合采模式的形成。通过实施丛式直井/大斜度井的一次部署、整体压裂、主动干扰、多层同步动用，充分发挥了英雄岭页岩油储层厚度大的优势，实现了巨厚页岩储层上、中、下 3 套甜点同时动用；此外，通过小井距同步压裂，试验了丛式井组同步应力主动干扰，提高了直井的缝网改造效果，实现了丛式井组的规模体积改造。

### 3. 断裂破碎 / 断溶区：直井 / 大斜度井 / 定向井—多层压裂沟通生产模式

英西地区南带、英中地区和柴深地区的构造破碎 / 断溶区发育多套甜点或断溶体 / 破碎带，该类油藏的物性好、含油性好。前期试验表明，钻遇该类储层能够取得较高的产量，但该类油藏在横向上和纵向上的非均质性强，实践中钻井的地质和工程风险较高，受地层破碎影响极易发生井漏井涌。因此，针对该类油藏可以采用直井 / 大斜度井 / 定向井的方式实现针对性动用，发挥井型灵活、成本低的优势，寻找成本和风险的平衡点，实现对破碎区多个甜点层、断溶体的靶向动用，并利用其含油性好、地层压力高、物性好等特点，实现效益开发。这种布井模式能够在将地质和工程风险降到最低的同时，实现单井高产稳产。英西地区南带、英中地区和柴深地区的断裂破碎带及伴生断溶区采用了直井 / 大斜度井 / 定向井—多层压裂沟通生产模式，避免了直接钻遇高压层而发生井控风险，如狮新 58 井从 2018 年 12 月开井至今，产油量超过 100t/d，6 年累计产油量超过 $26.5 \times 10^4$t。

### 4. 盐间揉皱区：定向井—射孔酸化连作生产模式

盐间揉皱区发育盐岩层包裹的滑脱 / 盐溶角砾储集体，其特征是储层物性较好，存在较强的非均质性，不适用水平井开发模式。由于工程风险最小的定向井适用性强，对井轨迹进行针对性的优化，结合射孔酸化一体化作业模式，可在最低的成本条件下实现效益的最大化动用。该类油藏最大的问题在于当盐岩层包裹井筒时极易发生盐堵而影响生产，使得防盐问题在后续生产中成为关注重点。定向井—射孔酸化连作生产模式在英雄岭凹陷盐间揉皱区具有较强的适应性，能够实现盐间角砾储集体的靶向动用，获得单井高产，且不易沟通盐层。该类型油藏已有钻井一般初期高产，随后会有较快的递减，但随着生产时间增长，配合后续泵抽工艺及防盐措施，可获得稳定的产量和较长期的收益。

## 小　结

（1）英雄岭页岩油面临技术、成本、管理和理念四方面挑战。只有解决理念问题，才能理顺管理症结，才能坚持成本底线思维，实施全生命周期管理，开展全流程优化，进而突破完全成本高的表象。因此，必须以创新的理念为引领，以管理变革为突破口辅之关键抓手以推动管理革命，加速我国非常规油气规模效益开发，保障国内油气供给，服务国家能源安全战略，适应"碳达峰""碳中和"国家战略新要求。

（2）针对英雄岭页岩油面临的技术挑战，形成了英雄岭页岩油地质工程一体化配套技术体系，包括甜点区／段评价与预测技术、优快钻完井技术、水力压裂缝网主动控制技术、地质工程一体化建模技术、布井方位优化技术等，并针对不同构造单元开发模式提出建议，为解决制约英雄岭页岩油效益勘探开发面临的技术难题提供支撑。

（3）研究成果指导部署直井 20 口、探评水平井 13 口、平台井 16 口，已完试井中 27 口获成功，平面落实井控含油面积 70.1km$^2$，已提交石油预测地质储量 $1.38 \times 10^8$t。其中，柴平 1 井（水平段 997m，体积压裂焖井 16 天后开井）295 天累计产石油超 $1 \times 10^4$t，创造了中国石油页岩油千米水平段最高产能与累计产石油超万吨最短时间纪录，为英雄岭页岩油规模效益开发奠定了重要理论和方法基础。

# 第八章 英雄岭页岩油"一全六化"系统工程方法论

依据第七章所述，由于英雄岭页岩油的特殊性，其高效开发面临着技术、成本、管理、与理念等多方面挑战，其中，核心是理念挑战，只有解决理念问题，才能理顺管理症结，才能坚持成本底线思维，实施全生命周期管理，开展全流程优化，进而突破完全成本高的表象。因此，基于管理理念创新和工程实践，总结提出"一全六化"系统工程方法论，包括七个要素，即全生命周期管理、一体化统筹、专业化协同、市场化运作、社会化支撑、数智化管理及绿色化发展。探索建立适用性的管理模式，以创新的理念为引领，以管理变革为突破口，推动管理革命，加速英雄岭页岩油的规模效益开发。本章主要介绍了"一全六化"内涵与核心理念，并说明其在英雄岭页岩油勘探开发实践中的应用，以期让读者能更详尽地了解"一全六化"系统工程方法论。

## 第一节 "一全六化"内涵与核心理念

基于系统工程理念，笔者提出了非常规油气效益开发"一全六化"系统工程方法论，主要包括七个要素，即全生命周期管理、一体化统筹、专业化协同、市场化运作、社会化支撑、数智化管理及绿色化发展。

"一全六化"系统工程方法论的基本内涵是以资产项目为基本单元，实施全生命周期管理，按照全过程对项目投资进行详细核算与评价，以追求关键指标最优化。由于页岩油等非常规油气开发具有独特的地质和工程约束性，在项目推进过程中，需要各部门、各学科、各系统之间相互联系、协同合作，同时与政府、社会、环境及第三方单位密切互动；需要在认识上不断积累更新、技术与管理学习曲线不断迭代进步，并针对关键需求及其动态变化作出快速前瞻性反应与及时调整。"一全六化"系统工程方法论运用整体思维与辩证思维，从勘探阶段就开始顶层设计，充分聚焦技术、管理、人才与市场各个方面，以推动规划、流程和管理机制的优化和创新。本章所提出的方法论目的在于最大化最终采出油气量，创新组织各类资源最优化运行，提升英雄岭页岩油的高效开发水平，并为非常规油气的规模效益开发提供一种管理模式参考。

## 一、全生命周期管理

全生命周期管理涉及在资产项目全过程中实现合理经济指标下采收率最大化的最终目标（图 8-1），在实施中对边界清晰的资产区块设置独立项目，采用项目单设、投资单列、方案单审、成本单核、产量单计、效益单评并综合考虑底线成本、收益率和采收率的倒逼机制，测算项目全生命周期效益，结合跨责任部门的一体化管理，在从勘探到弃置各阶段可接受的成本偏离条件下，最优化各子阶段关键任务，真正实现事前算盈、事中干赢、事后真赢。

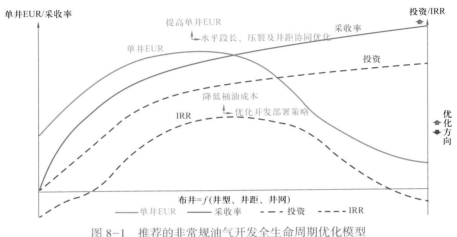

图 8-1　推荐的非常规油气开发全生命周期优化模型

EUR—预测最终累计产量；IRR—内部收益率；$f$—函数

非常规油气项目作为一个复杂生产体系，必须以系统工程的观点分析和认识其整体性、层次性、复杂性、开放性和动态性。在项目中，以"点、线、面"思路组织多学科交叉和多部门协同，"点"厘清关键技术难题，"线"确保各阶段和流程的程序连接，"面"形成实施和应用机制（刘合等，2020）。以数据融合和知识共享为基础，实现全要素、各阶段、全过程无缝衔接，构建物理—事理—人理系统学习曲线（寇晓东等，2021），达到在初级阶段用现有理论和技术组成可靠有效大系统、在高级阶段用先进理论和技术组成高效卓越大系统的目的。为此，提出了一个普适的全生命周期管理概念模型。该模型的 $X$ 轴定义资产项目各个阶段及其明确的任务清单，$Y$ 轴确定研究与规划程序，$Z$ 轴对应地质工程一体化各个关键任务流程。基于大数据和人工智能优化赋能，地质工程一体化模型和方法贯穿多学科融合、跨部门协同、多目标优化、流程再造、分层次决策和全生命周期优化，从而支持资产项目的全局最优和实现路径最优（图 8-2）。

针对英雄岭页岩油，全生命周期管理的具体举措是：按照项目单设、投资单列、方案单审、成本单核、产量单计、效益单评的"六单"机制，采用逆向思维、正向实施对策，追求的终极目标是全生命周期中满足合理经济指标条件下实现效益最大化、采收率最大化。以"点、线、面"思路组织多学科交叉和多部门协同，以数据融合和知识共享为基础，实现全要素、各阶段、全过程无缝衔接，深化学习曲线不断迭代更新，直至项目高效卓越。项目运营前期建立容错、纠错机制。针对英雄岭页岩油勘探开发实践中遇到的关键问题，开展专题研究、专项解决。

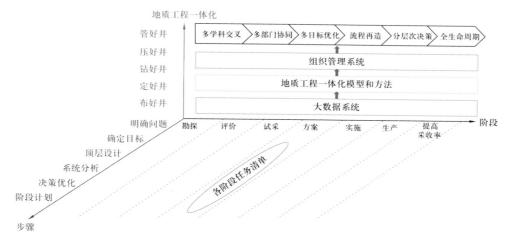

图 8-2　全生命周期管理通用概念模型

## 二、一体化统筹

一体化统筹围绕掌控资源、建设产能和获得产量三大业务主线，以资产项目为单元，通盘考虑内部系统和外部系统，掌握各系统之间、系统内部各子系统及其要素之间的相互联系和相互作用，开展总体设计和流程规划，在国家油公司现行管理架构和运营架构下建立全新的、可操作的组织管理架构和运行模式，促进跨系统、跨部门、跨学科、跨专业和跨层级的协同。

一体化统筹包括六个关键内容：勘探开发一体化、地质工程一体化、地面地下一体化、科研生产一体化、生产经营一体化、设计监督一体化，下面分别进行说明。

### 1. 勘探开发一体化

强化顶层规划、整体布局，随滚动勘探和评价的进展，动态调整开发方案与部署策略，提高决策效率、降低项目技术经济风险。提出了勘探开发一体化通用路线图，可以针对不同非常规油气类型定制具体和详细的技术内容。

### 2. 地质工程一体化

明确项目各子系统在不同运行阶段的流程和关键要素，打破学科执念、专业壁垒和管理界限，通过迭代学习持续改进全局系统和各子系统，提高方案符合率、技术有效性和作业效率，管控地质不确定性，降低工程风险，支撑全生命周期管理优化（图 8-3）。

### 3. 地面地下一体化

在首要考虑资源最大化有效动用的同时，兼顾地面人文地理条件、环境生态约束以及由此带来的工程复杂性。从全局角度优化如基地、仓储、供水、电力、运输和道路等基础设施布局，强化地面子系统、环境子系统和供应链子系统与开发总体方案的协调性和动态弹性，从而提高项目的保障能力并降低相关成本。

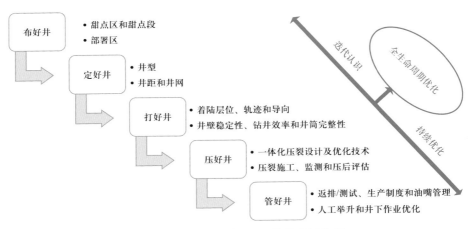

图 8-3　推荐的地质工程一体化通用流程

### 4. 科研生产一体化

针对项目专门建立多学科一体化研究团队，支撑从勘探到开发利用所有阶段的全过程优化。研究人员要尽可能靠前部署、融入生产一线，与各个工程子系统紧密结合、及时互动，根据现场重大需求和实施变化，整合内部和外部研究力量开展分阶段攻关，及时高效调整研究重点，进一步提高方案部署水平和工程实施效率（图 8-4）。

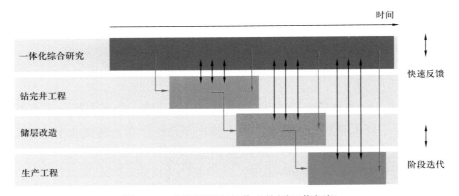

图 8-4　多学科研究与作业协同工作框架

### 5. 生产经营一体化

服从项目全生命周期整体质量要求和关键指标，以大基层 ERP 系统为抓手，各阶段从顶层设计、方案部署到各项工程作业，精细化方案设计、流程管控和成本管理，不断提高经济效益、降低成本、提升抗风险能力和盈利能力。

### 6. 设计监督一体化

用强有力的监督监理手段，严格执行和高质量实施相关技术方案；油田公司保证对经过系统性论证和决策的项目方案不折不扣地落实；强化流程管理与监督监理的掌控，做到任务清晰、责任明确、反馈迅速、决策及时。

英雄岭页岩油按照部署、方案、设计、组织、地面、经营一体化统筹，强化地质基础研究和工程技术攻关，通盘考虑、换位思考，推行勘探开发一体化、地质工程一体化、地上地下一体化、科研生产一体化、生产经营一体化、设计监督一体化等。全方位优化方案部署设计，提升甜点分布预测和水平井轨迹设计精度，针对页岩油层特点采取大井丛立体井网部署，密切割、大规模体积压裂。

## 三、专业化协同

一个非常规油气开发项目通常需要多种专业子公司、多家单位和部门共同完成，人员具有不同专业背景和从业经历，涉及多家服务队伍、多个专业流程、数十项业务活动、数百个工作环节或工作流，此外还需配套集中营地、钻完井和压裂材料、通信网络、应急材料、发电设备、后勤保障和外部协调等。因此，技术方案和实施流程必须优化组合并针对性优选专业化服务队伍，实施基于资源共享、技术共享和流程共享的专业化协同，从而大幅度提高项目效率和效益，并保障相关服务方的利益。

对于英雄岭页岩油，专业化协同涵盖了地质、钻井、压裂与地面的专业化协同，甲乙双方共同组建管理机构，统一指挥，技术协同。钻井方面，以大平台为基础，打破一队一机模式，采用一队多机模式、不同钻井机型套打模式，通过管理架构升级、资源与保障共享，带动测、录、固井工厂化，实现大平台高效安全钻井。压裂方面，按照"区域大工厂"思路，通过共建共享、钻试投分区规划、平台接替压裂、多源供水、区域串联供水、返排液有序回用，提高大井丛的压裂效率。

## 四、市场化运作

充分发挥市场在资源配置中的决定性作用，大力组织和推进市场化运作，既是国家改革的方向，也是非常规油气效益开发的必然选择。要从我国非常规油气开发大系统的角度，建立经营者和服务方利益共享、风险共担和合作共赢的理念与机制，培育市场化良性竞争环境。油公司首先要开放内部技术服务市场，并要循序渐进地向社会全面开放非常规油气领域的技术服务市场。以资产项目为基础，创新管理机制、考核制度和商业模式，保证高质量、高性价比服务，促进各利益相关方和参与者共同发展，共同实现各方成本递减、效益递增，形成市场化运作合作范式。

在对英雄岭页岩油进行市场化运作时，按照中国石油对市场化的总体要求，通过单井成本解析方法，并充分考虑大宗物资市场价格指数，合理确定工程成本基数。按照同等条件内部优先、价格差异价优者得的原则，采取竞争机制，推行市场化价格机制和差异化价格标准，采取钻井米费结算模式、日费制模式、单井总包模式、平台总包模式相结合，按照实际工作量结算，通过资源集约管理、技术集成应用等多措并举，实现双方共赢、提质增效的目标。

## 五、社会化支撑

依托当地政府和社会的"轻量化"经营，是实现页岩油等非常规油气效益开发的重要举措。开发项目的运行模式要求充分利用社会网络和公共资源获取专业化服务，提升基础设施保障能力，优化供应链配置以及获得公众支持，避免形成"大而全、小而全"但缺乏专业性和效费比的自循环支持服务系统。把充分利用社会支持、从外部获取高效率和高质量服务变成一种理念和项目运行常态，从买装备、买产品变为买服务或租赁服务，从内部全自主变为充分依托可靠的服务提供方，尽可能降低项目投入的固定资产。

英雄岭页岩油在获取社会化支撑时，牢固树立"不搞大而全、小而全""今天的投资就是明天的成本""能用成本绝不用投资"的理念，从买装备变为买服务、从买产品变为买服务、逐步从全自主变为尽量依托社会，把买服务变成一种理念，能不形成固定资产绝不形成固定资产。后勤保障依托社会化，让专业人干专业事，实现共赢。

## 六、数智化管理

数智化和以数智化为基础的智能化正在助推社会和行业加速转型，与之适应的组织管理架构变革和流程优化与再造，成倍甚至成数量级地提高了油气行业快速响应能力、作业效率和决策可靠性。与2014年相比，美国2020年页岩油气的产量均增加了近一倍，数智化在大幅度提高劳动生产率和作业效率、降低成本中发挥了关键性作用。

我国油气行业的数智化目前处于快速发展阶段。非常规油气项目实施全面数智化建设，应以数智化油气田和大数据系统为基础，实现全面知识感知与发现、自动生产、实时监测与诊断、预测预警、协同研究、全生命周期多目标多层次优化、一体化运营、节能降耗与碳减排，以及智能决策。通过大数据和人工智能赋能驱动，促进生产方式、管理架构、运营模型和再造的流程模式更加高效率、高质量。

在英雄岭页岩油数智化发展过程中，开展工业自动化、数智化建设，借鉴国内相关油田建设模式。一是打造物联网系统，让智能采油物联化，降低基本运行费和人工成本；二是攻关"水平井＋体积压裂＋无杆泵/螺杆泵采油＋单井在线计量＋无线数据传输＋视频监控"等六大主体技术，实现无人巡检，从井底到报表数据自动传输、生产指挥远程操控无缝衔接，通过智慧油田建设，最终目标是实现百人百万吨；三是推进科技信息共享平台建设，建成数智化油藏。

## 七、绿色化发展

绿色化开发是新时期油气行业的重要使命。与常规油气项目相比，非常规油气项目由于需要持续高强度钻井和压裂，面临更大的环境和碳减排压力。在"碳达峰""碳中和"硬约束下，非常规油气项目必须从一开始就建立绿色化发展理念，通过技术进步和管理转型，实现项目与自然环境的和谐统一。

绿色化发展具体体现在五个方面：（1）生产过程清洁化，应用绿色环保材料和清洁生产工艺技术，从源头上减少废弃物产生；（2）废弃物资源化，保障废水、固废、废气等资源化循环利用，建设"无废"项目；（3）道路土地集约化，大力推行大井丛平台开发方式，实现井场标准化建设和一体化、预制化施工；（4）场站建设生态化，加快油气田矿区绿化和生态修复，开展碳汇林、碳中和林建设；（5）产业链低碳化，通过技术装备改进升级和数智化赋能、项目建设与运营流程闭环改造、项目建设与运营用能的绿色新能源替代等一系列措施，推进非常规油气项目和 $CO_2$ 封存与利用（CCUS）集成，实现节能降耗、节约水资源、管控温室气体和挥发性有机物（VOC）减排。

英雄岭页岩油对标油气田企业绿色矿山创建标准，从顶层设计到管理一体化绿色矿山创建模式，按照大井丛、井站一体式采油平台方式开发建设与管理。

# 第二节　英雄岭页岩油"一全六化"系统工程方法论实践

英雄岭页岩油发育在咸湖混积体系，多岩相高频间互，构造改造强烈，在不同构造带，如何寻找平面甜点区、纵向甜点段面临巨大挑战，开展地质工程一体化研究，在水平井开发过程中为了确保井眼在优质储层甜点区穿行，结合地层特征和导向方案，形成井眼轨道优化和井眼轨迹控制相结合的地质工程一体化技术，对于降低勘探开发风险，提高储层甜点钻遇率和钻井速度，降低钻井成本，为英雄岭页岩油经济效益开发提供技术保障，具有重要意义。在"一全六化"系统工程方法论的指导下，笔者探索形成了英雄岭页岩油地质工程一体化、勘探开发一体化的部署思路。通过直井控面落实规模、探评水平井提产落实箱体产能、先导试验井组攻关效益开发技术、大斜度井和直井分压合采探索新模式，开展全生命周期实施管理组织、地质工程一体化工作，助力英雄岭页岩油管理理念创新。

## 一、英雄岭页岩油地质工程一体化开发部署

### 1.英雄岭页岩油勘探开发一体化部署思路

在"一全六化"系统工程方法论的指导下，探索形成了英雄岭页岩油地质工程一体化、勘探开发一体化的部署思路：直井控面落实规模、探评水平井提产落实箱体产能、先

导试验井组攻关效益开发技术、大斜度井和直井分压合采探索新模式。

英雄岭页岩油整体处于初期评价阶段，在"一全六化"系统工程方法论的指导下，开展了全生命周期实施管理组织、地质工程一体化工作，推出四项举措推动英雄岭页岩油在管理理念上的创新。

1）突破理念束缚，深化理念提升

英雄岭凹陷的勘探开发最早开始于 20 世纪 70 年代，在 2021 年之前，主要按构造和致密油思路以寻找构造圈闭和好储层为目标开展工作，自 2021 年以来，引入非常规理念和技术，首次认识到巨厚山地式页岩油的特殊性，定义"英雄岭页岩油"概念，针对性开展基础地质研究和一体化攻关，明确了英雄岭页岩油具备效益开发的基础和条件。

2）建立英雄岭页岩油全生命周期管理机制

突破传统多组织部门效率低的问题，形成了"地质工程中心""综合管理中心""生产指挥中心""QHSE 监督中心"，四个中心协同完成地质工程方案设计、综合服务、生产运行和油田建设（图 8-5）。

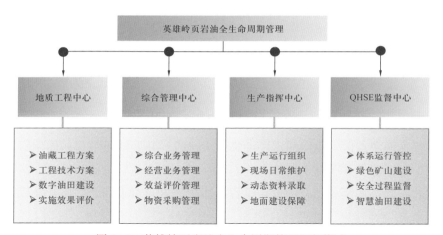

图 8-5 英雄岭页岩油全生命周期管理运行模式

3）管理组织一体化促进质效双提

油田专班统一领导，集中力量开展页岩油勘探与开发工作，成立"英雄岭页岩油全生命周期项目部"，形成了经营组、地质油藏组、钻井组、压裂组、地面组、现场运行组等六个专业组，打破部门界限，室内现场统一推进、产建统一部署、施工统一组织、作业统一标准，快速推进英雄岭页岩油勘探开发一体化工作。

4）强化地质工程一体化的全生命周期贯穿

融合 12 家单位百余人打造 5 个专业团队，形成强大科研合力，提升自主创新能力，加强在同一个地质工程一体化平台联合攻关能力。

## 2. 英雄岭页岩油勘探开发部署

按照直井控面落实规模、探评水平井提产落实箱体产能、先导试验井组攻关效益开发技术、大斜度井和直井分压合采探索新模式，先后部署直井 20 口（预探井 11 口、评价井 9 口）、水平井 13 口（预探井 8 口、评价井 5 口），已完试井中 27 口获成功，其中首口水平井——柴平 1 井 295 天累计产石油超 $1 \times 10^4$t，创造了中国石油千米水平段最高产能与累计产石油超万吨最短时间纪录，达到了纵向探甜点、平面控规模的目的，初步实现规模增储，干柴沟区块落实井控含油面积 260km²，储量规模 $4.5 \times 10^8$t；纵向识别甜点段与重点建产箱体，包括上（4～6 箱体）、中（14～16 箱体）、下（19～21 箱体）三套甜点段，2021—2022 年已提交石油预测地质储量 $1.38 \times 10^8$t，储量面积 70.1km²（图 8-6），英雄岭页岩油具备甜点厚度大、储量丰度高、地层压力高、水平井高产稳产的规模效益动用优势。

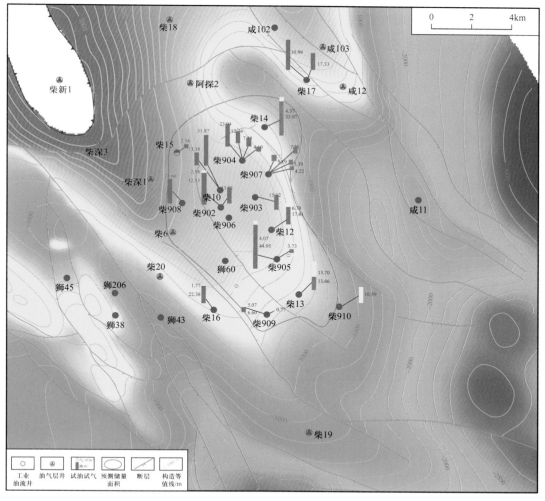

图 8-6 英雄岭凹陷干柴沟区块页岩油勘探成果图

基准面海拔 3500m

## 二、英雄岭页岩油地质工程一体化成效

### 1. 甜点识别精度

通过地质、工程、产能、经济等多方面因素综合评价，纵向上落实了上（4～6箱体）、中（14～16箱体）、下（19～21箱体）三个甜点集中段，同时针对3个甜点集中段，目前已试油试采探评水平井8口，试采英页1H先导试验平台水平井7口，其中5口探评水平井（柴平1、柴平2、柴平4、柴平5、柴平6）获工业油流并呈现良好稳产态势，7口先导试验水平井日产油稳定在2.0～12.0t之间，产量呈缓慢上升趋势，证实上（4～6箱体）、中（14～16箱体）、下（19～21箱体）甜点段具备开发建产潜力，是英雄岭页岩油干柴沟区块进行水平井先导试验、择优建产等实现规模效益开发优先动用的目标箱体。

纵向上，秉持易于水平井随钻跟踪的原则，优选岩性、物性、含油性、电性等特征清楚、便于识别的参数来明确箱体最优靶层位置，其岩相为薄层状灰云岩，含油性表征为$S_1$值≥4.0mg/g、含油饱和度≥50.0%，物性表征为核磁共振孔隙度≥6.0%，同时具有低GR（<75.0API）、中电阻率（20.0Ω·m）的电性特征，从而提高英雄岭页岩油干柴沟区块水平井靶层和一＋二类甜点层钻遇率。针对水平井提产已获勘探突破的5～6箱体、14～15箱体，通过岩心、测井、裂缝解释等多资料联合再评价，对在4个箱体中符合可作为靶层要求的井段进行优中选优，其平面及纵向展布稳定且易于识别、含油性较好，经矿场实践证明，2022—2023年先后部署的英页1H、英页2H先导试验平台共12口水平井的一＋二类甜点层钻遇率平均值分别为92.5%、84.5%，相较钻探同箱体靶层位置的单支水平井的钻遇率（90.3%、80.7%）均有明显提高（图8-7、图8-8）。

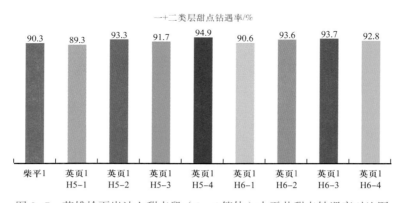

一＋二类层甜点钻遇率/%

图 8-7　英雄岭页岩油上甜点段（5～6箱体）水平井甜点钻遇率对比图

建立并多轮迭代全地层三维模型，支撑矿场实践。建立三维一体化数据平台，纵向精度0.25m、平面精度10m，并根据现场实施进度，已迭代更新至第五版，支撑英雄岭页岩油布好井、钻好井、压好井，提升了水平井实施效果（图8-9）。

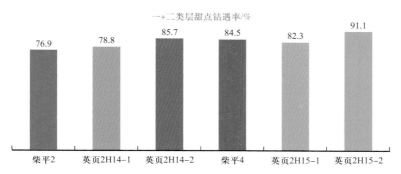

图 8-8 英雄岭页岩油中甜点段（14～15 箱体）水平井甜点钻遇率对比图

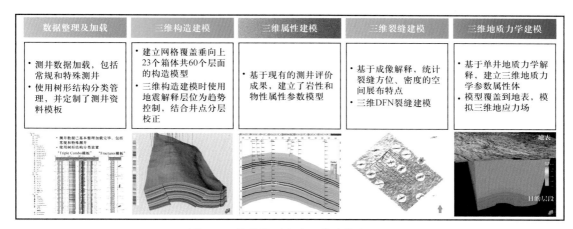

图 8-9 英雄岭页岩油三维建模流程图

## 2. 优快钻井技术模板

通过地质工程一体化攻关，管理、技术双管齐下，初步形成了适用英雄岭页岩油的优快钻井技术模板并不断迭代完善，使得钻井周期大幅降低，主要是依靠三方面重点工作。

一是精细刻画英雄岭页岩油纵向压力系统分布，支撑水平井井身结构优化。精细评价下干柴沟组上段上部孔隙压力和漏失压力，判断"一开二开""三开四开"具备合打，在 3 个月内经过两轮钻井试验，实现了三开、二开的打成，并定型为二开井身结构，节约钻井周期 43 天以上。

二是建立钻井学习曲线，提速模板初步形成。定型水平段旋转导向 + 高效 PDC 钻头钻具组合，初步形成水平段一趟钻技术，英页 1H 先导试验平台 3 口井实现了水平段一趟钻，平台第一轮、第二轮井平均钻井周期为 78.9 天、57.5 天，同比缩短 49%，完成提速目标（图 8-10）。

三是建立靶层导向标准。基于英雄岭页岩油地质工程一体化模型，引入 EISC、EP-DOS 远程支持，建立现场生产决策中心，强化"五个结合"（图 8-11），"钻、定、导、录"精诚合作，英页 1H、英页 2H、英页 3H 先导试验平台平均甜点钻遇率分别为 92.5%、84.5%、85.5%，同时保障了水平段井眼轨迹平滑，为储层改造准备优质井筒条件。

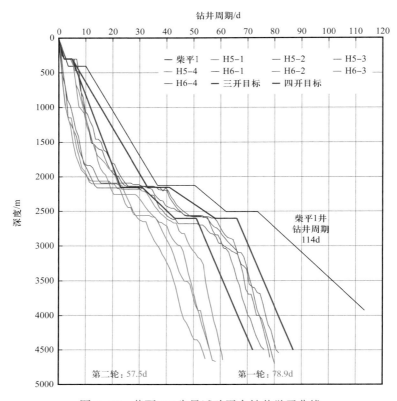

图 8-10　英页 1H 先导试验平台钻井学习曲线

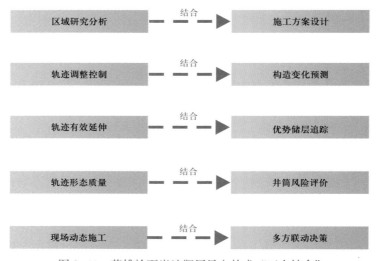

图 8-11　英雄岭页岩油靶层导向技术"五个结合"

### 3. 储层体积改造增产效果

按照获得高产、评价技术、提升效益的思路，围绕地质、工程、效益等方面内容的评价，参照中国石油体积压裂 2.0 技术体系，形成"密切割 + 极限限流 + 大排量 + 变黏滑溜水连续加砂"主体工艺，截至 2023 年 11 月，实施体积压裂 20 井次 /422 段，排量 16～18m³/min，平均入液强度 33m³/m、加砂强度 3.27m³/m，实现零丢段。

基于干柴沟区块上、中、下甜点已实施探评直井、水平井及先导试验平台得到的认识，对各单井的基础地质条件及工程改造难点进行梳理，以制定针对性优化改造对策。运用密切割多簇多段 + 限流射孔 + 大排量 + 变黏滑溜水高强度连续加砂的体积压裂工艺技术，确立一井一策、一段一法的工程参数优化思路，通过主动控制水力裂缝的延展方式，来实现箱体甜点段的立体改造。采用流体示踪试验、井口高频高精度压力监测和地下微地震监测等，监测压裂施工过程，包括：（1）井间是否产生窜扰；（2）计算压裂改造体积；（3）表征人工裂缝；（4）获得产液情况。实施人工复杂缝网改造以达到单井最优形态的目的，最终实现单井缝控储量最大化。

分析不同类型液体的造缝机制，选用前置高黏液体造缝，以克服高应力梯度、高碳酸盐含量、纹层发育带来的起裂难度大、近井地带容易形成复杂事件的问题；选用低黏液体扩网，从而在远端形成复杂裂缝网络。针对高碳酸盐含量、强非均质性、纹层 / 夹层高频旋回、高应力差、高应力梯度的特征，采取以拟复合 + 限流射孔 + 大排量 + 变黏滑溜水高强度连续加砂为核心的体积压裂工艺技术，实现有效的缝网主动控制技术。

针对近井地带裂缝主动控制，提出采用限流射孔、急速提升至最大许可排量的组合，强化在高应力和高碳酸盐含量页岩储层水力裂缝起裂能力。同时，使用定向射孔、高排量和高黏前置大段塞的组合以提升纵向穿层能力。针对远场裂缝形态主动控制，采用在高黏大段塞后尾追低黏滑溜水前置大段塞、脉冲阶梯式小粒径支撑剂低砂比砂塞的组合，来打磨近井地带水力裂缝、扩大远井地带裂缝体积。针对裂缝形态和连通性保持控制，采用多粒径混合、高强度陶粒尾追、纤维悬砂的组合，提升缝口及近井地带支撑剂垂向均匀支撑能力（图 8-12）。

"三段式"缝网改造方案主要目的之一是"抑近扩远"，达到近井筒简单、远井筒复杂的目的，有利于裂缝延伸和井筒完整性，同时能达到明显的远场干扰，利用"新老"裂缝远场相互作用，有利于提高缝网复杂程度。

开展电驱压裂，探索英雄岭页岩油"绿色开发"道路。青海油田首个电驱压裂平台——英页 2H 先导试验平台，使用的是首次亮相青海油田的全自动化电驱压裂机组，相较于传统的柴驱压裂设备，电驱设备具有体积小、模块化、效率高、噪声低、安全性能好、环境污染少，以及可满足不同工况下绿色施工需求等诸多优势。立足井工厂施工理念，突出资源集约共享，统筹生产运行，打造密集型、工厂化、流水线生产模式，优化推塞、射孔、压裂等工序衔接,将单井工序串联变为平台施工并联,实现平台间同层位同步施工,平台内交替压裂、连续作业,大大提升压裂效率,有效降低人力、物力等的损耗。

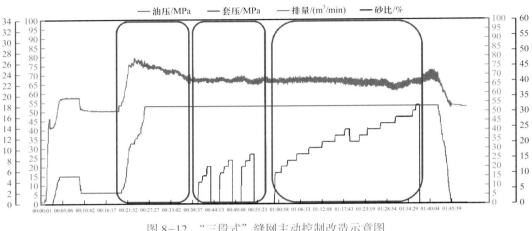

图 8-12 "三段式"缝网主动控制改造示意图

### 4. 产量与效益

英雄岭页岩油干柴沟区块日产量正在逐步稳定上升(图 8-13),其中单支探评水平井采用控压生产,正试采井已具备高产、稳产能力,英页 1H 平台水平井随着返排率的增加及井间负向干扰的降低其产量也会逐渐上升,英页 2H 平台水平井在完成电驱大型压裂施工后,4 口新井持续稳产,英页 3H 平台开井即见油,4 口井持续稳产且含水呈下降趋势。目前,英雄岭页岩油先导试验区日产油 110~130t,具备年产 $4 \times 10^4$t 产能,累计产油 $7.72 \times 10^4$t。

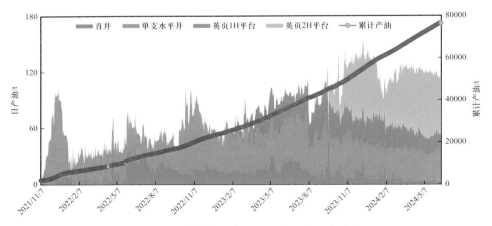

图 8-13 英雄岭页岩油干柴沟区块日产油量

通过在地质工程一体化管理组织上"下苦功",降本与提效两手抓,在英雄岭页岩油干柴沟区块水平井段由单支探评井的 1000m 增加至先导试验平台井的 1500m 的大背景下，钻井周期同比降低 49%，钻井费用降低 15%，压裂效率由 1.5 段/d 提升至 6.0 段/d，单段压裂成本费用降低 31%，建井成本费用降低 12%，内部收益率提升明显（图 8-14）。

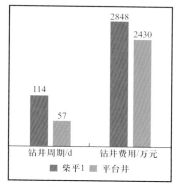

a. 钻井周期与钻井费用对比

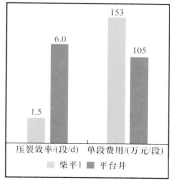

b. 压裂效率与单段费用对比

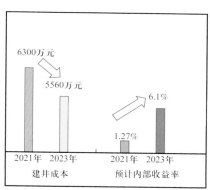

c. 建井成本与内部收益率对比

图 8-14　英雄岭页岩油干柴沟区块水平井降本增效成果图

　　总体来看，作为全球独具特色的高原、巨厚、山地式陆相页岩油，英雄岭页岩油具备甜点厚度大、储量丰度高、地层压力高、水平井高产稳产的规模效益动用优势，拥有近 $5 \times 10^8$t 的储量资源基础，纵向沉积厚度达 1200m 以上，与其他盆地页岩油对比，英雄岭页岩油目前正处于开发先导试验阶段，后期仍具有巨大可开发潜力。

# 小　　结

　　（1）针对英雄岭页岩油系统梳理了英雄岭页岩油规模效益发展面临的技术、成本、管理和理念四方面挑战，以系统工程的观点分析和认识非常规油气项目的整体性、层次性、复杂性、开放性和动态性，以"点、线、面"思路组织多学科交叉和多部门协同，提出并阐述了"一全六化"系统工程方法论，建立了非常规油气开发全生命周期优化模型。

　　（2）非常规油气效益开发"一全六化"系统工程方法论主要包括七个要素，即全生命周期管理、一体化统筹、专业化协同、市场化运作、社会化支撑、数智化管理及绿色化发展。其中，一体化统筹包括六个关键内容：勘探开发一体化、地质工程一体化、地面地下一体化、科研生产一体化、生产经营一体化、设计监督一体化。

　　（3）在"一全六化"系统工程方法论的指导下，对英雄岭页岩油开展了全生命周期实施管理组织、地质工程一体化工作，推出四大举措推动英雄岭页岩油在管理理念上的创新：①突破理念束缚，深化理念提升；②建立英雄岭页岩油全生命周期管理机制；③管理组织一体化促进质效双提；④强化地质工程一体化的全生命周期贯穿。

（4）英雄岭页岩油地质资源量达 $21 \times 10^8$t，基于"一全六化"系统工程方法论指导，在英雄岭页岩油干柴沟区块水平井段由单支探评井的 1000m 增加至先导试验平台井的 1500m 的大背景下，钻井周期同比降低 49%，钻井费用降低 15%，压裂效率由 1.5 段 / 天提升至 6.0 段 / 天，单段压裂成本费用降低 31%，建井成本费用降低 24%，内部收益率提升明显。

# 参 考 文 献

包友书, 张林晔, 张金功, 等, 2016. 渤海湾盆地东营凹陷古近系页岩油可动性影响因素[J]. 石油与天然气地质, 37 (3): 408-414.

操应长, 姜在兴, 夏斌, 等, 2003. 利用测井资料识别层序地层界面的几种方法[J]. 石油大学学报 (自然科学版), 27 (2): 23-26.

操应长, 梁超, 韩豫, 等, 2023. 基于物质来源及成因的细粒沉积岩分类方案探讨[J]. 古地理学报, 25 (4): 729-741.

柴达木油气区编纂委员会, 2022. 中国石油地质志·卷十八, 柴达木油气区[M]. 北京: 石油工业出版社.

陈佳伟, 2017. 东营凹陷页岩油可动性及有利区优选方法研究[D]. 青岛: 中国石油大学 (华东).

陈建平, 于淼, 于萍萍, 等, 2014. 重点成矿带大中比例尺三维地质建模方法与实践[J]. 地质学报, 88 (6): 1187-1195.

陈茂山, 1999. 测井资料的两种深度域频谱分析方法及在层序地层学研究中的应用[J]. 石油地球物理勘探, 34 (1): 57-64+122.

丁世飞, 齐丙娟, 谭红艳, 2011. 支持向量机理论与算法研究综述[J]. 电子科技大学学报, 40 (1): 2-10.

杜金虎, 胡素云, 庞正炼, 等, 2019. 中国陆相页岩油类型、潜力及前景[J]. 中国石油勘探, 24 (5): 560-568.

冯子辉, 霍秋立, 王雪, 等, 2009. 松辽盆地松科 1 井晚白垩世沉积地层有机地球化学研究[J]. 地学前缘, 16 (5): 181-191.

冯子辉, 徐衍彬, 霍秋立, 等, 2011. 海拉尔盆地乌南凹陷原油芳烃组成特征及来源分析[J]. 大庆石油地质与开发, 30 (6): 7-12.

付金华, 李士祥, 牛小兵, 等, 2020. 鄂尔多斯盆地三叠系长 7 段页岩油地质特征与勘探实践[J]. 石油勘探与开发, 47 (5): 870-883.

付金华, 喻建, 徐黎明, 等, 2015. 鄂尔多斯盆地致密油勘探开发新进展及规模富集可开发主控因素[J]. 中国石油勘探, 20 (5): 9-19.

付锁堂, 马达德, 陈琰, 等, 2014. 柴达木盆地油气勘探新进展[J]. 石油学报, 37 (z1): 1-10.

付锁堂, 马达德, 陈琰, 等, 2016. 柴达木盆地油气勘探新进展[J]. 石油学报, 37 (S1): 1-10.

付秀丽, 蒙启安, 郑强, 等, 2022. 松辽盆地古龙页岩有机质丰度旋回性与岩相古地理[J]. 大庆石油地质与开发, 41 (3): 38-52.

高德利, 2021. 非常规油气井工程技术若干研究进展[J]. 天然气工业, 41 (8): 153-162.

葛洪魁, 陈玉琨, 滕卫卫, 等, 2021. 吉木萨尔页岩油微观产出机理与提高采收率方法探讨[J]. 新疆石油天然气, 17 (3): 84-90.

葛继科, 邱玉辉, 吴春明, 等, 2008. 遗传算法研究综述[J]. 计算机应用研究 (10): 2911-2916.

郭旭升, 李宇平, 刘若冰, 等, 2014. 四川盆地焦石坝地区龙马溪组页岩微观孔隙结构特征及其控制因素[J]. 天然气工业, 34 (6): 9-16.

何文渊, 2022. 松辽盆地古龙页岩油储层黏土中纳米孔和纳米缝的发现及其意义[J]. 大庆石油地质与开发, 41 (3): 1-13.

侯读杰, 张善文, 肖建新, 2008. 陆相断陷湖盆优质烃源岩形成机制与成藏贡献: 以济阳坳陷为例[M]. 北京: 地质出版社.

侯启军，何海清，李建忠，等，2018. 中国石油天然气股份有限公司近期油气勘探进展及前景展望［J］. 中国石油勘探，23（1）：1-13.

胡东生，1995. 柴达本盆地沙下盐湖的卤水化学及矿物沉积特征——以察尔汗盐湖区北部外围地带为例［J］. 湖泊科学（4）：327-333.

胡素云，白斌，陶士振，等，2022. 中国陆相中高成熟度页岩油非均质地质条件与差异富集特征［J］. 石油勘探与开发，49（2）：224-237.

胡素云，朱如凯，吴松涛，等，2018. 中国陆相致密油效益勘探开发［J］. 石油勘探与开发，45（4）：737-748.

胡文瑞，2017. 地质工程一体化是实现复杂油气藏效益勘探开发的必由之路［J］. 中国石油勘探，22（1）：1-5.

黄第藩，张大江，王培荣，等，2003. 中国未成熟石油成因机制和成藏条件［M］. 北京：石油工业出版社.

黄汉纯，黄庆华，1996. 柴达木盆地立体地质与油气预测［C］. 地质行业科技发展基金资助项目优秀论文集. 地质力学研究所.

黄麒，韩凤清，2007. 柴达木盆地盐湖演化与古气候波动［M］. 北京：科学出版社.

黄绍甫，朱扬明，2004. 百色盆地浅层气成藏机制分析［J］. 天然气工业（11）：11-14+10.

霍秋立，曾花森，张晓畅，等，2020. 松辽盆地古龙页岩有机质特征与页岩油形成演化［J］. 大庆石油地质与开发，39（3）：86-96.

贾承造，2020. 中国石油工业上游发展面临的挑战与未来科技攻关方向［J］. 石油学报，41（12）：1445-1464.

贾承造，邹才能，李建忠，等，2012. 中国致密油评价标准、主要类型、基本特征及资源前景［J］. 石油学报，33（3）：343-350.

姜在兴，孔祥鑫，杨叶芃，等，2021. 陆相碳酸盐质细粒沉积岩及油气甜点多源成因［J］. 石油勘探与开发，48（1）：26-37.

姜在兴，梁超，吴靖，等，2013. 含油气细粒沉积岩研究的几个问题［J］. 石油学报，34（6）：1031-1039.

蒋启贵，黎茂稳，钱门辉，等，2016. 不同赋存状态页岩油定量表征技术与应用研究［J］. 石油实验地质，38（6）：842-849.

蒋宜勤，高岗，柳广弟，等，2012. 塔城盆地石炭系烃源岩特征及其生烃潜力［J］. 石油实验地质，34（4）：427-431+437.

蒋宜勤，柳益群，杨召，等，2015. 准噶尔盆地吉木萨尔凹陷凝灰岩型致密油特征与成因［J］. 石油勘探与开发，42（6）：741-749.

金旭，李国欣，孟思炜，等，2021. 陆相页岩油可动用性微观综合评价［J］. 石油勘探与开发，48（1）：222-232.

金之钧，白振瑞，高波，等，2019. 中国迎来页岩油气革命了吗？［J］. 石油与天然气地质，40（3）：451-458.

金之钧，王冠平，刘光祥，等，2021. 中国陆相页岩油研究进展与关键科学问题［J］. 石油学报，42（7）：821-835.

金之钧，朱如凯，梁新平，等，2021. 当前陆相页岩油勘探开发值得关注的几个问题［J］. 石油勘探与开发，48（6）：1276-1287.

寇晓东，顾基发，2021. 物理—事理—人理系统方法论25周年回顾——溯源，释义，比较与前瞻［J］. 管理评论，33（5）：3-14.

匡立春，侯连华，杨智，等，2021. 陆相页岩油储层评价关键参数及方法［J］. 石油学报，42（1）：1-14.

黎茂稳，马晓潇，蒋启贵，等，2019. 北美海相页岩油形成条件、富集特征与启示［J］. 油气地质与采收率，26（1）：13-28.

黎茂稳，马晓潇，金之钧，等，2022. 中国海、陆相页岩层系岩相组合多样性与非常规油气勘探意义［J］. 石油与天然气地质，43（1）：1-25.

李纯泉，陈红汉，陈汉林，2004. 塔河油田奥陶系有机包裹体的油气指示意义［J］. 天然气工业，24（10）：24-26+23-24-156.

李国山，王永标，卢宗盛，等，2014. 古近纪湖相烃源岩形成的地球生物学过程［J］. 中国科学：地球科学，44（6）：1206-1217.

李国欣，雷征东，董伟宏，等，2022. 中国石油非常规油气开发进展，挑战与展望［J］. 中国石油勘探，27（1）：1-11.

李国欣，罗凯，石德勤，2020. 页岩油气成功开发的关键技术、先进理念与重要启示——以加拿大都沃内项目为例［J］. 石油勘探与开发，47（4）：739-749.

李国欣，伍坤宇，朱如凯，等，2023. 巨厚高原山地式页岩油藏的富集模式与高效动用方式——以柴达木盆地英雄岭页岩油藏为例［J］. 石油学报，44（1）：144-157.

李国欣，张斌，伍坤宇，等，2023. 柴达木盆地咸化湖盆低有机质丰度烃源岩高效生烃模式［J］. 石油勘探与开发，50（5）：898-910.

李国欣，朱如凯，张永庶，等，2022. 柴达木盆地英雄岭页岩油地质特征、评价标准及发现意义［J］. 石油勘探与开发，49（1）：18-31.

李建忠，郑民，陈晓明，等，2015. 非常规油气内涵辨析、源—储组合类型及中国非常规油气发展潜力［J］. 石油学报，36（5）：521-532.

李景哲，2013. 伊通盆地莫里青油藏双二段高分辨率层序地层研究［D］. 青岛：中国海洋大学.

李阳，赵清民，吕琦，等，2022. 中国陆相页岩油开发评价技术与实践［J］. 石油勘探与开发，49（5）：955-964.

李一波，何天双，胡志明，等，2021. 页岩油藏提高采收率技术及展望［J］. 西南石油大学学报（自然科学版），43（3）：101-110.

李志明，刘鹏，钱门辉，等，2018. 湖相泥页岩不同赋存状态油定量对比——以渤海湾盆地东营凹陷页岩油探井取心段为例［J］. 中国矿业大学学报，47（6）：1252-1263.

林铁锋，白云风，赵莹，等，2021. 松辽盆地古龙凹陷青一段细粒沉积岩旋回地层分析及沉积充填响应特征［J］. 大庆石油地质与开发，40（5）：29-39.

刘合，匡立春，李国欣，等，2020. 中国陆相页岩油完井方式优选的思考与建议［J］. 石油学报，41（4）：489-496.

刘合，李国欣，姚子修，等，2020. 页岩油勘探开发"点—线—面"方法论［J］. 石油科技论坛，39（2）：1-5.

刘惠民，孙善勇，操应长，等，2017. 东营凹陷沙三段下亚段细粒沉积岩岩相特征及其分布模式［J］. 油气地质与采收率，24（1）：1-10.

刘惠民，于炳松，谢忠怀，等，2018.陆相湖盆富有机质页岩微相特征及对页岩油富集的指示意义——以渤海湾盆地济阳坳陷为例［J］.石油学报，39（12）：1328-1343.

刘景东，蒋有录，谈玉明，等，2014.渤海湾盆地东濮凹陷膏盐岩与油气的关系［J］.沉积学报，32（1）：126-137.

刘洛夫，徐敬领，高鹏，等，2013.综合预测误差滤波分析方法在地层划分及等时对比中的应用［J］.石油与天然气地质，34（4）：564-572.

刘庆，2017.东营凹陷樊页1井沙河街组烃源岩元素地球化学特征及其地质意义［J］.油气地质与采收率，24（5）：40-45+52.

刘群，袁选俊，林森虎，等，2014.鄂尔多斯盆地延长组湖相黏土岩分类和沉积环境探讨［J］.沉积学报，32（6）：1016-1025.

刘文斌，李峻峰，边立曾，等，2003.用漫反射光谱测定方法研究干酪根成熟度［J］.石油勘探与开发，30（2）：112-114.

刘显阳，杨伟伟，李士祥，等，2021.鄂尔多斯盆地延长组湖相页岩油赋存状态评价与定量表征［J］.天然气地球科学，32（12）：1762-1770.

刘训，游国庆，2015.中国的板块构造区划［J］.中国地质，42（1）：1-17.

刘忠宝，刘光祥，胡宗全，等，2019.陆相页岩层系岩相类型、组合特征及其油气勘探意义——以四川盆地中下侏罗统为例［J］.天然气工业，39（12）：10-21.

柳波，石佳欣，付晓飞，等，2018.陆相泥页岩层系岩相特征与页岩油富集条件——以松辽盆地古龙凹陷白垩系青山口组一段富有机质泥页岩为例［J］.石油勘探与开发，45（5）：828-838.

柳波，孙嘉慧，张永清，等，2021.松辽盆地长岭凹陷白垩系青山口组一段页岩油储集空间类型与富集模式［J］.石油勘探与开发，48（3）：521-535

路保平，2021.中国石化石油工程技术新进展与发展建议［J］.石油钻探技术，49（1）：1-10.

路顺行，张红贞，孟恩，等，2007.运用INPEFA技术开展层序地层研究［J］.石油地球物理勘探，42（6）：703-708+733+609.

栾丽华，吉根林，2004.决策树分类技术研究［J］.计算机工程（9）：94-96+105.

梅冥相，高金汉，2005.岩石地层的相分析方法与原理［M］.北京：地质出版社.

潘立银，黄革萍，寿建峰，等，2009.柴达木盆地南翼山地区新近系湖相碳酸盐岩成岩环境初探——碳、氧同位素和流体包裹体证据［J］.矿物岩石地球化学通报，28（1）：71-74.

彭军，杨一茗，刘惠民，等，2022.陆相湖盆细粒混积岩的沉积特征与成因机理——以东营凹陷南坡陈官庄地区沙河街组四段上亚段为例［J］.石油学报，43（10）：1409-1426.

邱振，邹才能，2020.非常规油气沉积学：内涵与展望［J］.沉积学报，38（1）：1-29.

沈瑞，覃建华，熊伟，等，2022.吉木萨尔芦草沟组页岩储层孔隙结构与流体可动性研究［J］.中南大学学报：自然科学版，53（9）：3368-3386.

苏爱国，陈志勇，陈新领，2006.青藏高原油气形成：柴达木盆地西部新生界［M］.北京：地质出版社.

隋立伟，方世虎，孙永河，等，2014.柴达木盆地西部狮子沟—英东构造带构造演化及控藏特征［J］.地学前缘，21（1）：261-270.

孙龙德，刘合，何文渊，等，2021.大庆古龙页岩油重大科学问题与研究路径探析［J］.石油勘探与开发，

48（3）：453-463.

孙龙德，邹才能，贾爱林，等，2019. 中国致密油气发展特征与方向［J］. 石油勘探与开发，46（6）：1015-1026.

孙兆元，1989. 压（扭）性垂向交叉断裂与柴达木盆地油气田的形成［J］. 石油学报，10（4）：19-26.

孙镇城，曹丽，张海泉，等，2003. 柴达木盆地全球末次冰期介形类动物群的演变［J］. 古地理学报，5（3）：365-377.

唐红娇，梁宝兴，刘伟洲，等，2021. 吉木萨尔凹陷芦草沟组页岩储集层流动孔喉下限［J］. 新疆石油地质，42（5）：1001-3873.

汪天凯，何文渊，袁余洋，等，2017. 美国页岩油低油价下效益开发新进展及启示［J］. 石油科技论坛，36（2）：60-68.

王大锐，2000. 油气稳定同位素地球化学［M］. 北京：石油工业出版社.

王桂宏，李永铁，张敏，等，2004. 柴达木盆地英雄岭地区新生代构造演化动力学特征［J］. 地学前缘，11（4）：417-423.

王鸿祯，2000. 中国层序地层研究［M］. 广州：广东科技出版社.

王林生，叶义平，覃建华，等，2022. 陆相页岩油储层微观孔喉结构表征与含油性分级评价——以准噶尔盆地吉木萨尔凹陷二叠系芦草沟组为例［J］. 石油与天然气地质，43（1）：149-160.

王明磊，张福东，关辉，等，2015. 致密油微观赋存状态定量研究新技术［R］. 第三届非常规油气成藏与勘探评价学术讨论会.

王全伟，梁斌，阚泽忠，2006. 四川盆地下侏罗统自流井组湖相碳酸盐岩的碳、氧同位素特征及其古湖泊学意义［J］. 矿物岩石，26（2）：87-91.

王瑞，刘鑫，杨倩，等，2023. 松辽盆地嫩江组一、二段氢同位素特征、古气候与有机质富集［J］. 大庆石油地质与开发，42（5）：1-8.

王英华，1993. X光衍射技术基础［M］. 北京：中国原子能出版社.

王泽九，黄枝高，姚建新，等，2014. 中国地层表及说明书的特点与主要进展［J］. 地球学报，35（3）：271-276.

王子强，葛洪魁，郭慧英，等，2022. 准噶尔盆地吉木萨尔页岩油不同温压 $CO_2$ 吞吐下可动性实验研究［J］. 石油实验地质，44（6）：1092-1099.

王子强，李春涛，张代燕，等，2019. 吉木萨尔凹陷页岩油储集层渗流机理［J］. 新疆石油地质，40（6）：695-700.

吴汉宁，刘池阳，张小会，等，1997. 用古地磁资料探讨柴达木地块构造演化［J］. 中国科学（D辑：地球科学），27（1）：9-14.

吴晓智，柳庄小雪，王建，等，2022. 我国油气资源潜力、分布及重点勘探领域［J］. 地学前缘，29（6）：146-155.

蒽克来，操应长，朱如凯，等，2015. 吉木萨尔凹陷二叠系芦草沟组致密油储层岩石类型及特征［J］. 石油学报，36（12）：1495-1507.

夏志远，刘占国，李森明，等，2017. 岩盐成因与发育模式——以柴达木盆地英西地区古近系下干柴沟组为例［J］. 石油学报，38（1）：55-66.

鲜成钢，李国欣，李曹雄，等，2023. 陆相页岩油效益开发的若干问题［J］. 地球科学，48（1）：14-29.

谢建勇，石璐铭，吴承美，等，2021. 新疆吉木萨尔页岩油藏压裂水平井压裂簇数优化研究［J］. 陕西科技大学学报，39（1）：103-109，152.

邢浩婷，匡立春，伍坤宇，等，2024. 柴达木盆地英雄岭页岩岩相特征及有利源储组合［J］. 中国石油勘探，29（2）：70-82.

徐凤银，尹成明，巩庆林，等，2006. 柴达木盆地中、新生代构造演化及其对油气的控制［J］. 中国石油勘探，11（6）：9-16+37+129.

薛欢欢，李景哲，李恕军，等，2015. INPEFA 在高分辨率层序地层研究中的应用——以鄂尔多斯盆地油房庄地区长 4+5 油组为例［J］. 中国海洋大学学报（自然科学版），45（7）：101-106.

鄢继华，蒲秀刚，周立宏，等，2015. 基于 X 射线衍射数据的细粒沉积岩岩石定名方法与应用［J］. 中国石油勘探，20（1）：48-54.

杨藩，马志强，许同春，等，1992. 柴达木盆地第三纪磁性地层柱［J］. 石油学报（2）：97-101.

杨华，牛小兵，徐黎明，等，2016. 鄂尔多斯盆地三叠系长 7 段页岩油勘探潜力［J］. 石油勘探与开发，43（4）：511-520.

杨跃明，黄东，杨光，等，2019. 四川盆地侏罗系大安寨段湖相页岩油气形成地质条件及勘探方向［J］. 天然气勘探与开发，42（2）：1-12.

杨正明，刘学伟，李海波，等，2019. 致密储集层渗吸影响因素分析与渗吸作用效果评价［J］. 石油勘探与开发，46（4）：739-745.

伊海生，张小青，朱迎堂，2006. 青藏高原中部湖泊岩心记录的第四纪湖平面变化及气候意义［J］. 地学前缘，13（5）：300-307.

于炳松，2016. 富有机质页岩沉积环境与成岩作用［M］. 上海：华东理工大学出版社.

于均民，李红哲，刘震华，等，2006. 应用测井资料识别层序地层界面的方法［J］. 天然气地球科学，17（5）：736-738+742.

翟光明，1996. 我国油气资源和油气发展前景［J］. 勘探家（2）：1-5+7.

张本书，赵追，韩朝阳，等，2005. 盐湖盆地层序地层学研究综述［J］. 西北地质（1）：94-99.

张斌，何媛媛，陈琰，等，2017. 柴达木盆地西部咸化湖相优质烃源岩地球化学特征及成藏意义［J］. 石油学报，38（10）：1158-1167.

张焕芝，何艳青，邱茂鑫，等，2015. 低油价对致密油开发的影响及其应对措施［J］. 石油科技论坛，34（3）：68-71.

张金亮，张金功，洪峰，等，2005. 鄂尔多斯盆地下二叠统深盆气藏形成的地质条件［J］. 天然气地球科学，16（4）：526-534.

张奎，刘敦卿，黄波，等，2021. 吉木萨尔芦草沟组致密油储层渗吸驱油特性［J］. 科学技术与工程，21（2）：538-545.

张林晔，2005. "富集有机质"成烃作用再认识：以东营凹陷为例［J］. 地球化学，34（6）：81-87.

张林晔，包友书，李钜源，等，2014. 湖相页岩油可动性——以渤海湾盆地济阳坳陷东营凹陷为例［J］. 石油勘探与开发，41（6）：641-649.

张天福，孙立新，张云，等，2016. 鄂尔多斯盆地北缘侏罗纪延安组、直罗组泥岩微量、稀土元素地球化学特征及其古沉积环境意义［J］. 地质学报，90（12）：3454-3472.

张伟林，2006. 柴达木盆地新生代高精度磁性地层与青藏高原隆升［D］. 兰州：兰州大学.

张文修，梁怡，2000. 遗传算法的数学基础［M］. 西安：西安交通大学出版社.

张文正，杨华，李剑锋，等，2006. 论鄂尔多斯盆地长 7 段优质油源岩在低渗透油气成藏富集中的主导作用——强生排烃特征及机理分析［J］. 石油勘探与开发，33（3）：289-293.

张学工，2000. 关于统计学习理论与支持向量机［J］. 自动化学报（1）：36-46.

张永东，孙永革，谢柳娟，等，2011. 柴达木盆地西部新生代盐湖相烃源岩中高支链类异戊二烯烃（$C_{25}HBI$）的检出及其地质地球化学意义［J］. 科学通报，56（13）：1032-1041.

张永庶，伍坤宇，姜营海，等，2018. 柴达木盆地英西深层碳酸盐岩油气藏地质特征［J］. 天然气地球科学，29（3）：358-369.

赵金洲，任岚，蒋廷学，等，2021. 中国页岩气压裂十年：回顾与展望［J］. 天然气工业，41（8）：121-142.

赵文智，卞从胜，李永新，等，2023. 陆相页岩油可动烃富集因素与古龙页岩油勘探潜力评价［J］. 石油勘探与开发，50（3）：455-467.

赵文智，卞从胜，李永新，等，2024. 陆相中高成熟页岩油"组分流动"条件及其在提高页岩油产量中的作用［J］. 石油勘探与开发，51（4）：720-730.

赵文智，胡素云，侯连华，等，2020. 中国陆相页岩油类型、资源潜力及与致密油的边界［J］. 石油勘探与开发，47（1）：1-10.

赵文智，胡素云，汪泽成，等，2018. 中国元古界—寒武系油气地质条件与勘探地位［J］. 石油勘探与开发，45（1）：1-13.

赵文智，张斌，王晓梅，等，2021. 陆相源内与源外油气成藏的烃源灶差异［J］. 石油勘探与开发，48（3）：464-475.

赵文智，朱如凯，胡素云，等，2020. 陆相富有机质页岩与泥岩的成藏差异及其在页岩油评价中的意义［J］. 石油勘探与开发，47（6）：1079-1089.

赵文智，朱如凯，刘伟，等，2023. 我国陆相中高熟页岩油富集条件与分布特征［J］. 地学前缘，30（1）：116-127+242-259.

赵文智，朱如凯，张婧雅，等，2023. 中国陆相页岩油类型、勘探开发现状与发展趋势［J］. 中国石油勘探，28（4）：1-13.

赵贤正，周立宏，蒲秀刚，等，2018. 断陷盆地洼槽聚油理论的发展与勘探实践——以渤海湾盆地沧东凹陷古近系孔店组为例［J］. 石油勘探与开发，45（6）：1092-1102.

郑荣才，彭军，吴朝容，2001. 陆相盆地基准面旋回的级次划分和研究意义［J］. 沉积学报（2）：249-255.

支东明，宋永，何文军，等，2019. 准噶尔盆地中—下二叠统页岩油地质特征、资源潜力及勘探方向［J］. 新疆石油地质，40（4）：389-401.

中国科学院兰州地质研究院，中国科学院水生生物研究所，中国科学院微生物研究所，等，1979. 青海湖综合考察报告［M］. 北京：科学出版社.

周凤英，彭德华，边立增，等，2002. 柴达木盆地未熟—低熟石油的生烃母质研究新进展［J］. 地质学报（1）：107-113+147.

朱超，刘占国，宋光永，等，2022. 柴达木盆地英雄岭构造带古近系湖相碳酸盐岩沉积模式、演化与分布［J］. 石油学报，43（11）：1558-1567+1622.

朱红涛，黄众，刘浩冉，等，2011. 利用测井资料识别层序地层单元技术与方法进展及趋势［J］. 地质科技情报，30（4）：29-36.

朱如凯，崔景伟，毛治国，等，2021. 地层油气藏主要勘探进展及未来重点领域［J］. 岩性油气藏，33（1）：12-24.

朱如凯，邹才能，吴松涛，等，2019. 中国陆相致密油形成机理与富集规律［J］. 石油与天然气地质，40（6）：1168-1184.

邹才能，2014. 页岩气开发要突出"海相"突破"陆相"［J］. 地球，221（9）：44-45.

邹才能，杨智，孙莎莎，等，2020. "进源找油"：论四川盆地页岩油气［J］. 中国科学：地球科学，50（7）：903-920.

邹才能，杨智，王红岩，等，2019. "进源找油"：论四川盆地非常规陆相大型页岩油气田［J］. 地质学报，93（7）：1551-1562.

邹才能，赵群，董大忠，等，2017. 页岩气基本特征、主要挑战与未来前景［J］. 天然气地球科学，28（12）：1781-1796.

邹才能，朱如凯，吴松涛，等，2012. 常规与非常规油气聚集类型、特征、机理及展望——以中国致密油和致密气为例［J］. 石油学报，33（2）：173-187.

Alexander T，Baihly J，Boyer C，et al.，2011. Shale gas revolution［J］. Oilfield review，23（3）：40-55.

Algeo T J，Maynard J B，2004. Trace-element behavior and redox facies in core shales of Upper Pennsylvanian Kansas-type cyclothems［J］. Chemical Geology，206（3）：289-318.

Ayers W B，2002. Coalbed gas systems，resources，and production and a review of contrasting cases from the San Juan and Powder River basins［J］. AAPG bulletin，86（11）：1853-1890.

Bao J，Wang Y，Song C，et al.，2017. Cenozoic sediment flux in the Qaidam Basin，northern Tibetan Plateau，and implications with regional tectonics and climate［J］. Global & Planetary Change，155（8）：56-69.

Boswell R，Carney B J，Pool S，2020. Using production data to constrain resource volumes and recovery efficiency in the Marcellus Play of West Virginia［R］. SPE.

Breiman L，2001. Random Forests［J］. Machine Learning，45（1）.

Breiman L，Friedman J H，Olshen R A，et al.，1984. Classification and regression trees［M］. New York：Chapman and Hall.

Calvert S E，Pedersen T F，1993. Geochemistry of recent oxic and anoxic marine sediments：Implications for the geological record［J］. Marine Geology，113（1）：67-88.

Cao H，He W，Chen F，et al.，2021. Integrated chemostratigraphy（$\delta^{13}C$-$\delta^{34}S$-$\delta^{15}N$）constrains Cretaceous lacustrine anoxic events triggered by marine sulfate input［J］. Chemical Geology，559（1）：1-17.

Cao J，Xia L，Wang T，et al.，2020. An alkaline lake in the Late Paleozoic Ice Age（LPIA）：A review and new insights into paleoenvironment and petroleum geology［J］. Earth-Science Reviews，202：103091.

Cheng F，Jolivet M，Fu S，et al.，2014. Northward growth of the Qimen Tagh Range：A new model accounting for the Late Neogene strike-slip deformation of the SW Qaidam Basin［J］. Tectonophysics，632：32-47.

Ciezobka J，2021. Overview of hydraulic fracturing test site 2 in the Permian Delaware Basin（HFTS-2）［C］.

Unconventional Resources Technology Conference (URTeC): 259−278.

Ciezobka J, Courtier J, Wicker J, 2018. Hydraulic fracturing test site (HFTS) − Project overview and summary of results [R]. SPE.

Defeu C, Williams R, Shan D, et al., 2019. Case study of a landing location optimization within a depleted stacked reservoir in the Midland Basin [R]. SPE Hydraulic Fracturing Technology Conference and Exhibition.

Dejong K A, 1975. The analysis of the behavior of a class of genetic adaptive systems [D]. Ann Arbor: University of Michigan Press.

Dutta R, Lee C H, Odumabo S, 2014. Experimental investigation of fracturing−fluid migration caused by spontaneous imbibition in fractured low−permeability sands [J]. SPE Reservoir Evaluation & Engineering, 17 (1): 74−81.

Dutton S P, Kim E M, Broadhead R F, et al., 2005. Play analysis and leading−edge oil−reservoir development methods in the Permian basin: Increased recovery through advanced technologies [J]. AAPG bulletin, 89 (5): 553−576.

EIA, 2013. Technically recoverable shale oil and shale gas resources: An assessment of 137 shale formations in 41 countries outside the United states [R]. Washington.

EIA, 2019. Annual energy outlook 2019 with projections to 2050 [R]. Washington.

Feng Q, Xu S, Wang S, et al., 2019. Apparent permeability model for shale oil with multiple mechanisms [J]. Journal of Petroleum Science and Engineering, 175: 814−827.

Gherabati A, Browning J R, Male F, et al., 2017. Evaluating hydrocarbon−in−place and recovery factor in a hybrid petroleum system: Case of Bakken and Three Forks in North Dakota [R]. Unconventional Resources Technology Conference.

Goldberg D E, 1989. Genetic algorithms in search, optimization and machine learning [M]. Boston: Addison−Wesley Longman Press.

Gupta I, Rai C, Devegowda D, et al., 2020. A data−driven approach to detect and quantify the impact of frac−hits on parent and child wells in unconventional formations [R]. SPE.

Holland J H, 1975. Adaptation in natural and artificial systems [M]. Ann Arbor: University of Michigan Press.

Hsieh W W, 2009. Machine learning methods in the environmental sciences: Neural networks and kernels [M]. Cambridge: Cambridge University Press.

Hu T, Pang X, Jiang F, 2021. Movable oil content evaluation of lacustrine organic−rich shales: Methods and a novel quantitative evaluation model [J]. Earth−Science Reviews, 214 (2): 103545.

Jackson S T, Singer D K, 1997. Climate change and the development of coastal plain disjunctions in the central Great Lakes region [J]. Rhodora: 101−117.

Jacobs T, 2021. What is really happening: When parent and child wells interact? [M].

Jarvie D M, 2012. Shale resource systems for oil and gas: Part 1—Shale−gas resource systems [J]. AAPG Memoir: 89−119.

Jarvie D M, 2014. Components and processes affecting producibility and commerciality of shale resource systems［J］. Geologica Acta：An International Earth Science Journal，12（4）：307−325.

Jarvie D M，Hill R J，Ruble T E，et al.，2007. Unconventional shale−gas systems：The Mississippian Barnett Shale of north−central Texas as one model for thermogenic shale−gas assessment［J］. AAPG Bulletin,91（4）：475−499.

Kelts K，1988. Environments of deposition of lacustrine petroleum source rocks：An introduction［J］. Geological Society，40（1）：3−26.

Kelts K，Talbot M，1990. Lacustrine carbonates as geochemical archives of environmental change and biotic/abiotic interactions［C］//Tilzer M M，Serruya C. Large lakes：Ecological structure and function. Springer Berlin Heidelberg：288−315.

Laskar J，Fienga A，Gastineau M，et al.，2011. La2010：A new orbital solution for the long−term motion of the Earth［J］. Astronomy and Astrophysics，532（8）：1−15.

Lazar O R，Bohacs K M，Macquaker J H S，et al.，2015. Capturing key attributes of fine−grained sedimentary rocks in outcrops，cores，and thin sections：Nomenclature and description guidelines［J］. Journal of Sedimentary Research，85（3/4）：230−246.

Li L，Khorsandi S，Johns R T，et al.，2015. $CO_2$ enhanced oil recovery and storage using a gravity−enhanced process［J］. International Journal of Greenhouse Gas Control，42：502−515.

Li M，Chen Z，Cao T，et al.，2018. Expelled oils and their impacts on rock−eval data interpretation，Eocene Qianjiang Formation in Jianghan Basin，China［J］. International Journal of Coal Geology，191：37−48.

Li M，Chen Z，Qian M，et al.，2020. What are in pyrolysis S1 peak and what are missed？ Petroleum compositional characteristics revealed from programed pyrolysis and implications for shale oil mobility and resource potential［J］. International Journal of Coal Geology，217：103321.

Lu H，Xiong S，2009. Magnetostratigraphy of the Dahonggou section，northern Qaidam Basin and its bearing on Cenozoic tectonic evolution of the Qilian Shan and Altyn Tagh Fault［J］. Earth and Planetary Science Letters，288（3）：539−550.

Lu S，Huang W，Li W，et al.，2017. Lower limits and grading evaluation criteria of tight oil source rocks of southern Songliao Basin，NE China［J］. Petroleum Exploration and Development，44（3）：505−512.

Lyons T W，Werne J P，Hollander D J，et al.，2003. Contrasting sulfur geochemistry and Fe/Al and Mo/Al ratios across the last oxic−to−anoxic transition in the Cariaco Basin，Venezuela［J］. Chemical Geology，195（1）：131−157.

Malpani R，Alimahomed F，Defeu C，et al.，2019. Minimizing the effects of fracture hits using real−time designs［J］. E & P：A Hart Energy Publication，92（11）：50−51.

Michael A，Gupta I，2021. A Semianalytical modeling approach for hydraulic fracture initiation and orientation from perforated wells［J］. SPE Prod & Oper，36（3）：501−515.

Moldowan J M，McCaffrey M A，1995. A novel microbial hydrocarbon degradation pathway revealed by hopane demethylation in a petroleum reservoir［J］. Geochimica et Cosmochimica Acta，59（9）：1891−1894.

Momper J A，1978. Oil migration limitations suggested by geological and geochemical considerations［J］.

Morley R，2011. Cretaceous and Tertiary climate change and the past distribution of megathermal rainforests［M］.

Berlin：Springer.

Pearson J R F，Coplen T B，1978. Stable isotope studies of lakes ［M］. Berlin：Springer.

Peters K E，Walters C C，Moldowan J M，2005. The biomarker guide ［M］. London：Cambridge University Press.

Pollastro R M，Roberts L N R，Troy A，2012. Geologic model for the assessment of technically recoverable oil in the Devonian−Mississippian Bakken Formation，Williston Basin ［M］//Breyer J A. Shale Reservoirs—Giant Resources for the 21st Century. Tulsa，Oklahoma：American Association of Petroleum Geologists.

Potts C J，Terrid I D，1994. The development and evaluation of an improved genetic algorithm based on migration and artificial selection ［J］. IEEE Trans on Systems，Man，and Cybernetics，24（1）：73−86.

Sageman B B，Speed R C，2003. Upper Eocene limestones，associated sequence boundary，and proposed Eocene Tectonics in Eastern Venezuela ［M］. AAPG Memoir.

Sawyer R T，1986. Leech biology and behaviour ［M］. Oxford：Oxford University Press.

Schenk P M，Thomas−Hall S R，Stephens E，et al.，2008. Second generation biofuels：High−efficiency microalgae for biodiesel production ［J］. Bioenergy Research，1：20−43.

Shen Y，Ge H，Li C，et al.，2016. Water imbibition of shale and its potential influence on shale gas recovery—A comparative study of marine and continental shale formations ［J］. Journal of Natural Gas Science and Engineering，35：1121−1128.

Smosna R，Bruner K R，2012. Resource assessment of the Marcellus Shale ［J］. AAPG：201−204.

Sochovka J，George K，Melcher H，et al.，2021. Reducing the placement cost of a pound of proppant delivered downhole ［C］. SPE Hydraulic Fracturing Technology Conference and Exhibition.

Solum M S，Mayne C L，Orendt A M，et al.，2014. Characterization of macromolecular structure elements from a Green River oil shale，I. Extracts ［J］. Energy & Fuels，28（1）：453−465.

Sun Z，Yang Z，Pei J，et al.，2005. Magnetostratigraphy of paleogene sediments from northern Qaidam Basin，China：Implications for tectonic uplift and block rotation in northern Tibetan plateau ［J］. Earth and Planetary Science Letters，237（3）：635−646.

Sweeney J，Talukdar S，Burnham A，et al.，1990. Pyrolysis kinetics applied to prediction of oil generation in the Maracaibo Basin，Venezuela ［J］. Organic Geochemistry，16（1−3）：189−196.

Talbot M R，1990. A review of the palaeohydrological interpretation of carbon and oxygen isotopic ratios in primary lacustrine carbonates ［J］. Chemical Geology：Isotope Geoscience section，80（4）：261−279.

Tänavsuu M K，Frederick S J，2012. Evolution of an organic-rich lake basin−stratigraphy，climate and tectonics：Piceance Creek basin，Eocene Green River Formation ［J］. Sedimentology，59（6）：1735−1768.

Tissot B，Welte D，1984. Petroleum formation and occurrence，2nd［M］. Berlin：Springer.

Tribovillard N，Averbuch O，Devleeschouwer X，et al.，2004. Deep−water anoxia over the Frasnian−Famennian boundary（La Serre，France）：A tectonically induced oceanic anoxic event？ ［J］. Terra Nova，16（5）：288−295.

Tucker R D，Osberg P H，Berry H N，2001. The geology of a part of Acadia and the nature of the Acadian orogeny across central and eastern Maine ［J］. American Journal of Science，301（3）：205−260.

Vail P R, 1991. Cycles and events in stratigraphy [M]. Berlin: Springer Verlag.

Weng X, Xu L, Magbagbeola O, et al., 2018. Analytical model for predicting fracture initiation pressure from a cased and perforated wellbore [C]. SPE International Hydraulic Fracturing Technology Conference and Exhibition.

Wu D, Zhou K, Liu Y, et al., 2023. Pore-scale study on flow characteristics and enhanced oil recovery mechanisms of polymer microspheres in microchannels [J]. Chemical Engineering Science, 266: 118300.

Yu X, Huang B, Guan S, et al., 2014. Anisotropy of magnetic susceptibility of Eocene and Miocene sediments in the Qaidam Basin, Northwest China: Implication for Cenozoic tectonic transition and depocenter migration [J]. Geochemistry Geophysics Geosystems, 15 (6): 2095-2108.

Zagorski W A, Wrightstone G R, Bowman D C, 2012. The Appalachian Basin Marcellus gas play: Its history of development, geologic controls on production, and future potential as a world-class reservoir [J]. AAPG: 172-200.

Zhang P, Shen Z, Wang M, 2004. Continuous deformation of the Tibetan Plateau from global positioning system data [J]. Geology, 32 (9): 809-812.

Zhu R, Cui J, Deng S, et al., 2019. High-precision dating and geological significance of Chang 7 Tuff Zircon of the Triassic Yanchang Formation, Ordos Basin in Central China [J]. Acta Geologica Sinica, 93 (6): 1823-1834.

Zou C, Zhu R, Bai B, et al., 2015. Significance, geologic characteristics, resource potential and future challenges of tight oil and shale oil [J]. Bulletin of Mineralogy, Petrology and Geochemistry, 34 (1): 3-17.

Zou C, Zhu R, Chen Z Q, et al., 2019. Organic-matter-rich shales of China [J]. Earth-Science Reviews, 189: 51-78.

# 后　记

辞辛句苦，千淘万漉。站在这样的时间节点，回望亲历的充满挑战与不确定性、不懈探索与努力的页岩油气探索之路，百感交集、感慨万千。

作为一直奋战在我国非常规油气勘探开发第一线的工作者，笔者长期在中国石油从事工程技术、地质研究、勘探部署、储量矿权和规划计划管理等业务，2020年又兼任集团公司页岩油专班办公室主任，亲自参与了玛湖、吉木萨尔、庆城、威远、泸州等非常规大型油气田的勘探突破与开发试验工作，组织了大庆古龙页岩油这一全球独特类型资源的储量估算方法研究、储量参数确定和首批预测储量估算与提交工作。2021年作为青海油田公司总经理，成为英雄岭页岩油的攻关参与者和实施组织者，与团队同仁一起，在"越是艰苦，越要奋斗奉献，越要创造价值"的柴达木石油精神新时代内涵感召下，在"真高真险真艰苦"的青藏高原，书写了"真拼真干真英雄"的奋斗篇章。

在多年从事非常规油气地质研究、储量估算、工程技术攻关和重点项目管理过程中，在认识、实践、再认识、再实践的过程中，在总结提炼前人经验和国外成功实践的基础上，充分考虑我国实际，提出了"一全六化"中国式非常规油气全生命周期管理理念和系统工程方法论，为我国页岩油气规模效益开发提供了比较现实的理念遵循和组织模式。

自2020年以来，世界百年未有之大变局加速演进，能源绿色低碳转型变革已成大势，俄乌冲突推动世界能源供应格局深刻调整，一系列大趋势、大事件值得关注并引人深思。在完成专著编写工作后，姑且放下对字斟句酌的执念，试图从更宏大的视角思考中国陆相页岩油的发展前景、发展节奏以及发展的现实意义，以期为中国页岩革命的发生、发展贡献微薄之力。判断不一定准确，观点不一定正确，但值得重视与记录，权当留给未来青年学者们评判和求证吧。

众所周知，经过近40年的攻关与实践，2010年左右，凭借关键技术突破和组织管理创新，美国页岩气、页岩油先后实现大规模量产，引发黑色页岩革命并改变了全球能源市场格局，进而深刻影响全球地缘政治格局。随着四川盆地海相页岩气的规模生产和松辽盆地古龙陆相页岩油的重大突破，"页岩革命能否在中国发生"成为我国石油工业界和学术界思考和讨论的热点命题。作为我国页岩油气事业的工业践行者，笔者从实践重要性、时间紧迫性、效益现实性等维度思考和研判我国页岩革命，四个问题在脑海中萦绕：中国页岩革命成功有何标志？这场革命能不能成功？这场革命会不会发生？中国需不需要这场革命?

（1）中国页岩革命成功的标志：质的发展与量的突破。

笔者认为，区别于一般意义上的变革和创新，所谓中国页岩革命的成功，首先要有"质"的大变革，包括技术升级换代、理念跨越发展和组织方式变革，构建颠覆传统的效益开发模式；同时更需要有"量"的大突破，要初步形成对传统资源的规模替代且稳定生产较长时期，如果再具体些，至少要达到总产量的四分之一以上且稳产 20 年以上，这样才可能承担起我国未来油气稳产增产战略资源的重任，只有同时满足以上两个条件，才基本可以说页岩革命获得成功了。如果在哲学层面理解革命，更强调"从量变到质变"，没有量的积累，谈质的突变也是缺乏基础的，因此，"质"和"量"是相辅相成的，缺一不可的。

（2）中国页岩革命能不能成功：好的前景需孜孜以求。

我国页岩革命能不能成功？对于这个问题，笔者坚定认为答案是"绝对能成功"。我国有最优秀的油气科学技术研究队伍，多年来，他们不忘"我为祖国献石油"的初心，牢记"保障国家能源安全"的使命，锚定目标、孜孜以求，开展了卓有成效的工作，并已取得丰硕的成果。在大家的不懈努力下，我国页岩气 2024 年产量超 $250 \times 10^8 m^3$，预计 2030 年页岩气产量将达到 $500 \times 10^8 m^3$ 左右，占全国天然气产量 $3000 \times 10^8 m^3$ 的 16.7%；页岩油 2024 年产量突破 $550 \times 10^4 t$，预计 2030 年页岩油产量将达到 $1000 \times 10^4 t$ 以上，占全国石油产量的 5% 左右。总体来看，我国页岩油气勘探开发进程整体晚于美国 10～20 年，还处于从总体规划到技术突破的阶段，离实现工程巨大变革和全面规模效益开发阶段尚有明显差距，但从资源基础、工程技术能力和产量预期上看，我国具备这场革命能够取得工业化成功的基本条件。当然，从北美的实践经验看，革命能否成功还要考虑环境容忍度、技术服务市场化、财政金融支持政策、资本的介入和参与程度等多方面因素，这一点也要引起我们高度重视。

（3）中国页岩革命会不会发生：突破发展时不我待。

这场革命会不会发生？主要考虑点是跟时间赛跑、跟清洁能源竞争的时效紧迫性。笔者认为，在《巴黎协定》和"碳中和"目标等政策严格约束、资本市场投资热度转向、全球范围内清洁能源技术爆发式快速突破的宏观背景下，留给我们实现页岩革命的时间确实十分紧迫了。以美国为例，对中东乱局的坐视不管、对俄乌战争的煽风点火和对北溪管道的蓄意破坏、颁布生物技术与生物制造法案、对页岩油原位转化利用等技术的战略放弃，以及对地下储氢和液氢储运等新技术的科研投入大幅提升，我们有理由相信美国正试图将目前已经发现的油气资源抓紧增值变现成真金白银，也有理由猜测美国已通过技术创新找到了替代烃类能源的清洁高效方案，甚至已经开展了矿场试验和工业化放大。聚焦国内，在双碳目标的大背景下，在千公里级长续航、高安全小体积模组、快充、换电等储能技术突破的带动下，江苏、广东、上海等发达省市的电动车市场占有率已接近或超过 50% 且增速迅猛，其与燃油车的关系已远非前几年所提的"渗透率"概念，而即将进入分庭抗争阶段。同时，光伏、风电产业的持续发展带动着氢电转换与高效利用的新业态加速形成，在能源供应端和消费端对传统化石能源已形成夹击态势。赵文智、刘合院士团队（2017）在解读《科学通报》125 个科学问题中的"什么时间用什么能源可以替代石油？"时曾有过研判："2025 年将以电动汽车替代燃油车 1/3 以上为标志而发生电动革命；2030 年将以氢电转换和氢能高效利用为标志发生氢能革命；而 2060 年将随着可控核聚变的装置小型化开发为标志为人类带来终极能源革命。"基于上述判断和目前发展态势，电动革命的成功的确就在眼前，氢能革命也在以极大的加速度向我们奔来，留给页岩革命的时间确实不多了！因此，"会不会"的问题迫切要求广大科技工作者和现场工程师以只争朝夕、时不我待的态度和决心，尽快实现理念与管理变革、技术创新和工程跨越式进步，以尽量短的突破时间来换取有限的发展空间。

关于"时不我待"的判断，还可再提高到我国国家战略的角度看待，至少需要关注以下几个方面：一是能源转型时不我待。能源转型实质上是产业升级换代，并伴随生产关系和生产方式的调整。在石油时代，美国构建起"原油开采—高速公路—汽车消费"的产业体系，取代了英国构建的以煤炭利用为核心的产业体系，进而取代了英国在世界的主导地位。未来我国只有在电动时代，即以"发电—输电—储电—用电"为主线的新型现代产业体系争夺中获得先机，才可能在世界治理体系中掌握主动权。二是保障国家能源安全时不我待。在百年未有之大变局背景下，未来一段时间各种黑天鹅、灰犀牛事件可能随机发生，我国实际是在坚持能源有序转型总方针下，采取了鼓励"八仙过海、各显神通"的方式来尽快实现能源独立的"阳谋"，以风、光、氢、储为标志的新能源在我国已占据了转型时代的发展先机。三是能源转型速率大大加快，迫使我们时不我待。人类从化石能源向低碳、零碳能源转型的过程是一个加速演进过程，煤炭取代柴薪花了千年时间，石油取代（或分庭抗争）煤炭花了百年时间，而新能源取代石油可能只需要几十年的时间。同时要注意到，小型化、微型化的新一代核电技术也在快速发展，受控核聚变这个终极解决方案也可能在未来几十年后变为现实。四是资源的价值化利用时不我待。试想如果到 2060 年，我国真正实现碳中和时，我们已经发现的一大批非常规油气仅实现较小规模的开发，意味着大部分页岩油气资源由于能源换代将永远沉睡在地下，无法发挥出其巨大的经济价值，这也是一种无奈的浪费。

（4）中国需不需要页岩革命：石油安全是国之大者。

最后，讨论一下"需不需要"这场革命的问题。笔者认为，单从生态文明建设需求和碳经济约束下的经济效益考量判断，很可能在未来 30 年内我国将实现清洁能源的规模效益替代，届时对油气资源的需求和利用无疑将逐步减少。正如我们常说的：石器时代之所以结束，不是因为石头用完了，而是因为青铜出现了；石油时代的结束也不是因为石油用完了，而是有更清洁的能源替代了它。从这个角度看，似乎中国都不需要发生这场页岩革命了。但从油气资源的战略意义和保障国家能源安全的角度看，我国油气资源的自给自足能力一直深远影响着我国地缘政治态势和经济外交对策，"石油从来不是仅有经济属性，而是有浓浓的政治属性"，因此，我们一定要有清醒头脑、保持战略定力，要全力以赴确保能源和化工材料的饭碗始终端在自己手上。

关于"需不需要"的问题，再多谈一句个人具体分析：从现阶段到 2035 年前后，我国其实特别需要油气资源，应该说是"极端需要"，2021 年 5 月 28 日习近平总书记在两院院士大会讲话中，把石油天然气列为国家最紧急、最紧迫的头号科技攻关问题就是最好的例证。但客观讲，多年来，我本人也存在敏感性、紧迫性不足问题，工作按部就班、缺乏活力、理念陈旧、创新不足，往往习惯于自我叙事、自我欣赏，沉浸在自说自话、自我陶醉中，缺乏竞争意识和忧患意识，没有敏锐把握如新能源快速发展、生物技术快速启动等大势的变化。长此以往，随着时间的推移和替代技术的成功，油气产业的重要性自然逐渐下降了，发展机遇稍纵即逝地错过了。因此，"需不需要"关键是取决于石油人自己的态度、决心和变革力度，因为国家已经等不起了，形势要求我们必须和时间赛跑，要求我们必须通过变革性理念、颠覆性技术和创新性组织的突破，来换取有限的发展时空。我们迫切需要奋起直追、迎头赶上，助力页岩革命加速成功。

有幸成为我国页岩革命的研究者和实施者，深感责任重大、使命光荣；作为页岩油气攻关的组织者和管理者，深感重任紧迫、时不我待。最后，愿读到此文的同行和战友能以时不我待的紧迫感和舍我其谁的责任感，积极投身到我国页岩革命的理念变革、管理创新和科技攻关事业中，愿我国页岩革命早日获得巨大成功！

页岩油气始终是笔者的追求和执念。作此文，以记之，念之，祈之！

写于 2023 年 7 月 8 日，数据更新于 2025 年 1 月 1 日